复杂地表热红外遥感模型
——理论与方法

卞尊健　肖　青　柳钦火　著

科学出版社

北　京

内 容 简 介

本书是一本综合介绍复杂地表环境下热红外遥感建模核心理论与方法的专著，主要包含以下七个部分：①热红外辐射传输模型的理论基础、发展历程及模型间对比；②山地场景（单一坡、复合坡）下的植被辐射传输建模；③城市场景热红外辐射建模及城市建筑-植被复合场景建模；④地表辐射方向性的时空特征分析；⑤温度角度归一化方法，涵盖光学-热红外耦合、核驱动-日变化耦合、临近像元与像元异质性建模，以及干旱指数角度归一化方法；⑥基于贝叶斯理论的角度与空间信息耦合的组分温度反演方法；⑦基于深度学习的温度模拟方法。

本书既可作为热红外遥感领域研究人员和技术人员的专业参考书，也可作为高等院校及科研院所遥感、地理信息系统及相关专业研究生和高年级本科生的教材。

审图号：GS 京（2025）0614 号

图书在版编目（CIP）数据

复杂地表热红外遥感模型：理论与方法 / 卞尊健，肖青，柳钦火著．
北京：科学出版社，2025. 6. —— ISBN 978-7-03-082178-2

Ⅰ. P423. 7；TP722. 5

中国国家版本馆 CIP 数据核字第 2025805DB2 号

责任编辑：李晓娟 / 责任校对：樊雅琼
责任印制：徐晓晨 / 封面设计：无极书装

科 学 出 版 社 出版
北京东黄城根北街 16 号
邮政编码：100717
http://www.sciencep.com

北京九州迅驰传媒文化有限公司印刷
科学出版社发行 各地新华书店经销
*
2025 年 6 月第 一 版 开本：787×1092 1/16
2025 年 6 月第一次印刷 印张：15 1/4
字数：350 000
定价：168. 00 元
（如有印装质量问题，我社负责调换）

序

Thermal infrared-TIR in abrevation form-is a spectral range covering wavelengths of 0. 75 ~ 15 μm where non-contact temperature measurements are effective. If the Sun is a source of light for the optical range, it is in addition a source of heat for the TIR range where the radiometric response of an object can be delayed by thermal inertia, to say its capacity to resist to rapid change in temperature, depending on its composition, merely organic or mineral.

The present monograph portrays an original research work focused on the various opportunities offered by the observation and the modeling of the thermal infrared radiative transfer elements. Different domains of applications are particularly screened amongst which vegetation and possible water stress, relief, and urban land units. The different approaches formulated here suggest various strategies for developing cutting-edge parameterizations that perform standalone or that can be implemented in 3D models where the complexity of the surface involves processes that can be faithfully reproduced. With the objective of an accuracy assessment, the selection of tools for handling the problem must be the more appropriate as possible, which could depend on the application domains. First and foremost must be considered the land surface temperature (LST) which is listed as an Essential Climate Variable (ECV).

Considering both direct and inverse methods is actually necessary to tune and train algorithms that describe the best the thermal radiative transfer processes. This is mandatory to extract parameters that project the inherent properties of an object. In TIR range, this concerns predominantly the structural properties, the emissivity, and the role of environmental factors like wind speed, air and humidity temperature, and soil wetness. The choice of the radiative transfer model is a trade-off in considering the following criteria: accuracy versus simplicity, computational efficiency, reproducibility. A model could be physically-based, empirical, hybrid, analytical, or parametric.

Connecting physically-based sophisticated models with practical models in notonly interesting but also necessary. 3D models like LESS and DART form true numerical laboratories to go deeper into a complete description of thermal radiometry. Are found non linear processes, some are negligible or counter- balance each other. A clear understanding of the signal arises from tridimensional modeling, which supports the idea of considering practical models, so- called kernel-driven. This is the only category of models that can be considered to perform a massive processing of satellite TIR observations as they contain a limited number of parameters. This is the guiding thread of this monograph, justifying the use of a model that answers favorably to simplicity and accuracy. If in practice the retrieved parameters from kernel- driven models are adjusted against observations, they can also be physically constrained or calibrated based on extensive 3D models simulations.

The use of kernel-driven models has opened a new era to enhance the use of observations issued from the new generation of TIR sensors embarked on satellite platforms and the content of the present monograph highlights their specificities. The investigation that consists to optimize the selection of the kernels relies on the analysis of UAV data and not only theoretical models. Because of the role of environmental factors, measurements must be collected within a few minutes or even less over an area encompassing various land units. This helps separating factors that influence the TIR signal, namely anisotropy, turbulence and relief.

A landscape marked by a high topography and a vegetation layer features among the more complex natural media to handle the TIR processes. The maximum of heat normally reached during the solar peak around noon, case of a flat area, may be shifted in time, depending on slope and aspect. It also happens that a non negligible thermal component arises from another mountain side. Nevertheless the impact on the soil background could be reduced with the presence of a vegetation layer. The problem can be handled with a model that processes sloping surface distribution based on fractal and geometric optical methods and subsequent single slope processing. It consists first on angular and structural transformations based on slope and aspect prior considering a radiative transfer model. The validation of the approach must be theoretical but also practical. This is why in addition to 3D model simulations, the collection of UAV measurements appears mandatory. Moreover, a straight slope barely exists. Modeling a complex slope surface consists to introduce cones and prisms as they mimic middleware for a parameterization of rugged slopes with hills in sketching each slope. It is demonstrated in this monograph that the temperature is impacted by the angle of the slope and the number, height, radius and leaf area index of virtual mountains. The improvement is conspicuous once the cone geometric middleware is used compared to original model.

In urban landscapes, the morphology appears as a driving factor and the heterogeneity to be considered to analyze the TIR signal can rely on geometric optical models. If building shape is certainly meaningful, it remains that the increasing greenness of the cities places the vegetation structures as a new challenge for modeling the thermal regime of urban environment and highlighting the urban heat island (UHI). For such, it is necessary that a distribution of buildings with different heights and densities be considered in the 3D simulations. Modeling scenarios highlight the link between the directional anisotropy of the brightness temperature and the tridimensional structure of the building. Theoretical case can be extended in adding vegetation between the buildings to simulate cooling effects. The occurrence of green material in a city not only modifies the intensity of the temperature but also its directional properties.

The presence of directional effects on TIR radiometry is due to the natural anisotropy of most Earth targets. Over the thermal domain, they are a close function of the spatial resolution and the way they evolve with time is related to the speed of heat transfer, conduction for the material, convection for air mass. This monograph shows that EOF method is a good opportunity to treat the problem based on a study that exploits the directional anisotropies of LST (land Surface Temperature) issued from SLSTR sensor onboard Sentinel-3 equiped of a wide field-of-view (FOV). It comes out that Modes 1-4 are significant based on contributions showing the first 10 modes.

There exist common features between optical and thermal observations from the point of view of directionality. Their close link is supported by the structural effects creating shadow cast and reducing the intensity of the signal. Despite several variables could be put in common, bridging these two spectral domains make advantageously use of the vegetation index and the brightness factor. Monitoring thoroughly the diurnal temperature cycle (DTC) requires removing directional effects. In this regard, it is exemplified in this monograph that a kernel-driven model is well suited. It follows that the temperature changes are separated into structural factors, modeled by the kernel-driven model, and temporal factors, well reproduced by a standard DTC shape.

The role of adjacent pixels is meaningful, which is particularly true for fine-scale images. The measurement in oblique view is not only affected by elements in the central pixel but also by surrounding elements arising from adjacent pixels. Using a simple kernel, it is shown possible to mimic the sharp change of LST. Still a simple kernel is found efficient to handle the irregular bias change of directional anisotropies occurring on LST in the case of row-planted vegetation and mountainous areas.

Mixed pixel decomposition is at the root of many applications. If a single data source introduces large uncertainties, using a Bayesian strategy, it is possible to combine multi-angle and multi-pixel observations. The hotspot is a singular angular signature which requires a specific treatment when it appears as it creates residual noise on model inversion results. It is shown that a method including the hotspot features allows notably disentangling the temperature components of a soil in respect to sunlit and shaded areas, with only one component for leafy material.

Machine learning offers new opportunities to cross-compare different approaches to simulate LST. It is shown here its efficiency and reliability for evaluating comparatively the physical-based SCOPE model, a machine-learning-based random forest method, and a deep-learning based LSTM method. Worth emphasizing that the training data is very important for an empirical model.

The analysis of the thermal signal based on data simulations and in situ data collection reveals a series of issues that can be resolved using simple kernels. This concerns Directional Anisotropy (DA) and its upscaling in the context of complex environments (mountain, urban). The fact that a manageable solution based on a similar formalism, i. e. a simple kernel, is proven efficient to disentangle target components (vegetation and soil with and without row) offers quite interesting perspectives for processing and analysis TIR observations globally. This is a burning topic with the advent of the new generation of TIR sensors observing routinely the entire globe at high spatial and temporal resolution, namely TRISHNA (from 2026), SBG (from 2027) and LSTM (from 2029).

Directional effects, disagregation, and targeted applications (vegetation water stress, urban heat island) are presentend in this monograph that will be at the core of these forthcoming TIR space missions. They will require implementing tools as proposed here, which is supported by increasing computer facilities and machine learning to process mass of observations within a short time period.

Jean-Louis Roujean

前　　言

　　热红外遥感作为遥感科学的重要分支，通过探测地表热辐射信息，为理解地球系统的能量平衡、气候变化、环境监测及灾害预警等提供了关键数据支撑。随着遥感技术的快速发展，热红外数据在空间分辨率、时间覆盖和光精度等方面得到了显著提升，推动了地表温度、蒸散发及城市热岛等研究的深入发展。然而，热红外遥感建模仍面临诸多挑战：一方面，地表热辐射受大气吸收、发射及传感器观测角度等因素影响，导致数据反演存在不确定性；另一方面，复杂地表（如山区、城市建筑群、水体等）的热辐射特性差异显著，传统单一数据源、单一特征应用难以满足研究需要。此外，机器学习方法的应用以及时空尺度转换等问题，也对热红外建模提出了新的理论和方法要求。

　　本书得到了国家自然科学基金项目（41930111、42130111、42271362）、中国科学院空天信息创新研究院"未来之星"计划，以及北京市"科技新星计划"的资助，开展了系列研究并发表在各种学术期刊与会议论文中。本书为相关研究的总结，系统梳理了复杂地表热红外遥感建模的核心理论，特别是"非均质非同温"地表建模的关键技术及前沿应用，具体涵盖以下内容：

　　（1）理论基础：辐射传输、几何光学模型等物理机制；

　　（2）山区模型：单一坡、复合坡、植被与地形复合建模；

　　（3）城市模型：城市几何建模、植被与城市复合建模；

　　（4）地表温度"时空角"模拟：核驱动模型、日变化模型、尺度转换模型等；

　　（5）地表温度混合像元分离：贝叶斯优化反演方法、全球组分温度产品生产等。

　　本书旨在为遥感、地理、环境、生态等领域的科研人员及研究生提供系统的热红外建模参考，推动理论创新与技术应用的结合，助力全球辐射收支理论研究与应用发展。由于作者水平有限，且定量遥感研究是遥感前沿热点领域，理论与方法日新月异，书中难免有疏漏和不足，敬请读者和同行专家批评指正。

　　本书是整个课题组全体同仁努力的结果，杜永明、历华、曹彪等承担关键任务；在刘强、黄华国、闻建光等的协助下，本书工作得以顺利进行；同时，承蒙 Jean-Louis Roujean 和 Jean-Pierre Lagouarde 的悉心指导。参与课题研究的其他老师和同学们为本书的出版付出了极大贡献，在此一并表示衷心感谢。

　　谨以此书献给所有致力于辐射传输建模与热红外遥感反演与应用的科研工作者。

作　者

2024 年 12 月 25 日

目　录

序

前言

第1章　热红外辐射传输模型概论 ·································· 1

1.1　引言 ·································· 1

1.2　植被体系辐射传输模型发展与对比 ·································· 3

1.3　本章小结 ·································· 19

第2章　地形起伏与植被结构 ·································· 20

2.1　森林与单一坡的热辐射方向性模型 ·································· 20

2.2　森林与复合坡的热辐射方向性模型 ·································· 35

2.3　本章小结 ·································· 46

第3章　城市建筑与植被复合的影响 ·································· 47

3.1　城市建筑热红外辐射传输建模 ·································· 47

3.2　城市建筑与植被对热辐射方向性影响 ·································· 64

3.3　本章小结 ·································· 76

第4章　地表辐射方向性问题 ·································· 77

4.1　基于EOF分析方法的温度角度效应时空特征分析 ·································· 77

4.2　本章小结 ·································· 86

第5章　地表温度角度归一化的方法 ·································· 87

5.1　光学和热红外遥感数据结合的桥梁 ·································· 87

5.2　核驱动与日变化模型结合的桥梁 ·································· 103

5.3　临近像元效应核函数建模 ·································· 119

5.4　像元异质性核函数建模 ·································· 137

5.5　干旱指数的角度归一化方法 ·································· 147

5.6　本章小结 ·································· 168

第6章　地表温度组分温度反演 ·································· 170

6.1　耦合角度和空间信息的组分温度反演方法 ·································· 170

6.2　基于贝叶斯优化理论的光照、阴影组分温度反演 ················ 186

6.3　本章小结 ················ 201

第 7 章　基于深度学习的温度模拟 ················ 202

7.1　基于深度学习的温度模拟方法 ················ 202

7.2　本章小结 ················ 221

参考文献 ················ 223

|第 1 章|　　热红外辐射传输模型概论

1.1　引　　言

1.1.1　热红外辐射传输研究的必要性

温度在地表能量平衡、碳循环、水循环等研究领域中扮演着重要角色。特别是在全球气候变化、局地天气预报、植被监测、火灾/干旱等灾害预警领域，地表温度（LST）被认为是高优先级参数，受到国际地圈–生物圈计划（IGBP）的重视（Li Z L et al.，2013；Rhee et al.，2010）。

热红外遥感理论和技术的发展支持了多种地表温度产品的反演和发布，包括中分辨率成像光谱仪（moderate- resolution imaging spectroradio- meter，MODIS）的地表温度产品（MXD11、MXD21）（Hulley and Hook，2011；Wan and Li，1997）、先进星载热辐射和反射辐射计（advanced spaceborne thermal emission and reflection radiometer，ASTER）的温度产品（Gillespie et al.，1998）、陆地卫星（Landsat）的温度产品（Jiménez- Muñoz et al.，2014）等。已发布的地表温度产品的空间分辨率介于 10 ~ 5000m，时间分辨率最高可达 10min（Yamamoto et al.，2022），在全球和局地尺度的热环境乃至整个地学研究中都起到了重要作用。根据地面验证数据，目前地表温度产品的精度逐渐提升至 2℃，在均质地表（如水体或沙漠区域），精度可达 1℃（Li Z L et al.，2023；West et al.，2019）。

目前，地表温度产品的发展主要体现在以下两个方向：

（1）发展地表温度反演方法。热红外遥感地表温度反演算法已趋于成熟，如分裂窗算法、温度和发射率分离算法和单通道算法等，已广泛应用于地表温度产品生产（Li Y et al.，2023）。然而，随着空间信息科学研究的深入和遥感观测技术的发展，地学研究对地表温度产品提出了新的要求。例如，热红外遥感观测技术从中低分辨率向高分辨率发展，需要解决信噪比变化和算法稳定性等问题（Hu et al.，2022），同时该技术还受到地表异质性影响，传感器接收到的信号易受内部和临近像元的干扰（Duan et al.，2020）；热红外遥感观测技术从多光谱观测向高光谱观测发展，需要更多波段提供更多反演信息，从而对反演策略提出了新要求。新的遥感观测技术带来了新的应用需求，这就需要正向建模理论的支撑，并且随着地表温度反演精度要求的提高，也需要更充分地考虑复杂地形特征等的影响。

（2）优化热红外地表温度反演产品。近年来，研究重点逐渐从如何从热红外观测反演到高精度地表温度转向如何从热红外遥感观测反演到高质量地表温度产品。地表温度反演通过卫星热红外观测得到地面的温度状况，而地球科学和热红外遥感应用需要的是地物的温度状况。地表温度在空间、时间和角度上变异性较大。例如，地面和近地表观测显示温度的空间变化可达5℃（Bian et al.，2018a）；温度的时间变化可达20℃；在角度维度，温度在城市上的变化可达5℃、植被上的变化可达3℃（Lagouarde et al.，2010）。热红外遥感观测是在特定的空间分辨率、时刻和太阳观测角度等条件下进行的，对于地表温度的变化空间，热红外遥感观测可以看作是数学上的有限次的抽样统计，因此从有限次的抽样统计中推断真实的地物温度或温度分布是一项具有挑战性的工作。为实现这一目标，需要对地表信息进行有效的归纳总结，并引入更多的信息或先验知识，实现从一般性地表温度产品到标准化地表温度产品的转化。

1.1.2 热红外辐射传输研究的挑战性

热红外辐射传输过程是地表辐射收支过程中的重要组成部分，它描述了地表温度与传感器热红外遥感观测之间的物理关系。从辐射角度看，它反映了特定温度下地表向上半球空间反射和发射辐射的变化。地表温度是了解地表热量状况的重要指标，准确反演地表温度是热红外遥感的核心内容。这涉及两个具体方面：①建立地表温度、发射率与卫星观测之间的联系，该过程受到地表结构、大气、传感器波谱和方向特征等影响；②围绕温度的变化规律，对先前构建的模型进行简化，以满足温度产品标准化的业务需求。热红外辐射传输与可见光、近红外波段的辐射传输研究是相通的，但相较于后两者，热红外波段的辐射传输研究相对较少。

相比较而言，热红外辐射传输建模有三个重要特征：

（1）热红外辐射传输过程需要同时考虑地表的反射和发射特性。地表的双向反射率特性对地表辐射收支至关重要，太阳辐射、大气辐射的反射项是传感器接收信号的重要组成部分。而在热红外波段，地物的发射特性占据了更为重要的地位。例如，在中红外波段，太阳辐射的反射项与地表的发射项数量级相当，遥感信号的模拟需要同时考虑下行辐射的反射项和地表自身的发射项，这增加了辐射传输建模的复杂性（Ren et al.，2014）。

（2）热红外遥感是地表温度和发射率共同作用的结果。光学遥感信号主要与地表的结构和光谱特性相关，即在特定地表结构特征下，建立地物的光谱反射、透射特征与地表方向反射率或反照率的关系。而热红外遥感观测受到温度和发射率共同影响，现有的热辐射方向性模型包括方向发射率模型和方向温度模型。通常情况下，地表的温度和发射率都是异质的，如何定义温度和发射率曾是20世纪末和21世纪初的重要讨论话题，目前均质的温度和均质的发射率难以同时实现（Li et al.，1999）。

（3）光学辐射传输过程确定了地表的反射率或反照率，其作用和影响机制是单向的；而热红外遥感辐射传输过程的影响是双向的，温度既是辐射传输的输入量，又受到该过程的影响。温度作为一个状态量，受到气象要素、植被的生理生化过程等多种因素的影响（van der Tol et al.，2009）。因此，对其进行模拟研究将有助于从热红外遥感中挖掘更深层次的地气耦合和植被生理生态信息，使热红外遥感成为更综合的地表特征要素。

1.2　植被体系辐射传输模型发展与对比

1.2.1　植被体系辐射传输建模发展

近年来，热红外辐射传输建模取得了较大进展，这里以植被体系的热红外辐射传输模型为例进行分析。在建模方法上，存在两种路径：一种是物理仿真建模，尽可能准确地模拟植被结构，以及辐射和散射过程；另一种是解析参数化建模，以结构统计量为桥梁构建地物属性与遥感观测的简化关系。尽管不同的建模路径有模型框架和模拟精度上的差异，但他们都是依据应用的要求而发展起来的，并没有明确的哪种路径更好的说法。

植被体系辐射传输建模的场景通常是由土壤–植被两个元素组成。在这里选择三种典型植被类型进行分析：均质植被场景、垄行作物场景和稀疏森林场景。图1.1展示了这三种场景的结构特点及其差异。均质植被场景以草地为代表，通常被抽象为随机分布树叶组成的混沌介质。在垄行作物场景中，行内叶子也通常被认为是随机分布的，结构参数包括行高、行宽和行之间宽。稀疏森林场景由多个独立的树冠组成，其以随机或某种分布规律散布在地表。树冠形状依据其植被类型有所差异，这里以椭球形为例进行分析。在这种情况下，稀疏森林场景树冠结构特征主要包括树冠密度、树冠在水平和垂直方向半径。除了树冠的空间分布，稀疏森林场景的结构参数还受到叶倾角分布函数（LIDF）和叶面积密度（LAD）的影响。

(a)均质植被场景　　　　　　(b)垄行作物场景　　　　　　(c)稀疏森林场景

图1.1　植被体系热红外遥感建模中典型植被类型

在热红外遥感建模中，热红外离地辐射主要分为两个部分：地表地物的直接发射部分和大气发射被地表反射的部分，由此冠层顶的辐射（L）可以表示为（Bian et al., 2018a）

$$L(\theta_s, \theta_v, \varphi) = \sum_j \left[\varepsilon_j \cdot f_j(\theta_s, \theta_v, \varphi) + \varepsilon_{m,j} \right] \cdot B_\lambda(T_j) + (1 - \varepsilon_e) L_a^\downarrow \tag{1.1}$$

式中，θ_s 和 θ_v 分别为太阳天顶角和观测天顶角；φ 为传感器与太阳之间的相对方位角；T_j 和 ε_j 分别为地表某个组分的温度和材料发射率；$\varepsilon_{m,j}$ 为由于多次散射效应引起的发射率增量，指组分 j 发出的、被其他组分散射或反射到传感器的贡献；ε_e 为整个冠层的有效发射率，可以通过对所有组分的有效发射率累计得到，根据基尔霍夫定律，$(1 - \varepsilon_e)$ 为整个冠层的反射率；$L_a^\downarrow$ 为来自大气的下行有效辐射；B_λ 为普朗克函数，将温度转换为波长 λ 的热辐射；f_i 为各组分面积比。

从结构和光谱的角度，场景的基本要素是植被叶片和背景土壤。土壤和叶片的发射率被假设为是均值的和具有朗伯体属性的。从温度分布的角度，尽管光截获衰减导致叶片温度在垂直方向上发生变化，以及热惯性导致光照土壤和阴影土壤之间边界模糊，但在实际应用中通常仍将每种元素（土壤和叶片）划分为两部分。基于以上的分析，大多数热红外辐射传输模型通常包括四个组分，即光照叶片、阴影叶片、光照土壤和阴影土壤。

遥感观测的冠层顶方向亮度温度（简称亮温）主要是由传感器视场内不同温度和发射率的组分的可视比例确定的。尽管不同模型处理辐射传输的过程各不相同，但其大多需要回答以下三个关键的问题，传感器视场中各个元素的可视比例、可视元素的光照比例，以及多次散射效应。模型的差异体现在对以上三个问题的处理方式上。表 1.1 给出了一个植被体系热红外辐射传输典型模型的总结，该模型从两个方面对以上三个问题进行了回答：一是建模的理论，二是地物的抽象层次。

（1）在建模理论方面，比尔-朗伯定律（BL）是计算均质场景透过率的理论基础，其也被用于确定植被和土壤的可视比例（Ross，1981）。当假设植被个体为不透明几何体时，即作物垄行或森林树冠，植被和土壤的可视比例可以根据几何光学（GO）理论计算（Jackson et al.，1979；Li and Strahler，1992）。目前，比尔-朗伯定律和几何光学理论结合可以计算孔隙几何体的透过率（Chen and Leblanc，1997）。

（2）Kuusk（1985）提出的重叠函数是混沌介质热点效应计算的基础，在后续研究中对其进行了系列修改或简化（Jupp and Strahler，1991）。在此基础上，几何光学理论可以更好地刻画植被个体在观测方向和太阳方向的投影及其重叠区域，因此其能更好地解释热点效应。同样，几何光学理论和 Kuusk 理论结合也可以更好地解释孔隙几何体的热点效应（Yu et al.，2004）。

（3）对于多次散射效应，常用的解决方案是四流近似理论（如 SAIL）和光谱不变理论（即 SI）（Bian et al.，2022b；Verhoef，1984）。由于组分在热红外波段的反射率低，多次散射效应弱，简化模型更符合实际应用。在这种情况下，Francois 等（1997）提出了解析的参数化模型（FR），由于其结构简单，且精度较高，已被广泛用于多个热红外辐射传输模型。通过将几何光学理论与其他辐射传输理论（SAIL、SI 或 FR）相结合，可以计算出复杂植被冠层的多次散射效应。

地物的抽象层次是指在各个模型中用于计算辐射传输过程的基本单元，包括基于冠层、基于层元和基于体元三种。基于体元是假设体元内叶片结构、光谱和温度相同，不同体元间可以存在差异；基于冠层是指忽略各层元或体元之间的差异；而基于层元是指忽略体元在水平方向上的差异。

除了旨在将地表各影响因素和遥感观测信号联系起来的辐射传输模型，Roujean 等（1992）还提出了一种基于核函数的半经验参数化模型，即核驱动模型。该模型从实用角度出发，直接刻画了遥感信号的角度特征。如上所述，热红外正向辐射传输模型需要回答三个关键问题，而核驱动模型通常只考虑两个问题。在光学核驱动模型中，选择与热点效应和多次散射效应有关的核函数，而热红外核驱动模型通常由发射率或亮度温度梯度核和热点效应核组成。

表 1.1   不同热红外辐射传输模型的理论、适用场景和工作方式

模型	场景	透过率/可视比例	热点效应	多次散射
4SAIL （Verhoef et al.，2007）	均质植被场景	冠层，BL	层元，Kuusk	冠层，SAIL
MGP （Pinheiro et al.，2004；Rhee et al.，2010；West et al.，2019）	稀疏森林场景	冠层，GO	冠层，GO	—
FR97 （Francois et al.，1997）	均质植被场景	冠层，BL	—	冠层，FR
SOB （Sobrino and Caselles，1990）	作物场景	冠层，GO	—	冠层，GO
Yu04 （Yu et al.，2004）	作物场景	冠层，GO+BL	冠层，Kuusk+GO	—
FovMod （Ren et al.，2013）	作物场景	冠层，GO+BL	冠层，Kuusk+GO	冠层，FR
TFR97 （Bian et al.，2016）	均质植被场景	冠层，BL	冠层，Kuusk	冠层，FR
UFR97 （Bian et al.，2018a）	作物场景/ 稀疏森林场景	冠层，BL+GO	冠层，Kuusk	冠层，FR
CE-P （Cao et al.，2018）	均质植被场景	冠层，BL	—	冠层，SI
thermal FRT （Bian et al.，2022b）	稀疏森林场景	体元，BL+GO	体元， Kuusk+GO	体元， GO+SI
Vinnikov model （Vinnikov et al.，2012）	—	cosine 核	empirical 核	—
LSF-LI （Su et al.，2002）	—	LSF 核	LI 核	—
Kernel-hotspot （Ermida et al.，2018b）	—	cosine 核	RL 核	—

1.2.2   植被体系辐射传输建模方法

如表 1.1 所示，基于不同的建模理论和地物抽象单元假设，研究人员提出了不同的模型。这些模型构建的出发点是不同的，有的是为了更好的模拟精度，有的是为了更好的实用性，更多的是在精度和实用性之间寻找平衡。鉴于没有一个模型可以适用于三个选定的场景，本书针对建模策略，而不是具体到某个模型开展了对比分析。这里考虑了三种建模策略：物理仿真建模方法、解析参数化建模方法和核驱动建模方法，在一定程度上可以分别看作是物理、半物理和半经验的建模策略，如图 1.2 所示。在物理仿真建模方法中，均质植被、垄行作物/稀疏森林场景分别由层元或体元组成。在解析参数化建模方法中，所

有植被冠层都被视为均质场景，但聚集指数被用作连通均质植被场景和异质植被场景的桥梁，即在聚集指数作用下浅色的冠层可以在一定程度上起到深色冠层的作用。在核驱动建模方法中，考虑了组分亮度温度梯度核、热点效应核和各向同性核。

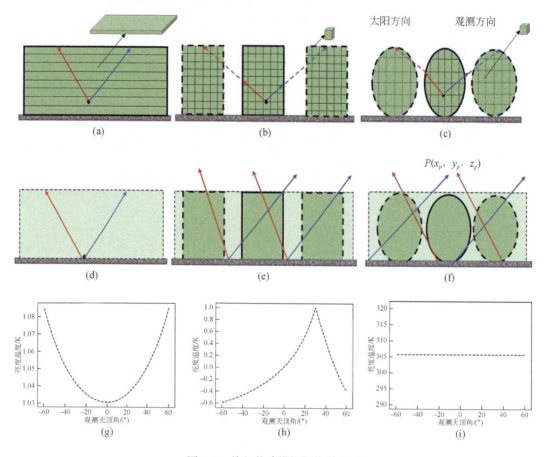

图 1.2　热红外建模框架的示意图

（a）~（c）表示基于物理仿真建模方法的均质植被场景、垄行作物场景和稀疏森林场景建模；（d）~（f）表示基于解析参数化建模方法的均质植被场景、垄行作物场景和稀疏森林场景建模；（g）~（i）表示基于核驱动建模方法的均质植被场景、垄行作物场景和稀疏森林场景建模

1. 物理仿真建模

物理仿真建模的策略主要是基于森林模型（FRT）的建模框架，使用一系列小体元构建场景，充分考虑冠层结构特征和辐射交互作用。通过累积所有观测到的体元结果，可以得到冠层顶传感器观测到的结果，具体如下（Kuusk et al., 2014）：

$$f_c(r_v) = \gamma \int_V p_0(x,y,z,r_v) \cdot u_L \cdot G / \mu_v dx \cdot dy \cdot dz \tag{1.2}$$

$$p_0(x,y,z,r_v) = p_i(x,y,z,r_v) \cdot p_b(z,r_v) \tag{1.3}$$

式中，f_c 为植被叶片的观测比例，对于土壤的观测比例 f_s 可以用 $1-f_c$ 计算得到；x、y 和 z 为植被冠层各个体元的直角坐标；V 为植被几何体包络空间；r_v 为观测方向；γ 为植被的密度；p_0 为沿某个方向的透过概率，由个体间（p_b）和个体内（p_i）透过概率相乘得到；u_L 为叶片体积密度；μ_v 为观测方向的余弦；G 为在观测方向或太阳方向的叶片投影面积，在这里假设叶子在树冠内是随机分布的且叶倾角分布函数（LIDF）是球型，G 被设定为 0.5。需要说明的是，虽然该模型是针对森林树冠提出的，但它也可以被拓展应用于均质植被场景和垄行作物场景。

同样，采用 FRT 的建模框架，热点函数计算如下：

$$f_{cs}(r_v, r_s) = \gamma \cdot \int_V p_{00}(x, y, z, r_v, r_s) \cdot u_L \cdot G(\theta_v)/\mu_v \cdot dx \cdot dy \cdot dz \tag{1.4}$$

$$p_{00}(x, y, z, r_v, r_s) = p_{ii}(x, y, z, r_v, r_s) \cdot p_{bb}(z, r_v, r_s) \tag{1.5}$$

$$f_{ss}(r_v, r_s) = p_{bb}(z = 0, r_v, r_s) \tag{1.6}$$

式中，f_{cs} 和 f_{ss} 分别为光照植被和光照土壤的观测比例；p_{00} 为体元在太阳方向和观测方向的双向可视概率；p_{ii} 和 p_{bb} 分别为个体内和个体间的双向可视概率；r_s 为太阳方向。首先，逐体元计算光照比例；然后，植被和土壤的阴影面积可以分别通过 $f_c - f_{cs}$ 和 $f_s - f_{ss}$ 计算。关于 p_0 和 p_{00} 的计算方法，可以参考 Kuusk 和 Nilson（2000）的研究。叶片的多次散射效应可以通过结合几何光学模型和光谱不变理论计算得到，具体如下（Bian et al., 2018b）：

$$\varepsilon_{m,c} = i_c \cdot p_c \cdot \varepsilon_c \cdot (1 - \varepsilon_c) + i_c' \cdot \varepsilon_c \cdot (1 - \varepsilon_s) \cdot (1 - i_c) \tag{1.7}$$

$$p_c = 1 - e_{u,c} - e_{d,c} \tag{1.8}$$

式中，i_c 和 i_c' 分别为由于植被叶片引起的方向截获概率及其在半球空间的均值；$\varepsilon_{m,c}$ 为植被叶片的多次散射效应；p_c 为再碰撞概率，即从冠层中叶片散射的光子再次与冠层碰撞的概率；ε_c 和 ε_s 分别为植被和土壤的材料发射率；$e_{u,c}$ 和 $e_{d,c}$ 分别为来自植被的光子向上和向下逃逸的概率。式（1.7）右边的第一和第二部分分别对应叶片发射但被其他叶片和背景土壤发射的部分。根据 Francois（2002）和 Sobrino 等（2005）的研究，从土壤中发射的散射项和植被叶子内超过两次的散射项可以被忽略，因此这里没有继续计算。

2. 解析参数化建模

在解析策略中，并非逐个处理植被体元或层元，而是通过选择统计的结构特征量和简单的参数化方法进行处理。解析策略主要是基于 FR97 建模框架开展。在计算地表元素的观测比例时，引入方向性聚集指数，具体如下（Ni-Meister et al., 2008）：

$$f_s(r_v) = b(\text{LAI}) = \exp(-G \cdot \Omega \cdot \text{LAI}/\mu) \tag{1.9}$$

式中，Ω 为 r_v 方向的植被聚集指数；b（LAI）为透过率；LAI 为叶面积指数；μ 为观测角度余弦。本书分别采用 Yan 等（2012）和 Ni-Meister 等（2010）的方法计算垄行作物场景和稀疏森林场景中的植被可视比例，然后进行聚集指数的估算。

热点函数的计算基于 Bian 等（2018a）提出的参数化方案，其中整个植被冠层被分为上下两层，具体如下：

$$f_{cs} = 1 - b(\text{LAI}_u) + k(\text{LAI}_u) \cdot k'(\text{LAI}_b) \tag{1.10}$$

$$f_{ss} = k(\text{LAI}_u) \tag{1.11}$$

$$b(\text{LAI}_u) = t(\text{LAI}) \cdot b(\text{LAI}) \tag{1.12}$$

$$k(\text{LAI}) = \exp\left[-\left(\frac{G}{\mu_s} \cdot \Omega_s + \frac{G}{\mu_v} \cdot \Omega_v - w\sqrt{\Omega_s \cdot \Omega_v \cdot \frac{G}{\mu_s} \cdot \frac{G}{\mu_v}}\right)\text{LAI}\right] \tag{1.13}$$

$$k'(\text{LAI}) = 1 - \exp\left(-\sqrt{\Omega_s \cdot \Omega_v \cdot \frac{G}{\mu_s} \cdot \frac{G}{\mu_v}} \cdot w \cdot \text{LAI}\right) \tag{1.14}$$

$$w = \frac{d}{h \cdot \delta} \cdot \left[1 - \exp\left(-\frac{h \cdot \delta}{d}\right)\right] \tag{1.15}$$

$$\delta = \sqrt{\frac{1}{\mu_s^2} + \frac{1}{\mu_v^2} - 2\cos\Delta\xi / (\mu_s \cdot \mu_v)} \tag{1.16}$$

式中，LAI_u 和 LAI_b 分别为上层和下层植被的叶面积指数；$b(\text{LAI}_u)$ 为上层植被叶片的方向性透过率；k 为冠层背景的光照可视比例，因此 $k(\text{LAI}_u)$ 和 $k(\text{LAI})$ 分别为透过上层植被和整层植被的光照可视比例；k' 为假设没有上层植被冠层时候，透过下层植被冠层的光照可视比例，该计算假设了层间的透过关系是不相关的；$t(\text{LAI})$ 为整个冠层中上层植被的可视比例；w 为结构因子；d 为叶片尺度；h 为冠层高度；δ 为角度距离；μ_s、μ_v 分别为太阳和观测角度余弦；$\Delta\xi$ 为两者相对夹角；Ω 为叶片聚集指数，下标 s 和 v 为太阳和观测方向。在 Bian 等（2018a）的研究中，$t(\text{LAI})$ 被设定为 0.58，而本书中提出了一个简要的基于植被指数的经验表达式 $t(\text{LAI}) = 0.82 - 0.04 \cdot (0.5 \cdot \text{LAI})$。

采用 Francois 等（1997）中使用的参数化方案来计算多次散射效应，具体如下：

$$\begin{aligned}
\varepsilon_{m,c} = &(1-\alpha) \cdot [1 - b(\text{LAI}) \cdot M] \cdot [1 - b(\text{LAI})] \cdot (1-\varepsilon_c) \cdot \varepsilon_c \\
&+ (1-M) \cdot b(\text{LAI}) \cdot (1-\varepsilon_s) \cdot \varepsilon_c
\end{aligned} \tag{1.17}$$

式中，$\varepsilon_{m,c}$ 为多次散射发射率贡献；M 为半球平均孔隙概率；α 为孔穴系数，使用 4SAIL 模型进行拟合（Bian et al., 2016; Ren et al., 2015）。

3. 核驱动建模

核驱动建模策略主要是基于核函数的建模框架。在这次对比分析中，采用了分量梯度核和几何光学核组成的模型，如下所示：

$$T(\theta_s, \theta_v, \Delta\varphi) = f_{\text{com}} \cdot K_{\text{com}}(\theta_s, \theta_v, \Delta\varphi) + f_{\text{geo}} \cdot K_{\text{geo}}(\theta_s, \theta_v, \Delta\varphi) + f_{\text{iso}} \tag{1.18}$$

$$K_{\text{com}}(\theta_s, \theta_v, \Delta\varphi) = 1 - \cos\theta_v \tag{1.19}$$

$$K_{\text{geo}}(\theta_s, \theta_v, \Delta\varphi) = \frac{(1 + \cos\xi') \cdot \sec\theta_v' \cdot \sec\theta_s'}{\sec\theta_s' + \sec\theta_v' - O(\theta_s', \theta_v')} - 2 \tag{1.20}$$

$$O(\theta_s', \theta_v', t) = \frac{1}{\pi} \cdot (t - \sin t \cdot \cos t) \cdot (\sec\theta_s' + \sec\theta_v') \tag{1.21}$$

$$\cos t = \frac{h}{b} \cdot \frac{\sqrt{D^2 + (\tan\theta_s' \cdot \tan\theta_v' \cdot \sin\Delta\varphi)^2}}{\sec\theta_s' + \sec\theta_v'} \tag{1.22}$$

$$D = \sqrt{\tan^2\theta_s' + \tan^2\theta_v' - 2 \cdot \tan\theta_s' \cdot \tan\theta_v' \cdot \cos\Delta\varphi} \tag{1.23}$$

$$\cos\xi' = \cos\theta_s' \cdot \cos\theta_v' + \sin\theta_s' \cdot \sin\theta_v' \cdot \cos\Delta\varphi \tag{1.24}$$

$$\theta_s' = \tan^{-1}\left(\frac{b}{r} \cdot \tan\theta_s\right) \tag{1.25}$$

$$\theta_v' = \tan^{-1}\left(\frac{b}{r} \cdot \tan\theta_v\right) \tag{1.26}$$

$$\Delta\varphi = \varphi_s - \varphi_v \tag{1.27}$$

式中，K_{com} 和 K_{geo} 分别为分量梯度和热点效应的核函数（Su et al., 2002）；f_{com} 和 f_{geo} 为分量

梯度核和热点效应核的核系数；f_{iso} 为各向同性核的系数；θ_s、θ_v、φ_s、φ_v 分别为太阳和观测的天顶角和方位角；h 和 b 分别为冠层等效高度和叶片尺度；r 为冠层水平半径；ξ'、θ_v'、θ_s'、t、D 均为中间变量。

1.2.3　地面测量和模拟数据

尽管无人驾驶飞行器（UAV，简称无人机）系统已经广泛应用于遥感数据获取，但许多研究也表明，无人机只能搭载轻量级热红外传感器且飞行过程中没有稳态平台，导致观测结果不稳定（Bian et al., 2020；García-Santos et al., 2019）。因此，在本次对比分析中，选择了三个机载数据集，分别是黑河数据集、梅多克数据集和勒布雷数据集，分别对应着均质玉米、垄行葡萄园和稀疏森林场景。表 1.2 展示了数据集详细的信息。

表 1.2　观测数据集的机载数据

参数		单位	均质玉米场景	垄行葡萄园场景	稀疏森林场景
冠层结构	叶面积指数	—	2.6	2.3	3.1
	叶倾角分布	—	球型	球型	球型
组分属性	叶片发射率 ε_c	—	0.975	0.990	0.970
	土壤发射率 ε_s	—	0.955	0.900	0.950
	组分温度	℃	33.4, 26.7, 29.6, 27.2	48.0, 36.0, 32.0, 30.0	31.2, 25.3 24.1, 23.1
	天空温度	℃	−20	−20	−20
垄行场景	垄距	m	—	1.3	—
	垄宽	m	—	0.4	—
	垄高	m	—	1.3	—
	垄向	°	—	1~181	—
森林场景	水平半径	m	—	—	4.0
	垂直半径	m	—	—	2.3
	树密度	—	—	—	0.0518
角度信息	太阳天顶角	°	26.5	28.0	39.1
	观测天顶角	°	[0, 50]	[0, 50]	[0, 50]
	相对方位角	°	137.5	200.0	199.8

1）黑河数据集

黑河数据集从黑河流域生态水文过程综合遥感观测联合试验（简称 HiWATER）获取（Li X et al., 2013），该实验在中国西北的甘肃省黑河流域开展。飞行数据获取于 2012 年 8 月 3 日的黑河中游地区，该区域对应人工绿洲，位于 38°52′14.35″N，100°21′35.87″E。飞行试验对应的研究区域是一片大的玉米种植区。在实验期间，玉米浓密且已经封垄，基于测量结果得到的平均叶面积指数和高度分别为 3.4 和 1.74m。

有人机搭载的相机是广角红外双模线/面积阵列扫描仪（WIDAS），其包括两台 Quest Condor-1000 MS5 光学相机和一台 FLIR A655sc 热像仪，分别用于光学 5 波段和热红外 1 波段图像获取。红外热像仪的波长范围是 7.5 ~ 14.0μm（刘强等，2010）。热像仪的镜头为广角镜头（68°×54°）且前倾为 12°，因此热像仪可以从较大的观测天顶角观测地面目标。热红外图像的尺寸为 640×480。在飞行过程中，观测频率为 6.0Hz，飞行高度为离地面 1100m。在星下点方向的图像的空间分辨率约为 2.1m，在飞行方向两个连续图像的重叠率大于 85%。红外热像仪的精度为 0.03℃。关于黑河数据集的其他信息，请参考 Liu 等（2012）的研究。

2）梅多克数据集

梅多克（Medoc）数据集是在波尔多（法国）以北 30km 的梅多克地区（45°09′N，0°46′W）的塔尔博特城堡获得的（Lagouarde et al., 2014）。该地区是葡萄园种植区，占当地面积的 90% 以上，葡萄类型主要是梅洛，逐地块种植。整个研究区域是由所有这些地块的观测结果累积而成。葡萄树的结构相当简单。葡萄叶片被修剪得很规律，像一堵平行的墙，横截面在离地 0.40 ~ 1.25m 处，大约 0.35m 厚。两个葡萄行之间的行距约为 1.3m。土壤类型为砂壤土，在观测期间土壤干燥且没有草覆着。此次飞行试验在 1996 年 8 月 3 日开展，当时天空晴朗，风力很小。根据 Pieri（2010）的研究，在测量期间葡萄的叶面积指数约为 2.3。

机载的观测数据是通过使用 Inframetrics 760 型热红外相机获得的。波长范围约为 8 ~ 12μm。热红外图像的大小为 384×288，相机配备了 80°×60°视场的广角镜头且后向倾角为 20°，以获得大视角地面观测结果。观测的星下点方向分辨率约为 2.3m，单个像元视场角为 0.3°。有关该数据集的详细信息可参考 Lagouarde 等（2014）的研究。

3）勒布雷数据集

勒布雷（Le Bray）稀疏森林数据集对应着法国西南部的森林场景。研究区域是勒布雷湿润荒地上种植的大片地中海松林，位于波尔多附近，那里有法国国家农业食品与环境研究院（INRAE）的实验基地（0°46′09.0″W，44°43′01.50″N）。在航空飞行实验期间（1996 年），飞行目标为一个 320m×460m 的大型矩形森林区域，该森林已有 26 年历史（树龄）。在该飞行期间，树木的高度和林地密度分别为 17.6m 和 0.0518。仲夏时节，森林的叶面积指数保持不变，约为 3.1。树冠覆盖率约为 70%。此次飞行实验在 1996 年 9 月 4 日开展。

勒布雷数据集的飞行观测方式与梅多克数据集的方式相同，均运用了机载热红外相机 Inframetrics 760，其镜头（80°×60°FOV）和安装方法（向后倾斜 20°）也相同。热红外图像的获取频率为 25Hz。飞机的飞行高度是 500m。在星下点和 60°方向的空间分辨率分别约为 2.7m 和 10.8m。有关该数据集的详细信息，请参考 Lagouarde 等（2000）的研究。

除了测量数据集外，本书还使用了来自三维模型的模拟数据集，采用离散各向异性辐射传输（DART）模型进行模型的相互比较（Gastellu-Etchegorry et al., 1996）。DART 模型被认为是光学和热红外波段中最准确的模型之一。在 DART 场景中，植被叶片由小三角面组成，林下土壤由水平矩形面代替。为了展示不同的生长条件，叶面积指数以 0.5 的步长从 0.5 变化到 3.5。在该数据集中，热点参数设置为 0.1。对于行种植场景，行间距、行宽和行高分别设置为 0.5m、0.3m 和 1.0m。行方向和太阳方向之间的相对方位角设置为 0°和 90°。林冠的林分密度介于 0.004~0.030，水平和垂直半径分别为 2.0m 和 3.0m。在模拟数据集中，太阳天顶角设置为 30°。针对每种情况，该研究对整个半球空间进行了模拟，共有 126 个点位，太阳主平面和垂直太阳主平面方向有 58 个点位，观测天顶角介于 −70°~70°，步长为 5°。在模拟数据集中，土壤和叶片的平均温度分别为 40℃和 30℃，光照和阴影土壤之间的温差为 15℃，光照和阴影叶片之间的温差是 3℃。

1.2.4 模型对比分析方法

在该研究中，模型的对比分析通过正向建模和逆向拟合的方式进行。在正向建模方案中，选择了物理仿真模型和解析参数化模型，其中所有的输入数据都是已知的，通过对比模拟和测量结果进行模拟能力评判。与正向建模方案相比，逆向拟合方案可以提供模型系数和预测方向温度的不确定性分析，特别是其能够在给定置信度下评估模型的模拟精度（Pokrovsky and Roujean，2003a 和 2003b）。

1. 正向建模方法

如上所述，如果不考虑大气效应，冠层顶热红外观测 ［式（1.1）］ 的矩阵表达如下：

$$y = X \cdot c + \Delta \tag{1.28}$$

式中，对于物理仿真和解析参数化方法，X 为组分的有效发射率矩阵；c 为各个组分的普朗克黑体发射的系数向量，对于核驱动方法，X 和 c 分别为核函数矩阵和核系数；y 为 $n×1$ 的热红外辐射观测向量；Δ 为 $n×1$ 的误差向量。在正向建模方案中，X 和 c 是已知的，基于模拟和预测（$\hat{y}$）之间的差异 r 进行分析，如下所示：

$$r = y - \hat{y} \tag{1.29}$$

2. 逆向拟合方法

在机载遥感观测实验中（以及一般情况下），飞行的目标区域很大，而地表的组分温度是在地面较小区域内测量得到的，机载观测和地面测量之间的空间不匹配导致出现偏差的概率较大。从遥感实验的角度，得到准确的地面温度分布是十分困难的。在逆向拟合方案中，组分的普朗克黑体发射 c 被认为是未知的。因此，假设是标准的正态分布条件下，c 可以通过以下矩阵形式进行估计：

$$\hat{c} = (X^T \cdot X)^{-1} \cdot X^T \cdot y \tag{1.30}$$

T 为转置，直接求解 $(X^T \cdot X)^{-1}$ 获得稳定结果是相对困难的，这里选择了 QR 分解的方法进行求解，其可获得一个正交矩阵（Q）和一个三角矩阵（R）。X 可以用（$Q \cdot R$）来表示，因此 c 的估计值可以用以下方式表示：

$$\hat{c} = R^{-1} \cdot (R^T)^{-1} \cdot X^T \cdot y \tag{1.31}$$

因此，y 的估计值可以用以下矩阵计算得到：

$$\hat{y} = X \cdot b \tag{1.32}$$

除了残差之外，还采用了 Fisher 统计分析，其可以用来检验两个样本的方差的相似性：

$$F(v,m) = \frac{(n-m) \cdot \|\hat{\boldsymbol{y}} - \bar{\boldsymbol{y}}\|^2}{(m-1) \cdot \|\hat{\boldsymbol{y}} - \boldsymbol{y}\|^2} \qquad (1.33)$$

式中，v 为残差自由度；n 为相当于矩阵 $\boldsymbol{X}$ 的测量数；m 为预测变量的数量。拟合系数的置信度由以下公式给出：

$$C = \hat{\boldsymbol{c}} \pm T_{inv}\left(1 - \frac{\alpha}{2}, v\right) \cdot \sqrt{S} \qquad (1.34)$$

$$S = \boldsymbol{R}^{-1} \cdot (\boldsymbol{R}^T)^{-1} \cdot \boldsymbol{s}^2 \qquad (1.35)$$

式中，T_{inv} 取决于置信度，使用显著性水平 α 和自由度 v 累积分布函数的倒数来计算；$\boldsymbol{s}$ 为协方差矩阵的对角线元素的向量，$\boldsymbol{s}^2$ 为平方误差。同时，拟合曲线的预测边界可以按以下方式计算：

$$Y = \hat{\boldsymbol{y}} \pm T_{inv}\left(1 - \frac{\alpha}{2}, v\right) \cdot \sqrt{s^2 + xSx^T} \qquad (1.36)$$

式中，x 为矩阵的行向量或在指定预测值上的雅各布系数。置信区间既可以用于评估有效性的大小，又显示了有关估计值的不确定性。一般来说，期望的置信度越高，置信区间就越宽。在这个逆向拟合方案中，物理仿真模型和解析参数化模型中的拟合系数对应着光照土壤、阴影土壤和叶片的温度。

1.2.5 对比和分析结果

1. 正向建模结果

1）基于测量数据的模型对比

图 1.3（a）展示了黑河数据集观测数据的角度效应极坐标图，物理仿真模型和解析参数化模型模拟的结果分别如图 1.3（b）和图 1.3（c）所示。亮温随角度变化显著，最大角度效应约为 1.0℃，出现在三角形标记的热点区域。对于热点现象，物理仿真模型和解析参数化模型的表现相似，当观测方向远离太阳方向时候，模型模拟结果出现了高估。图 1.3（d）~图 1.3（f）展示了基于梅多克数据集的测量和模拟结果。垄行葡萄园场景的方向亮温角度特征与均匀玉米场景明显不同。沿着垄行方向（0°~180°）有一个明显的热条带，而垂直行方向（90°~270°）温度角度效应可达-10℃。尽管物理仿真模型和解析参数化模型可以成功地模拟出热条带，但与机载测量结果相比，模拟的热条带效应都不够明显。此外，与物理仿真模型相比，在垂直行方向，解析模型模拟的角度效应略有高估。图 1.3（g）~图 1.3（i）展示了勒布雷数据集的测量和模拟的热红外结果。稀疏森林冠层的角度特征与均匀玉米冠层相似。在太阳主平面方向，温度角度效应可从-1.5℃变化到 1.5℃。相对于测量结果，使用物理仿真模型和解析参数化模型模拟的热点现象出现了低估，而在大倾角区域模拟结果被高估了。

图 1.4（a）~图 1.4（c）分别展示了均质玉米、垄行葡萄园和稀疏森林树冠的测量和模拟结果的散点图。对应的统计结果如表 1.3 所示。对于均质玉米冠层，均方根误差（RMSE）为 0.17℃，决定系数约为 0.80，表明物理仿真模型和解析参数化模型在模拟热辐射方向性方面表现良好，尽管对低于 0.20℃ 的区域出现了高估。对于垄行葡萄冠层，物

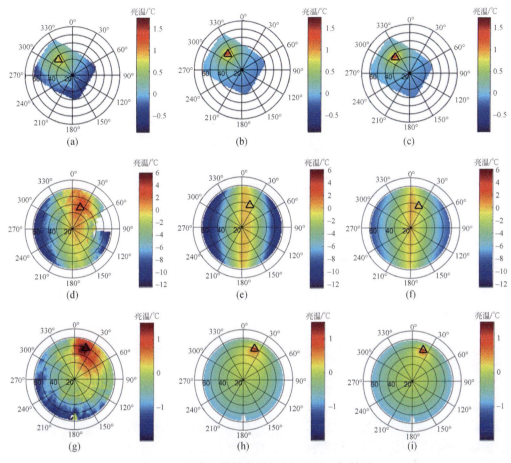

图 1.3　机载和模拟亮温方向性的极坐标结果

（a）~（c）为黑河均质玉米场景，（d）~（f）为梅多克垄行葡萄园场景，（g）~（i）为勒布雷稀疏森林场景；（a）、（d）、（g）为机载测量结果，（b）、（e）、（h）为物理仿真模型模拟结果，（c）、（f）、（i）为解析参数化模型模拟结果

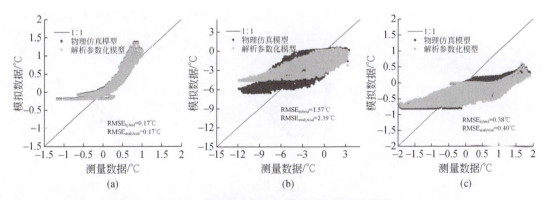

图 1.4　观测和模拟的亮温角度效应的散点图

（a）为黑河均质玉米场景，（b）为梅多克垄行葡萄园场景，（c）为勒布雷稀疏森林场景；

黑色和灰色分别表示物理仿真模型和解析参数化模型

理仿真模型的均方根误差为 1.57℃，明显低于解析模型（2.39℃）。同时，物理仿真模型在该数据集的决定系数也更高，为 0.82。对于稀疏森林冠层，物理仿真模型和解析参数化模型的均方根误差分别为 0.38℃ 和 0.40℃，其决定系数分别为 0.72 和 0.65。就统计结果而言，物理仿真模型相较于解析参数化模型有所提升。然而，根据图 1.4，其与测量数据的偏差问题没有显著改进。

表 1.3　基于机载观测数据的物理仿真模型和解析参数化模型的统计信息

数据集	结果	物理仿真模型	解析参数化模型
黑河数据集	RMSE/℃	0.17	0.17
	R^2	0.80	0.80
	Bias/℃	−0.11	−0.11
梅多克数据集	RMSE/℃	1.57	2.39
	R^2	0.82	0.79
	Bias/℃	0.51	1.27
勒布雷数据集	RMSE/℃	0.38	0.40
	R^2	0.72	0.65
	Bias/℃	−0.11	−0.02

2）基于模拟数据的交叉对比

图 1.5（a）～图 1.5（c）分别显示了两种建模方法与三维模型在均质植被、垄行作物和稀疏森林场景模拟结果的对比。基于 DART 模型模拟数据的评估结果与基于机载测量数据的结果相似，对应的统计结果见表 1.4。对于均质植被场景，两种建模方法的表现类似。此时，温度角度效应可达 5.0℃，物理仿真模型的均方根误差略低于解析参数化模型，其值分别为 0.17℃ 和 0.18℃。物理仿真模型和解析参数化模型的决定系数都稳定在 0.98。对于垄行作物场景，从评价结果来看，两种建模方法的差异变大。物理仿真模型和解析参数化模型的均方根误差分别为 0.52℃ 和 0.86℃，决定系数分别为 0.94 和 0.87。根据进一

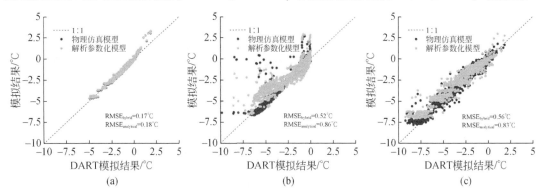

图 1.5　基于 DART 模型参考数据的模型模拟亮温角度效应的散点图

（a）为均质植被场景，（b）为垄行作物场景，（c）为离散森林场景

黑色和灰色的点分别表示物理仿真模型和解析参数化模型

步的分析发现这两个模型的差异主要出现在平行垄向的区域。如果只考虑该方向数据，均方根误差的差异会更大，物理仿真模型和解析参数化模型对应的值分别为 0.58℃ 和 1.10℃。对于稀疏的森林场景，评价结果与均质植被场景的评价结果相似。物理仿真模型的表现也略微优于解析模型，其均方根误差和决定系数分别为 0.56℃ 和 0.96。

表 1.4　基于 DART 模型模拟数据的物理仿真模型和解析参数化模型的统计信息

数据集	结果	物理仿真模型	解析参数化模型
均质植被	RMSE/℃	0.17	0.18
	R^2	0.98	0.98
	Bias/℃	0.01	0.02
垄行作物	RMSE/℃	0.52	0.86
	R^2	0.94	0.87
	Bias/℃	−0.03	0.37
稀疏森林	RMSE/℃	0.56	0.83
	R^2	0.96	0.94
	Bias/℃	0.21	0.51

2. 逆向拟合结果

图 1.6 展示了 c 的拟合值，即物理仿真模型和解析参数化模型的组分温度反演结果和核驱动模型的核系数，红色的误差条表示 5% 显著性水平。选择使用太阳主平面的测量值

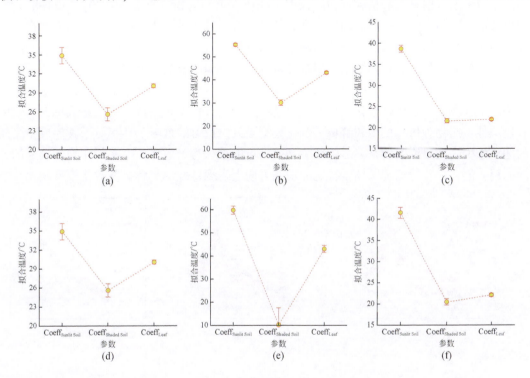

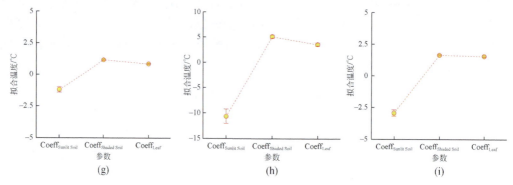

图 1.6　c 的拟合值结果

（a）~（c）为物理仿真模型中拟合系数、（d）~（f）为解析参数化模型中拟合系数、（g）~（i）为核驱动模型中拟合系数的置信区间（95% 水平）；（a）、（d）、（g）为均质玉米场景，（b）、（e）、（h）为垄行葡萄园场景，以及（c）、（f）、（i）为稀疏森林场景；误差条表示置信上限和置信下限

来求解三个模型的系数。对于物理仿真模型和解析参数化模型，求解出的系数的不确定性较大，光照土壤的结果明显高于阴影土壤，植被结果最小。与解析参数化模型相比，物理仿真模型系数的不确定性相对较小。对于植被温度，稀疏森林场景的系数稳定性最好，其次是均质玉米场景，最后是垄行葡萄园场景。

从物理角度来看，物理仿真模型和解析参数化模型的系数结果代表了组分温度。通过比较，均匀玉米场景和稀疏森林场景的拟合系数与地面组分温度测量结果吻合较好，但对于垄行葡萄园场景结果差异较大。在垄行葡萄园场景，解析参数化模型拟合的光照土壤和阴影土壤结果被明显地高估和低估。根据以往研究可知（Bian et al., 2020），由核驱动模型拟合的系数与各组分之间的温度差异有关。拟合系数的最大值和最小值分别出现在垄行葡萄园场景和均质玉米场景，与地面测量的组分温度差异十分吻合。通过对置信区间的比较表明，核驱动模型的拟合结果的稳定性依赖于组分温度或其差异。

图 1.7 展示了亮温角度效应的测量和反演结果，对应的统计结果如表 1.5 所示。相较于物理仿真模型和解析参数化模型，核驱动模型的均方根误差更低，决定系数更大，表明其模拟性能比物理仿真模型和解析参数化模型更好。这可能是由于其相对于其他模型受到的约束较少。需要说明的是，尽管核驱动模型可能被认为不适合模拟垄行作物场景上的方向亮温，但它在垄行葡萄园场景特定的观测方向上表现良好。与解析参数化模型相比，物

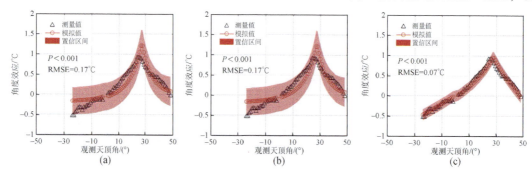

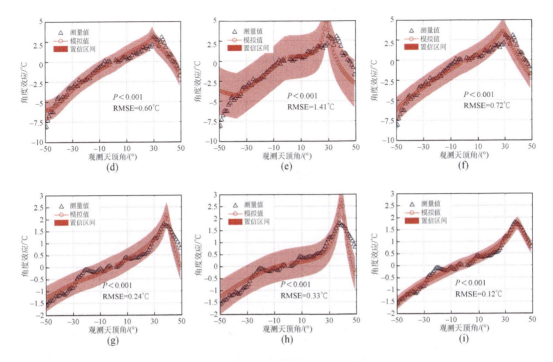

图1.7 方向亮温的不确定性评估

(a)~(c)为物理仿真模型，(d)~(f)为解析参数化模型，(g)~(i)为核驱动模型；(a)、(d)、(g)为均质玉米场景，(b)、(e)、(h)为垄行葡萄园场景，(c)、(f)、(i)为稀疏森林场景；红带表示与5%显著性水平（95%概率）相关的不确定性条带

理仿真模型的表现更好，在均质玉米、垄行葡萄园和稀疏森林场景的均方根误差分别为0.17℃、0.60℃和0.24℃，其决定系数分别为0.82、0.95和0.93。

表1.5 基于机载数据的逆向评估结果

数据集	结果	物理仿真模型	解析参数化模型	核驱动模型
黑河数据集	$\hat{c}$	34.8，25.6，30.0	34.8，25.5，29.8	−1.20，1.15，0.84
	下界	33.6，24.5，29.7	33.5，24.4，29.5	−1.43，1.10，0.80
	上界	36.2，26.6，30.4	36.1，26.5，30.2	−0.99，1.21，0.88
	RMSE/℃	0.17	0.17	0.07
	R^2	0.82	0.82	0.97
	F	99	99	719
梅多克数据集	$\hat{c}$	55.3，30.1，43.1	59.9，10.2，43.1	−10.61，5.12，3.57
	下界	54.7，28.8，42.5	58.2，2.9，41.6	−12.04，4.79，3.26
	上界	55.9，31.3，43.8	61.7，17.0，44.6	−9.18，5.44，3.88
	RMSE/℃	0.60	1.41	0.72
	R^2	0.95	0.73	0.93
	F	617.0511	85.2834	398.7307

续表

数据集	结果	物理仿真模型	解析参数化模型	核驱动模型
勒布雷数据集	$\hat{c}$	38.7, 21.6, 22.0	41.5, 20.5, 22.1	−2.93, 1.66, 1.56
	下界	37.8, 21.1, 21.7	40.2, 19.7, 21.7	−3.18, 1.61, 1.51
	上界	39.5, 22.1, 22.2	42.9, 21.2, 22.5	−2.67, 1.70, 1.62
	RMSE/℃	0.24	0.33	0.12
	R^2	0.93	0.87	0.98
	F	395	204	1572

置信区间可以用来反映基于测量数据的统计信息的可靠性。置信区间的比较表明了拟合结果对建模方法的依赖性很大。相对于物理仿真模型和解析参数化模型，核驱动模型的结果显示出较窄的不确定性界限（P 值水平为 0.95），这表明在模拟亮温角度效应时，波动相对较小。与解析参数化模型相比，物理仿真模型的不确定性区间也较窄。此外，对于以上三种模型，均质玉米场景和稀疏森林场景的不确定性结果都小于垄行葡萄园场景的不确定性。如上所述，上界和下界展示了参数估计中的不确定性所引起的方向亮温估计的不确定性。在图 1.7 中，得出的 P 值均小于 0.001，这在一定程度上表明在样本中变量之间的关系不相关的概率低于 0.1%。

1.2.6　对比分析结论

基于测量和模拟数据集，通过正向建模和反向拟合方案对三种建模方法进行了对比分析。在对比过程中有一些不足，如机载观测数据和地面测量数据的不确定性是不可避免的。虽然采用亮温的角度效应来避免地表温度的时间变化影响，但在数据预处理过程中进行了时间维度的合成，机载观测数据将不可避免地受到影响。例如，Lagouarde 等（2000）以及 Lagouard 和 Irvine（2008）的研究表明这种时间效应会导致热点变宽。尽管如此，在模型评估和比较方面，得到的对比分析结果仍是有用的。这是由于这项研究的目的是对依赖不同框架的建模方法进行相互对比分析，而不是对一种方法进行彻底的评价，这些局限性不会对评价结果产生实质性影响。

对热红外辐射传输模型的验证是一项十分困难的工作，但类似的复杂性工作对建模的发展和应用是有好处的。在该工作中，对三种不同的建模方法进行了相互比较，即物理仿真模型、解析参数化模型和核驱动模型。以机载测量数据和 DART 模型模拟数据为参考，采用正向建模模式和反向拟合模式开展了对比分析。结果表明，在正向建模方案中，物理仿真模型在模拟方向亮温方面的表现比解析参数化模型好，但解析参数化模型的实用性更高。该研究给出了一些具体的对比信息，有助于读者根据模型的误差水平和实用性之间找到最适合的选择。

1.3 本章小结

在以往的研究中，模型间的对比更多的是针对某个异质性场景建模与均质场景模型对比，其意义是表明选择对应场景的模型是十分必要的。而随着建模的发展，模型间的对比并非均质模型与异质性模型间的横向对比，而是针对垄行作物或者离散森林异质性场景以及不同的建模策略的纵向对比。一般来说，当充分考虑场景结构特征和物理过程时，模型的准确性将得到改善。根据正向建模方案的评价结果，物理仿真模型的表现比解析参数化模型好。然而，对于逆向拟合方案，最简单的核驱动模型比其他模型表现得更好。这个结论是在模型的相互比较中得到的，约束条件和精度并不都是正相关的。因此，模型的选择主要取决于应用要求，而不是模型本身。

通过比较三种植被类型的所有评价结果，对每种建模方法的一些观点阐述如下：

（1）物理仿真模型通过使用体元或层元充分考虑了个体的冠层形状特征和辐射交互作用。因此，相对于解析参数化模型，可以发现其对垄行作物场景和稀疏森林场景有一些改进，对于均质植被场景的改进微乎其微。

（2）相对于物理仿真模型，解析参数化模型为复杂辐射传输过程提供了一个基于假设的简单解决方案。不可避免的是，精确度会下降。尽管如此，在考虑实际应用时，如组分温度反演，简化过程是有益的。在这种情况下，通过增加模型的复杂性来提高其准确性并非是一个好的选择。

（3）在核驱动模型中，没有明确描述表面结构和组分温度特性的影响。核驱动模型主要用于亮温的角度归一化和估计上行长波辐射。根据测量和模拟数据集，核驱动方法在均质植被和稀疏森林场景下表现得最好。探索核系数的物理意义有助于在未来更好地解释温度方向性信息。此外，核驱动模型仍然不适用垄行作物场景。

尽管如此，均质场景与异质场景是相对的，对于均匀植被场景，垄行作物场景和稀疏森林场景可以看作异质场景，其结构会存在水平方向的聚集效应和垂直方向的分层现象。异质场景也是以往研究的重点，在更大的建模和地球系统中或者是在更高分辨率的遥感研究中，植被体系并不会单纯地被讨论，其与宏观的地形和城市的共同影响逐渐成为发展的方向。但这些都将会以植被体系作为基础，后续章节将对复合影响专门进行分析。

| 第2章 | 地形起伏与植被结构

2.1 森林与单一坡的热辐射方向性模型

与平坦地表的森林模型相比，在坡地上的森林会导致投影距离的改变，即光学路径长度的改变，使得观测视场内的组分比例随着坡度的变化而不同。因此，本章将对单一坡的热辐射方向性建模进行研究。

2.1.1 森林与单一坡的研究背景

山区一般是丘陵、高原、山地的统称，是全球陆地表面的重要组成部分。统计数据表明，全球超过32.2%的陆表坡度大于10°，在我国该比例可达43.5%（Wu et al.，2019）。一方面，山区是全球和区域气候变化和生态环境监测的重要内容之一，其影响着大气环流模式，在碳水输送过程中扮演着重要角色；同时，山区也形成了多种气候类型，承载着动物栖息和变迁多样性价值。山区具有重要的社会和经济功能，为人们供给了丰富的粮食、木材、能源和医药资源，全球约12%的人口生活在山区。另一方面，山区的生态系统容易受到极端自然事件和人类活动的破坏，如火山爆发、泥石流、森林砍伐、矿产挖掘和毁林造田等，因此山区生态系统的可持续发展一直是全球陆表过程研究的重点（Li et al.，2006）。

山区的温度是山区生态系统中能量收支和碳、水循环过程中重要的指示因子和驱动力。热红外遥感可以获取山区多尺度温度信息。尽管许多研究表明，现有地表温度产品的反演精度已经达到了1℃，但山区的温度反演仍然存在不足，表现在：①热辐射方向性问题，即由于山体阴影和遮挡，遥感观测的热红外信号随观测角度变化显著，现有地表温度产品依赖观测角度（Ermida et al.，2017）；②混合像元问题，即山区温度随光照和气象条件变化大，而反演的像元平均温度难以反映像元内山顶和山脚、阳坡和阴坡的温度差异（He et al.，2019）。遥感地表温度产品的问题，不可避免地影响后续的山区生态系统和人居环境的研究和应用（Mutiibwa et al.，2015）。

热红外辐射传输建模是解决复杂山区热辐射方向性和混合像元问题的理论基础，其构建了地表温度分布与传感器观测间的联系。针对植被冠层，发展了辐射传输模型、几何光学模型和混合模型。辐射传输模型考虑了均匀冠层内的辐射交互作用，代表模型有4SAIL模型（Verhoef，1984）、FR97模型（Francois et al.，1997）和TiRT模型（Bian et al.，2016）；几何光学模型考虑了植被冠层的结构特征，包括KIMES模型（Kimes et al.，1980）和MGP模型（Pinheiro et al.，2004）；混合模型结合了辐射传输模型和几何光学模型的优势，代表模型有 Yu2004 模型（Yu et al.，2004）、Du2007 模型（Du et al.，2007）、FovMode 模型（Ren et al.，2013）、TiRT_Veg 模型（Bian et al.，2018a）。目前，针对复杂山区热红外辐射传输建模的研究相对较少。Liou 等（2007）提出了三维光线追踪辐射传输模型，Lee 等（2013）对其进行了参数化并分析了不同空间分辨率青藏高原地区辐射收支的变化。Yan 等（2016）对地形因素在上行长波辐射上的影响进行了理论分析，随后 Jiao 等（2019）和 Yan 等（2020）开展了方向性和长波上行辐射的建模研究。热红外辐射传输模型发展迅速，现有研究重点主要在平坦地表、单一下垫面类型，尽管开展了山区的建模和分析工作，但是对地形因素与下垫面结构复合影响的理论研究仍然较少。

因此，本书选择将已有的森林模型 TiRT_Veg 模型进行拓展，综合考虑地形的特征与森林结构对热辐射方向观测的影响。单一坡通常被认为是复合坡研究的基础，其是高分辨率遥感观测所面临的重要问题。在建模过程中，采用几何光学的思路确定各个组分的辐射贡献。同时，本书基于无人机系统获得的观测数据集和基于三维光线追踪辐射传输模型 GRAY 得到的模拟数据集，对新提出的模型进行验证。其余内容的组织如下：2.1.2 节介绍了模型的改进和实现方法；2.1.3 节描述了验证用到的测量和模拟数据；模型的验证结果在 2.1.4 节中介绍；2.1.5 节为对模型不足的讨论和针对地形的分析；2.1.6 节为对整个单一坡植被建模工作的总结。

2.1.2 单一坡森林建模方法

单一坡森林的模型与平坦地表的森林热辐射方向性模型都可以通过以下公式进行实现：

$$L(\theta_s,\theta_v,\varphi) = \sum_j \left[\varepsilon_j \cdot f_j(\theta_s,\theta_v,\varphi) + \varepsilon_{m,j} \right] \cdot B(T_j) + L^\downarrow(1-\varepsilon_e) \tag{2.1}$$

$$L^\downarrow = \gamma L_a^\downarrow + (1-\gamma)L_s^\downarrow \tag{2.2}$$

式中，L 为传感器观测的热辐射；ε_j 和 f_j 分别为组分 j 的发射率和可视比例；T_j 为组分 j 的温度，$B(T_j)$ 为普朗克函数，其可将组分 j 的温度转化为热辐射；$L_a^\downarrow$ 和 $L_s^\downarrow$ 为大气和临近像元的等效的下行辐射；$\varepsilon_{m,j}$ 为多次散射引起的发射率增量；ε_e 为整个冠层的等效发射率；γ 为天空可视因子；θ_s、θ_v、φ 分别为太阳和观测的天顶角，以及两者的相对方位角；$L^\downarrow$ 为下行的长波辐射。各个公式与已有的平坦地表植被体系的框架一致，单一坡森林场景的主要组成元素是土壤和植被两种，考虑光照和阴影后总的组分有四种：光照土壤、阴影土壤、光照植被和阴影植被。如图 2.1 所示，与平坦地表不同的是，由于有了坡度，在大气下行辐射中除了大气的贡献，还可能受到临近地表发射的贡献，通过天空可视因子量化其影响。考虑地形的影响需要引入临近地表的结构，而本书的重点是对地表的出射辐射建模，因此本书给出了计算方法，但是在建模和讨论中不考虑临近地表对等效下行辐射的影响。除此之外，地形的变化还将导致观测角度和太阳角度的变化，以及森林结构参数的调整，接下来将分别进行介绍。在开展单一坡研究时，依据角度可以分为两种特例进行讨论，一种是单一坡的法线方向与太阳方向小于90°的情况，此时只需要进行角度转换和结构转换；而另一种是当坡地的法线方向与太阳方向大于90°时候，表明这个该坡会被地形所遮挡，除了以上提到的角度变换和结构变换，还需要将土壤和植被光照部分的贡献对应转化为阴影部分的贡献。

图 2.1　土壤背景与植被冠层几何交互关系示意图

（a）为平坦地表，（b）为单一坡地表

1. 角度变换

单一坡植被模型与植被冠层模型的主要差异在于地形转换和坡向投影。假设树冠形状为球形，地形转换等价于将倾斜坡面旋转至水平，可通过旋转矩阵实现（Wu et al., 2018）：

$$\begin{bmatrix} \sin\theta'\cos\varphi' \\ \sin\theta'\sin\varphi' \\ \cos\theta' \end{bmatrix} = \begin{bmatrix} \cos\alpha & 0 & -\sin\alpha \\ 0 & 1 & 0 \\ \sin\alpha & 0 & \cos\alpha \end{bmatrix} \begin{bmatrix} \sin\theta\cos\varphi \\ \sin\theta\sin\varphi \\ \cos\theta \end{bmatrix} \tag{2.3}$$

式中，α 为坡度；θ 为观测天顶角或者太阳天顶角；φ 为观测方位角或者太阳方位角与坡向的夹角；θ' 和 φ' 分别为转换后的天顶角和方位角。依照该角度转换方法，可以得到新的太阳方向（θ'_s 和 φ'_s）和新的观测方向（θ'_v 和 φ'_v）。转换后的角度可以直接输入到森林冠层模型，其详细的计算过程见后续章节，本章中用的是解析参数化的植被模型 TiRT_Veg。

2. 结构变换

上文对角度进行了转换，从倾斜投影转换成了平坦地表的投影。由于倾斜地表到水平地表会有投影减小，旋转后场景的背景面积会相应增大，需要进行额外的结构参数改正（Chen et al., 2023）：

$$\lambda' = \lambda\cos\alpha \tag{2.4}$$

$$h' = h\cos\alpha \tag{2.5}$$

式中，λ 和 λ' 分别为原有和转换后的森林林分密度；h 和 h' 分别为原有和转换后的冠层高度。相对于平坦地表，坡地上树冠的林分密度会减小，树冠中心距离也会随着坡度的增大而减小。

3. 多次散射

多次散射是指树冠发射的辐射被其他树冠或者是下层背景反射到传感器的辐射贡献，

在经过角度转换和结构改正后，平坦地表和单一坡地表冠层内的辐射过程是相同的；而对于冠层外的多次散射，坡地的上半球既包括天空又包括临近地表，因此需要进行额外的讨论。当然，考虑到地表的发射率较大，多次散射值较小，故只考虑单次散射项（Rautiainen and Stenberg，2005）：

$$\varepsilon_{m,c} = i_c \cdot p_c \cdot \varepsilon_c (1-\varepsilon_c) + i_c' \cdot \varepsilon_c \cdot (1-\varepsilon_u) \cdot (1-i_c) \tag{2.6}$$

$$p_c = 1 - e_{u,c} - e_{d,c} \tag{2.7}$$

$$e_{u,c} = \frac{1}{i_c} \cdot \sum_0^n p_0(x,y,z,\theta_v) \cdot \lambda \cdot u_L \cdot G(\theta_v)/\mu_v$$

$$a_{u,c} \cdot 2\int_0^{\frac{\pi}{2}} p_0(x,y,z,\theta) \cdot \cos\theta \cdot \sin\theta \cdot d\theta \cdot dx \cdot dy \cdot dz \tag{2.8}$$

$$e_{d,c} = \frac{1}{i_c} \cdot \sum_0^n p_0(x,y,z,\theta_v) \cdot \lambda \cdot u_L \cdot G(\theta_v)/\mu_v$$

$$a_{d,c} \cdot 2\int_0^{\frac{\pi}{2}} p_0(x,y,\mathrm{hc}-z,\theta) \cdot \cos\theta \cdot \sin\theta \cdot d\theta \cdot dx \cdot dy \cdot dz \tag{2.9}$$

式中，$\varepsilon_{m,c}$ 为多次散射项目；ε_c 为植被冠层的发射率；hc 为冠层高度；θ 为半球的积分方向；i_c 和 i_c' 分别为光子沿着某个方向但是被冠层拦截的概率及其半球平均值；p_c 为再碰撞概率；$a_{u,c}$ 和 $a_{d,c}$ 分别为光子被拦截后向上和向下的概率；$e_{u,c}$ 和 $e_{d,c}$ 分别为光子从山体中间层向上和向下逃逸的概率；ε_u 为背景的有效发射率；λ 为树冠密度；p_0 为某个体元的方向透过率；u_L 为植被体密度；G 为植被投影系数；μ_v 为观测方向的余弦值；x，y，z 为体元的笛卡儿坐标。

2.1.3　无人机试验与数据集

本书基于近地表的热红外无人机遥感观测进行了拓展模型的验证，考虑到地面观测数据有限，同时选择了基于模拟的数据集进行模型验证。本书中的无人机测量数据来自位于重庆的遥感实验，实验测量和模拟数据分别如下所示。

1. 观测数据

1）研究区

该研究选择重庆地表开展遥感实验，其地处中国西南部，是长江上游地区的重要城市。重庆地形复杂，高程高低差达 2700m 左右，山地面积占 76%，丘陵占 22%。地势起伏大、地貌类型多样。该研究区具有典型的喀斯特槽谷景观。重庆属亚热带季风性湿润气候，年平均气温为 16～18℃，年平均降水量较丰富，大部分区域可达 1000～1350mm，多集中在 5～9 月，占全年总降水量的 70% 左右。由于地形复杂，重庆频发自然灾害，包括滑坡、崩塌、洪涝和水土流失等。因此，开展重庆区域的热红外遥感建模研究不仅是科学研究的需要，同时对遥感灾害监测也具有重要意义。

在虎头村开展无人机的飞行试验（29°45′45.75″N，106°19′9.36″E），该区域是典型的喀斯特槽谷地貌，整个飞行试验的观测区域如图 2.2 所示，其包括一个完整的山头，被森林冠层覆盖，高度约为 200m。这里选择山体的南北两侧区域作为样区，这两个样区具有相似的坡度，但坡向差异显著：A 样区的坡度和坡向分别为 34.2° 和 168.7°，B 样区的坡度和坡向分别为 26.2° 和 10.3°。

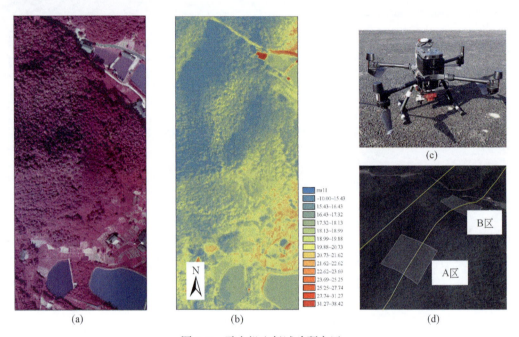

图 2.2 无人机飞行试验研究区

（a）和（b）分别为光学和热红外图像，（c）和（d）分别为试验用的四轴无人机和试验选择的样区

2）无人机数据

在模型验证过程中使用的遥感观测数据来自如图 2.2（c）所示的无人机平台，其装载有光学和热红外观测镜头。为了获得较大的观测天顶角，两个相机被倾斜安装，倾角设置为 25°。光学观测设备是 Micasense RedEdge，具有蓝光、绿光、红光、红边和近红外五个波段，对应的中心波长分别为 475nm、560nm、668nm、717nm 和 842nm，焦距为 8mm，视场角约为 40°。热红外观测设备是 FLIR Tau2，宽波段观测波长范围为 7.5 ~ 14.0μm，图像像素数目为 640×512，温度响应优于 0.5K。飞行高度为 300m，与最高的山峰相对高度超过 100m，因此空间分辨率优于 1.0m。

该研究在 2020 年 10 月 22 日开展了飞行试验，本书选择了两次飞行任务获取的观测数据用于验证，其飞行时间约为 10：05 和 15：00。热红外观测设备的视场角为 69°×56°，因此在观测的单张图像上飞行方向上观测天顶角的范围为 -20° ~ 60°，在垂直飞行方向上观测天顶角范围为 -28° ~ 28°。数据从无人机平台获取后进行了数据预处理，包括辐射定标和几何定标。本书基于黑体（LDS100-04/MG）测量数据开展了热红外观测设备的辐射定标，同时基于 Photoscan 软件开展了无人机连续观测的几何校正，最后将遥感观测图像重新采样为 1.0m。如图 2.3（a）所示，本书基于遥感图像与无人机的相对位置变化，计算图像中逐个像素的观测天顶角和方位角，以 3° 为间隔，对数据进行角度维度的加权平均。单张热红外观测图像的观测角度信息如图 2.3（b）所示。

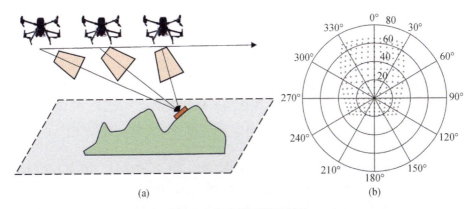

图 2.3　无人机观测示意图

（a）为无人机多角度观测单一坡的示意图，（b）为单张热红外遥感图像上像元点的
观测角度信息，传感器镜头 90°×69°且倾斜 25°

在无人机飞行期间，地面同步开展了测量试验，测量内容主要针对地表的结构和光谱特征：基于 LAI-2000 测量了冠层的叶面积指数，树冠的结构参数的测量包括树冠的密度、树高、树冠高度和宽度等；基于便携式傅里叶变换热红外光谱仪 102F 对研究区植被叶片和土壤进行了发射率的测量。地表的组分温度从热红外遥感图像中提取得到。无人机观测数据集的详细信息如表 2.1 所示。

表 2.1　虎头村无人机实验测量数据集的信息

模型输入		10：05	15：00
冠层结构	叶面积指数	4.5	
	叶倾角分布	球型	
	热点系数	0.1	
	树冠高半径/m	5	
	树冠宽半径/m	2	
	树冠密度	0.02	
光照和观测几何	观测天顶角/(°)	−20～60	
	太阳天顶角/(°)	49.1	59.6
	太阳方位角/(°)	141.5	233.5
	坡度/(°)	34.2	26.2
	坡向/(°)	168.7	10.3
组分属性	土壤发射率	0.955	
	叶片发射率	0.975	
	光照土壤温度/℃	20.5	24.4
	阴影土壤温度/℃	16.1	16.5
	叶片温度/℃	16.4	18.2

2. 模拟数据

在这项研究中，除了使用无人机观测平台获取的测量数据外，还使用了一个由三维光线追踪辐射传输模型 GRAY 生成的模拟数据集进行模型验证。通过同时利用中央处理器（CPU）和图形处理单元（GPU）设备，该模型的模拟效率显著提升，并保持了与其他模型相同的模拟精度。GRAY 模型为大范围光学和热遥感观测模拟提供了一个有效的工具（Bian et al.，2022a）。

为了全面验证所提出的模型，在模拟数据集中考虑了各种场景，如表 2.2 所示。模拟场景覆盖 1000m×1000m 的区域，太阳天顶角为 20°，太阳方位角为 0°。不同起伏的地形作为场景背景，主要包括两个参数控制：坡度和坡向。考虑各种高度梯度，其坡度包括 10°、20°、30° 和 40°，坡地与太阳的相对方位角有 0° 和 180°。此外，该模拟数据集还考虑了地形上植被状况的变化，如森林冠层的密度。森林树冠是随机分布在坡地上的，林分密度在 0.02 ~ 0.06 变化，间隔为 0.02，叶面积指数在 0.59 ~ 1.76 变化（图 2.4）。冠层的形状是固定的，水平和垂直方向半径分别设置为 1.275m 和 1.500m。叶片和土壤的发射率分别设置为 0.975 和 0.955。此外，光照和阴影植被之间的温差为 3℃，而光照和阴影土壤间的温差为 20℃。以整个半球的模拟结果进行模型验证，采样方式为观测天顶角以 5° 为间隔和方位角以 10° 为间隔，天顶角范围为 0° ~60°，方位角范围为 0° ~355°。

表 2.2　GRAY 模型模拟数据集的信息

模型输入		值或范围
植被冠层	叶面积指数	0.59, 1.18, 1.76
	叶倾角函数	球型
	热点参数	0.1
	林分密度	0.02, 0.04, 0.06
	树冠高度半径/m	1.500
	树冠宽度半径/m	1.275
地形信息	坡度/(°)	10, 20, 30, 40
	坡向/(°)	0, 180
	光照和观测几何	—
	观测天顶角/(°)	0~60，步长为 5
	太阳天顶角/(°)	20
	太阳方位角/(°)	0
组分属性	土壤发射率	0.955
	叶片发射率	0.975
	光照土壤温度/℃	46.85
	阴影土壤温度/℃	26.85
	光照叶片温度/℃	27.85
	阴影叶片温度/℃	24.85

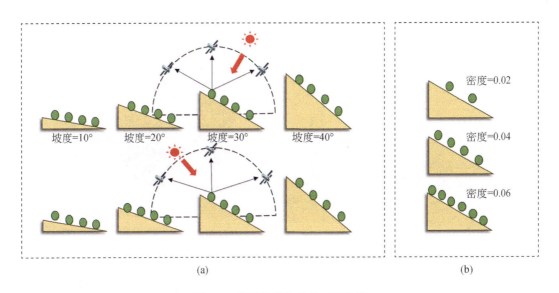

图 2.4　模拟数据集中的不同案例

（a）适用于坡度为 10°、20°、30° 和 40° 的观测示意图；（b）适用于具有不同冠层密度的示意图

2.1.4　单一坡森林模型模拟结果验证

1. 基于观测数据的验证结果

研究区域的温度随地形坡度和方位的变化如图 2.5 所示。在 10：05 的观测数据的统计结果如图 2.5（a）和图 2.5（b）所示。这两个时间段相比可以发现此地温度随时间的变化较大。在图 2.5（a）中，温度随坡度的增加而增加，但是决定系数（R^2）仅为 0.06，表明其并不十分显著。这是由于光照坡面与阴影坡面的温度随坡度变化的趋势不同，前者温度随坡度的变化更显著。与坡度相比，温度随地形坡向的变化非常显著，135° 和 315° 处的温度差异大于 3.5℃。图 2.5（c）展示了 15：00 的结果，与 10：05 的结果不同，图 2.5（c）中点的分布有明显的分类，具有相同坡度的像素之间的温差可达 3.0℃。在图 2.5（d）中，温度随地形的变化也是十分显著的。

图 2.6（a）和图 2.6（b）分别展示了所提出的模型在 10：05 样本 A 和样本 B 方向亮温的模拟结果。尽管在这一时刻，样本 A 和样本 B 的阳光都没有受到山体遮挡，但测得的方向亮温存在显著差异。两个高程相似，但样本 A 的方向亮温明显高于样点 B，其值分别约为 17.3℃ 和 15.6℃。这可能是由于样本 A 朝向太阳，但样本 B 背对太阳。更深入的分析表明，与样本 B 相比，样本 A 中土壤和植被的光照比例要大得多。此外，这两个样点的方向亮温变化区间也不同，样点 A 的方向亮温变化范围约为 16.5 ~ 17.6℃，样品 B 的方向亮温变化为 15.4 ~ 16.0℃。随着观测天顶角的增加，样本 A 和样本 B 的方向亮温都有增加的趋势，这可能是由于太阳热点效应的影响。

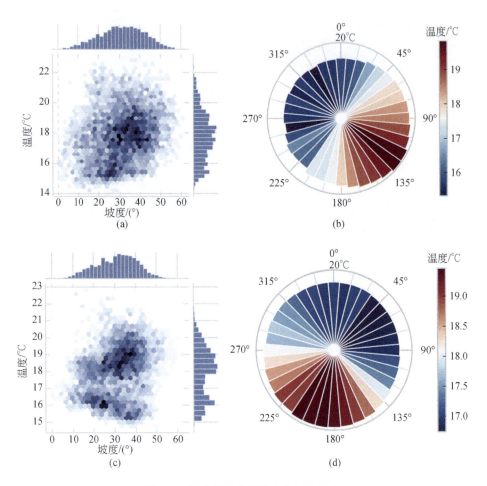

图 2.5　温度与坡度和坡向之间的关系

（a）和（c）为温度和地形之间的关系；（b）和（d）为坡度和坡向之间的关系；（a）和（b）为 10:05 的统计结果，（c）和（d）为 15:00 的统计结果；在（b）和（d）中，同心圆方向对应地形坡向，同心圆颜色为温度信息

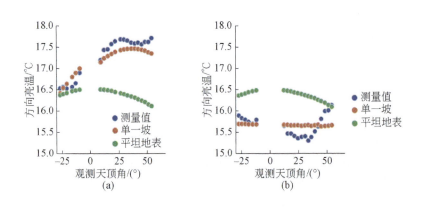

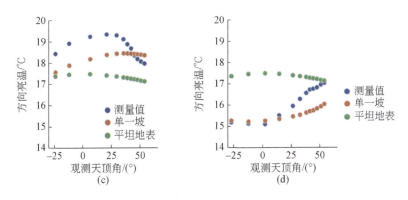

图 2.6　平坦地表和单一坡地表测量和模拟温度的方向各向异性

测量、单一坡地表森林模型和平坦地表森林模型分别用蓝色、橙色和绿色标记；（a）和（b）分别为 10∶05
样本 A 和样本 B 的结果，（c）和（d）分别为 15∶00 样本 A 和样本 B 的结果

在该验证中，也选择了平坦表面的森林模型（TiRT_Veg 模型）的模拟结果作为对比。由于该植被模型没有考虑地形因素，因此它无法捕捉样本 A 和样本 B 之间的温差。相反，所提出模型的模拟结果与观测结果相似。当然，统计信息也表明，单一坡地表森林模型的模拟精度显著优于平坦地表森林模型，单一坡地表森林模型在 10∶05 样本 A 和样本 B 的均方根误差分别为 0.36℃ 和 0.53℃，平坦地表森林模型的均方根误差分别为 0.79℃ 和 1.02℃。15∶00 测量结果和模拟结果如图 2.6（c）和图 2.6（d）所示。与 10∶05 相比，两个样本之间的温差变得更加明显。这是由于在该时刻样本 B 的太阳方向和坡地法线方向接近 90°，样本 B 的一部分被邻近山体遮蔽，而样本 A 仍完全处于光照。平坦地表森林模型在样本 A 和样本 B 区域分别出现了明显的低估和高估情况。表 2.3 中的验证结果进一步表明了单一坡地表森林模型在处理单一坡场景时候的性能优势。单一坡地表森林模型和平坦地表森林模型的等效均方根误差分别为 0.48℃ 和 1.21℃，在一定程度上可以表明误差下降了 50% 以上。

表 2.3　基于无人机遥感观测数据的统计结果

模型	时间	样本	Bias/℃	RMSE/℃	R^2
单一坡地表森林模型	10∶05	A	0.23	0.36	0.91
		B	0.48	0.53	0.06
	15∶00	A	0.05	0.51	0.01
		B	0.40	0.52	0.95
平坦地表森林模型	10∶05	A	−0.64	0.79	0.26
		B	0.98	1.02	0.19
	15∶00	A	−0.85	0.99	0.73
		B	1.91	2.03	0.53

2. 基于模拟数据的验证结果

图 2.7 展示了所提出的模型和三维光线追踪辐射传输模型（GRAY 模型）之间的对比；对应的统计结果如表 2.4 所示。在本书中选择了两种情况，一种为斜坡朝向太阳，另一种为斜坡背向太阳，如图 2.7 所示。该模拟结果对应地形的坡度为 30°，太阳天顶角为 20°，林分密度为 0.04。当引入地形效应后，温度的方向各向异性变得更加明显，这是平坦地表森林模型无法捕捉到的。验证结果进一步证实了单一坡地表森林模型模拟性能的优越性：针对斜坡朝向太阳情况，单一坡地表森林模型的均方根误差和决定系数分别为 0.54℃ 和 0.96，而平坦地表森林模型的均方根误差和决定系数分别为 1.23℃ 和 0.56；对于斜坡背向太阳的情况，均方根误差分别为 0.71℃ 和 1.56℃，决定系数分别为 0.84 和 0.68。需要注意的是，通过比较图 2.7（a）～图 2.7（c）和图 2.7（d）～图 2.7（f），平坦地表森林模型未能解释温度随地形变化的情况。相比之下，单一坡地表森林模型成功地捕捉到了温度的变化及其方向各向异性，展示了其模拟坡向影响的能力。

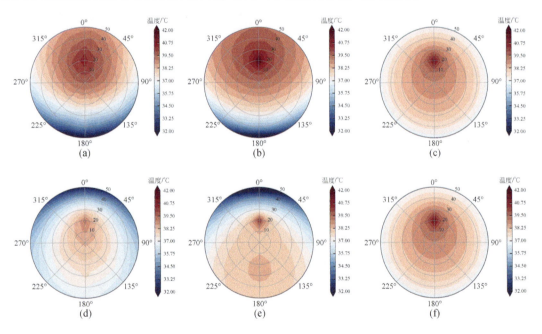

图 2.7　GRAY 模型、单一坡地表森林模型和平坦地表森林模型模拟的温度极坐标图

（a）和（d）为 GRAY 模型，（b）和（e）为单一坡地表森林模型，（c）和（f）为平坦地表森林模型；（a）～（c）和（d）～（f）分别用于斜坡朝向和背向太阳的情况；地形坡度、太阳方位角和太阳天顶角分别为 30°、0° 和 20°

1）不同地形起伏的情况

图 2.8 展示了单一坡地表森林模型和三维光线追踪辐射传输模型在不同地形下的比较，不同模拟的差异在于地形坡度从 10° 变化到 40°，步长为 10°。这些模拟对太阳主平面（SPP）上方向亮温的变化进行分析。同样地，选择原有的平坦地表森林模型进行对比。由于没有考虑地形的影响，平坦地表森林模型的模拟结果没有变化。随着地形坡度的增加，三维光线追踪辐射传输模型和平坦地表森林模型模拟结果之间的温度差异增大，尤其

是在背向太阳一侧的温度急剧下降 [图 2.8 (d)]。对于地形坡度大于 30°的情况，无论地形是朝向太阳还是背向太阳，这种差异都可能达到 5℃。需要注意的是，新的单一坡地表森林模型的模拟结果与 GRAY 模型的模拟结果非常相近。对于斜率大于 30°的情况，单一坡地表森林模型的均方根误差低于 0.9℃，而平坦地表森林模型的误差大于 1.5℃。尽管如此，在图 2.8 (e)~图 2.8 (h) 中，单一坡地表森林模型也出现了高估和低估的情况，特别是对于大观测天顶角区域。在某些情况下，差异可能超过 1.0℃。

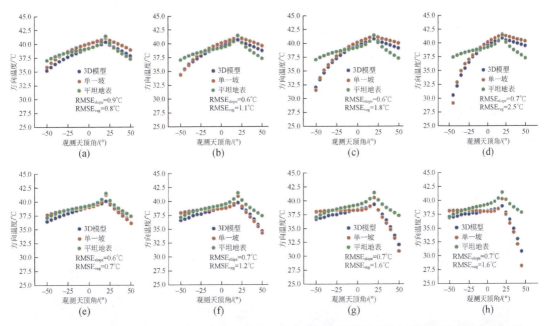

图 2.8　GRAY 模型、单一坡地表森林模型和平坦地表森林模型模拟太阳主平面上的方向温度结果

(a) 和 (e)、(b) 和 (f)、(c) 和 (g)、(d) 和 (h) 分别对应地形坡度为 10°、20°、30°和 40°的情况；
(a)~(d) 和 (e)~(h) 分别对应地形坡向为 0°和 180°的情况

2）不同森林结构的情况

图 2.9 展示了与三维光线追踪辐射传输模型相比，新提出的单一坡地表森林模型在不同林分密度下的表现。图 2.9 (a)~图 2.9 (f) 和图 2.9 (g)~图 2.9 (l) 分别给出了林分密度为 0.02 和 0.06 情况下的极坐标图。与图 2.6 中林分密度为 0.04 的模拟相比，林分密度为 0.02 的模拟的温度较高。这可归因于温度高的土壤可视比例增加，而温度低的植被可视比例降低。在这种情况下，温度的方向各向异性与图 2.7 中的非常相似。然而，由于树冠数量的减少，温度方向各向异性的变化范围减小了。统计信息也展示了单一坡地表森林模型比平坦地表森林模型的表现更好。对于林分密度为 0.02 的模拟，单一坡地表森林模型的均方根误差和决定系数值分别为 0.57℃ 和 0.92，而平坦地表森林模型的均方根误差和决定系数分别约为 1.18℃ 和 0.56。树冠数量的增加也导致温度方向各向异性的减弱。此外，单一坡地表森林模型的验证结果（RMSE = 0.64℃，$R^2 = 0.88$）也优于平坦地表森林模型（RMSE = 1.38℃，$R^2 = 0.60$）。其他的验证结果如表 2.4 所示。

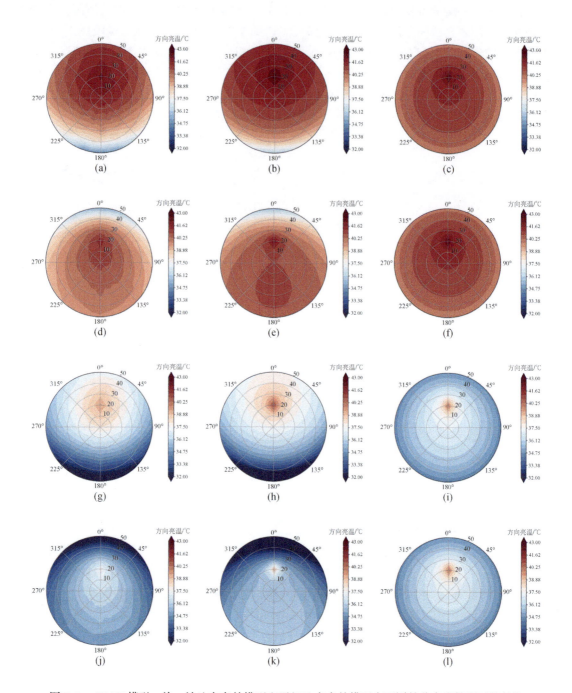

图 2.9　GRAY 模型、单一坡地表森林模型和平坦地表森林模型在不同林分密度情况下的性能

（a）、（d）、（g）、（j）为 GRAY 模型，（b）、（e）、（h）、（k）为单一坡地表森林模型，（c）、（f）、（i）、（l）为平坦地表森林模型；（a）~（f）和（g）~（l）分别对应于森林林分密度为 0.02 和 0.06 的情况；（a）~（c）和（g）~（i）以及（d）~（f）和（j）~（l）分别对应地形角为 0°和 180°的情况

表 2.4 在不同地形条件下新提出单一坡地表森林模型和平坦地表森林模型与 GRAY 模型的对比结果

模型	林分密度	坡向/（°）	Bias/℃	RMSE/℃	R^2
单一坡地表 森林模型	0.02	0	0.42	0.61	0.96
		180	0.32	0.54	0.88
	0.04	0	0.35	0.54	0.96
		180	0.29	0.71	0.84
	0.06	0	−0.05	0.48	0.95
		180	−0.28	0.81	0.82
平坦地表 森林模型	0.02	0	0.34	1.07	0.53
		180	0.95	1.29	0.60
	0.04	0	0.15	1.23	0.56
		180	1.27	1.56	0.68
	0.06	0	−0.27	1.33	0.59
		180	0.93	1.23	0.70

2.1.5 模型的不足与应用讨论

1. 地形起伏对发射率的影响

本书重点分析了单一坡对森林模型方向亮温的影响，与平坦地表相比，当考虑了地形因素后，角度效应增大，在大观测角度的陡坡上，差异可达 5℃。除了亮温变化之外，场景的方向发射率也会发生变化。本书基于几何光学和光谱不变性理论，考虑了组分的直接和间接贡献。本章节增加了一个简单的方向发射率模拟测试。

图 2.10 显示了单一坡地表森林模型模拟的方向发射率的结果，并与三维光线追踪辐射传输模型和原有平坦地表森林模型进行了比较，同时考虑了坡向为 0° 和 180° 的地形变化。在三维光线追踪辐射传输模型的模拟中，随着法线和观测方向之间角距离的扩大，方向发射率明显增加。这种增加可归因于沿上坡方向的光学路径长度较大，使传感器能够观察到更多具有较大发射率和较低温度的植被组分（图 2.4）。然而，在平坦地表森林模型中由于路径长度相同，方向发射率的方向各向异性呈现对称形状。相比之下，单一坡地表森林模型更有效地捕捉了这种变化，当然该模型的模拟结果也出现了一些低估，这可能是由于其只考虑了单次散射效应。单一坡地表森林模型和平坦地表森林模型的均方根误差相似，约为 0.005，但 R^2 表明单一坡地表森林模型表现得更好，其值分别为 0.99 和 0.25。

2. 模型的不足和研究的潜在应用

与以往研究分别考虑地形因素和森林结构影响的方向不同，本书考虑了地形因素和森林结构对方向等效温度的综合影响。验证结果表明，相对于平坦地表森林模型，单一坡地

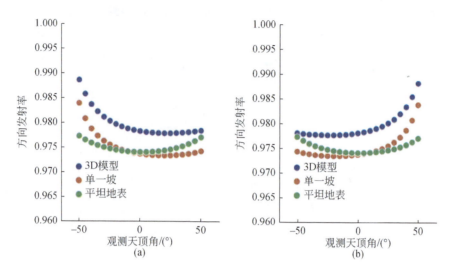

图 2.10　通过 GRAY 模型、单一坡地表森林模型和平坦地表森林模型模拟的方向发射率
（a）和（b）分别为坡向为 0° 和 180° 的情况

表森林模型在捕捉温度的方向各向异性方面性能更好。然而，单一坡地表森林模型也存在一些局限性，包括：

（1）在多次散射过程中只考虑单个散射效应，可能导致在模拟方向发射率和温度时存在低估。

（2）假设在单一坡研究区域内的组分温度相同，但在低分辨率遥感像元的应用中，其可能不像平坦地表那样稳定。所有的分析都是在相同的温度分布下进行的，而山区的光照和气象条件可能会有很大差异。例如，太阳方向和坡地法线方向之间的角距离越小，其温度可能会越高。

本书证明了地形因素对观测到的热红外遥感信号的影响，并建立了地物温度和方向温度之间的联系，增强了人们对热红外遥感观测的理解。例如，即使在相同的温度分布下，地形不同，传感器接收的温度也可能发生显著变化。因此，如果直接应用反演得到的温度值来评估山区表面不同像素之间植被的温度水平，可能会出现较大的不确定性。此外，该模型可以作为模拟工具，生成具有不同地形特征和森林结构场景的模拟数据，促进未来地表温度角度归一化方法和上行长波辐射估计方法的发展。此外，从反演的角度来看，该模型也具备从热红外观测中分离组分温度的潜力。

2.1.6　小结

山区是森林生态系统的重要载体。先前的研究通常假设植被均匀或在平坦表面上进行森林建模，而忽视了山区地形对森林辐射传输过程的影响。为了更准确地获取森林场景的温度信息，本书结合几何光学和光谱不变性理论，提出了单一坡比表森林模型。

在相同的植被条件下，山区的温度方向各向异性在单一坡地表森林场景中比在平坦地表森林场景中更为明显，导致温度随着坡度和坡向的变化而变化。单一坡地表森林模型可以有效地解释这种地形导致的方向各向异性，这与原有的平坦地表森林模型不同。通过使用测量数据集进行验证，单一坡地表森林模型表现出优异的性能，均方根误差为 $0.48℃$，而平坦地表森林模型的均方根误差为 $1.21℃$。该模型为消除地形效应和获取更准确的森林温度的反演研究提供了理论基础。

2.2 森林与复合坡的热辐射方向性模型

等效坡的策略是针对"组分–子像元–像元"的建模方式，对像元内的所有子像元进行建模，对每个子像元的几何结构特征和其与周围地形的相互遮挡和散射关系进行刻画和解析表达，以准确地描述每个子像元对热辐射观测的影响。与已有的研究不同的是，本书将提出一种"组分–端元–像元"的建模方式。

2.2.1 森林与复合坡的研究背景

森林与地形的复合辐射传输建模是山区生态系统能量平衡研究的重要内容之一，在上一个章节的研究中，本书开展了单一坡地表森林场景的热红外辐射传输建模，其考虑了坡地（坡度和坡向）与植被结构特征对辐射传输过程的影响，该研究满足了面向高分辨率遥感影像研究的需要。但是在静止卫星或者极轨卫星的应用中，由于传感器的空间分辨率比较粗，对于极轨卫星可达 1km，对于静止卫星可达 5km，只考虑单一坡场景与森林场景的耦合，不能满足中低分辨率遥感数据研究应用的需求，因此需要在建模研究中进一步考虑复合坡场景中地形要素与森林结构在辐射传输过程中的交互关系。

在单一坡的研究中，本书简单地提及了复合坡场景辐射过程可行的处理方式：依据可见光、近红外波段常用的微面元理论，对整个研究区域进行空间上的划分，可以得到诸多子像元（微面元）；在单一子像元尺度，可以假设其在结构上一致、在温度上相同，可以通过单一坡的场景进行模拟处理。对于山体间相互遮挡的问题，通过邻域的空间计算可以得到天空可视因子，以确定在半球空间或者太阳方向上子像元间的相互遮挡关系。类似的方法在进行热红外波段的上行长波辐射等已有的一些工作中有所展现。

相对于已有的研究，其通过"组分–子像元–像元"的策略进行空间关系描述，近似于三维辐射传输过程，每次处理都需要重新计算方向上遮挡关系，计算量比较大。与此相对的，如果可以通过引入统计的信息、简单的参数化方案来简化计算流程，采用解析的方式来进行复合坡的空间描述，将有助于复合坡辐射传输模型在遥感反演和地球模拟模式等领域的应用。在平坦地表上，针对稀疏森林的辐射传输过程，将树冠抽象成为球形或者是圆锥形，以此代替大量、微小的叶片，只需要进行几何体间投影和辐射的交互计算，便可得到几何光学的理论方法。基于该几何光学的策略，可以更好地描述植被的结构特征，较大地减轻计算压力，提升人们对宏观和微观辐射传输过程的理解水平。

基于以上的分析，本书提出了一种有别于已有的"组分–子像元–像元"的处理方式：首先，基于几何光学的"分形"策略，确立端元的概念，认为其是相似子像元的集合；然后，寻找合适的中间件，基于几何光学理论计算端元的可视概率；最后，在端元上与稀疏森林场景进行复合建模，与单一坡类似。这里运用了两次几何光学方法，分别用于确定山体与山体以及地形端元内植被与土壤间的遮挡关系。同时，本书模拟了复合坡地形间的热辐射散射过程。在该模型中，本书选择了哨兵-3A/3B（Sentinel-3A/3B）卫星数据对模型进行验证，同时也基于 GRAY 模型生成了模拟数据集对该模型进行了验证。整个研究的其余内容如下：2.2.2 节介绍了复合坡森林场景的复合建模方式；2.2.3 节介绍了研究用的数据，包括卫星观测数据、地面的测量数据和模型生成的模拟数据；2.2.4 节展示了模型的建模结果及在不同情况下的表现；2.2.5 节讨论了模型的不足和其适用范围；2.2.6 节展示了整个研究的结论和重要的观点。

2.2.2　复合坡森林建模方法

与单一坡相比，复合坡的建模可以认为是很多个单一坡辐射贡献的累积，整个复合坡的离地等效热辐射可以通过以下公式进行模拟：

$$L(\theta_s, \theta_v, \varphi) = \sum \left(p_i \cdot \sum_{ij} \left[\varepsilon_j \cdot f_{ij}(\theta_s, \theta_v, \varphi, \theta_i, \varphi_i) + \varepsilon_{m,ij} \right] \cdot B(T_{ij}) \right)$$
$$+ L^\downarrow \cdot (1 - \varepsilon_e) \tag{2.10}$$

式中，θ_s、θ_v、φ 分别为太阳天顶角、观测天顶角和相对方位角；整个复合坡被认为由端元组成，p_i 为端元 i 在整个复合坡的贡献比例，其通过端元的面积和出现概率确定；θ_i，φ_i 分别为端元 i 的坡度和坡向；ε_j、f_{ij}、$\varepsilon_{m,ij}$ 和 T_{ij} 与单一坡的定义相同，分别为组分的材料发射率、可视比例、多次散射贡献和温度；$L^\downarrow$ 为大气等效的下行辐射；ε_e 为复合坡等效的发射率；$B(T_{ij})$ 为普朗克黑体辐射函数。在复合坡中，组分也分为光照植被、阴影植被、光照土壤和阴影土壤四种。但在计量时，其是通过端元进行组织，即假设有 n 种端元，计算各种端元内的四种组分的比例，再依据端元贡献对所有端元进行累计，以此得到整个像元各个组分的辐射贡献。通常来说，组分温度会随着高度和地形状况变化而变化，但本书的重点在于模型的构建，因此假设整个复合坡的组分相同，是等效平均结果（$T_{ij} \approx T_j$）。

与已有方法的区别在于，原有的方法是计算像元内所有子像元的各个组分的比例，然后对像元内所有子像元进行累计，得到整个像元的组分比例；而本书是假设端元为具有相同空间特征的子像元的集合，是基于少量端元的计算，而非基于大量子像元的计算能够减少模型计算的时间。本书的重点是寻找到这样的端元，通过几何光学的理论确定端元的贡献比例以及端元和端元的关系，而端元内部单次和多次散射的特征则通过单一坡的森林建模方法来实现。如图 2.11 所示，本书将圆锥的山体和棱柱的山体作为几何空间上的中间件，以进行复合坡的描述，并确定其遮挡关系。在复合坡上，选择哪种山体及确定其出现的概率，可以认为是在空间上的"泰勒展开"。

1. 单次散射贡献

1）平坦地表上的光照和阴影可视比例

本书是基于几何光学"分形"的策略来实现复合坡内的宏观尺度山体间和微观尺度上单一坡的几何遮挡，这里组分的可视比例可以分解为两部分：

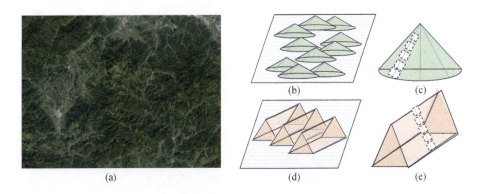

图 2.11　不同类型复合坡示意图

（a）自然地表下复合坡场景及其（b）中间件圆锥山体、（c）圆锥山体内端元、（d）中间
件棱柱山体、（e）棱柱山体内端元的示意图

$$f_{ij}(\theta_s,\theta_v,\varphi,\theta_i,\varphi_i,z_i)=f_j(\theta_s,\theta_v,\varphi,\theta_i,\varphi_i)\cdot f_i(\theta_i,\varphi_i,z_i) \qquad (2.11)$$

式中，$f_j(\theta_s,\theta_v,\varphi,\theta_i,\varphi_i)$ 为单一坡上各个组分的可视比例，其与上一章节的计算方法相同；$f_i(\theta_i,\varphi_i,z_i)$ 为端元的可视贡献。在本书中，首先，计算端元的可视比例及其对应的光照比例；然后，通过可视比例减去光照可视比例得到组分的阴影比例，其来自端元内部的遮挡和端元与端元间的遮挡。

在这里以圆锥山体进行举例，计算端元的统计信息。假设山体可以通过圆锥来表示，圆锥的空间分布服从随机或者某个规律。这样山体间的相互遮挡与山体在平坦地表的投影可以通过几何光学的方法进行数学描述，平坦地表的比例为

$$f_p(\theta_v,\theta_i,\varphi)=f_{p0}\cdot\exp(-S_{mv}) \qquad (2.12)$$

$$S_{mv}=\left(\cos\gamma+\gamma-\frac{\pi}{2}\right)\cdot r^2 \qquad (2.13)$$

$$\tan\theta=\frac{L}{h} \qquad (2.14)$$

$$\tan\alpha=\frac{r}{h} \qquad (2.15)$$

$$\gamma=\arcsin(\tan\alpha/\tan\theta) \qquad (2.16)$$

式中，f_p 为平坦地表的可视比例；f_{p0} 为在垂直方向的平坦地表的比例；r 为圆锥半角；θ 为观测或者太阳天顶角。在本书中，可以考虑不同类型山体的影响，描述山体的结构参数包括山体的高度 h 以及圆锥底面的半径 r。L 为圆锥顶的投影长度；S_{mv} 为圆锥山体投射在平坦地表上的面积比例，当 L 小于 r 时 S_{mv} 值为 0。与式（2.12）相同，可视平坦地表中光照比例可以通过以下的公式计算得到：

$$f_p(\theta_v,\theta_i,\varphi)=f_{p0}\cdot\exp(-A_{mvs}(h)) \qquad (2.17)$$

$$A_{mvs}(\theta_s,\theta_v,\varphi,z)=A_{mi}(\theta_i,\varphi,z)+A_{mj}(\theta_j,\varphi,z)S(\theta_s,\theta_v,\varphi)\quad i,j=s,v \qquad (2.18)$$

$$S(\theta_s,\theta_v,\varphi)=\frac{\sqrt{\tan^2\theta_s+\tan^2\theta_v-2\tan\theta_s\tan\theta_v\cos\varphi}}{\tan\theta_s+\tan\theta_v} \qquad (2.19)$$

式中，A_{mvs} 为山体在太阳方向和观测方向的联合投影面积，其为观测方向的投影面积加上

阴影方向的投影面积，再减去两者的重叠面积；A_{mi} 和 A_{mj} 分别为山体在观测方向和太阳方向的投影面积；z 为被投影位置的高度；θ_i 和 θ_j 分别为太阳和观测方向的天顶角，依据其值大小确定。如式（2.19）所示，在这里通过一个简单的参数化方案计算其重叠概率 $S(\theta_s, \theta_v, \varphi)$。

2）山体上的光照和阴影可视比例

如图 2.11 所示，在一个山体上会有不同的端元，上面明确了平坦地表上光照和阴影区域的可视比例，可以将其认为两种端元。相对于平坦地表，每个山体上分别划分不同的端元，假如有 n 种山体，每个山体上有 m 种端元，则山体上会有 $n \times m$ 种端元。对于每个端元，可以对其施加影响的只有大于其高度的山体，因此计算方法如下：

$$f_{mj}(\theta_v, \theta_i, \varphi, z_j) = \exp\left[-\sum_k \alpha_k \cdot A_k(\theta_v, \varphi, h_k - z_j)\right] \tag{2.20}$$

$$f_{mjs}(\theta_v, \theta_i, \varphi, z_j) = \exp\left[-\sum_k \alpha_k \cdot A_{ks}(\theta_v, \varphi, h_k - z_j)\right] \tag{2.21}$$

$$f_{mjh}(\theta_v, \theta_i, \varphi, z_j) = f_{mj}(\theta_v, \theta_i, \varphi, z_j) - f_{mjs}(\theta_v, \theta_i, \varphi, z_j) \tag{2.22}$$

式中，f_{mj}、f_{mjs} 和 f_{mjh} 分别为端元的可视比例、光照可视比例和阴影可视比例；$A_k(\theta_v, \varphi, h_k - z_j)$ 和 $A_{ks}(\theta_v, \varphi, h_k - z_j)$ 分别为大于端元高度的山体对端元 j 在观测方向的投影面积和观测、太阳方向的联合投影面积；z_j 为被投影位置的高度；k 为不同结构的山体；α_k 为 k 结构山体的密度。此时需要特别说明的是，对于山体间的遮挡，与树冠等的遮挡不同，需要投影的面积大于山体的自身的遮挡才算有效的投影，如果仅有山体投影到自身，阴影的遮挡则通过单一坡模型考虑。对于棱柱的投影与垄行类似，这里不展开进行介绍。

2. 多次散射贡献

复合坡地形区，多次散射效应意味着在传感器层面收到的信号包括被其他成分反射的组分发射辐射。在该模型中，不考虑单一坡的多次散射，只考虑山体与山体间的多次散射，分别计算每个端元的拦截概率，以确定整个山体的再碰撞概率。此时，山体反射的端元的发射辐射可以按以下方式计算（Bian et al.，2022b）：

$$\varepsilon_{m,m} = i_m \cdot \varepsilon_m \cdot p_m \cdot (1 - \varepsilon_m) + (1 - i_m) \cdot (1 - \varepsilon_u) \cdot i_m^a \cdot \varepsilon_m \tag{2.23}$$

$$p_m = 1 - e_{u,m} - e_{d,m} \tag{2.24}$$

$$e_{u,m} = \frac{1}{i_m} \cdot \sum_i \alpha_i \cdot \sum_j T_u(i,j,\theta_v,\varphi_v) \cdot S_{ij} \cdot a_{u,m} \cdot 2\int_{2\pi} T_u(i,j,\theta,\varphi) \cdot \cos\theta \cdot \sin\theta \cdot d\theta \cdot d\varphi \tag{2.25}$$

$$e_{d,m} = \frac{1}{i_m} \cdot \sum_i \alpha_i \cdot \sum_j T_u(i,j,\theta_v,\varphi_v) \cdot S_{ij} \cdot a_{d,m} \cdot 2\int_{2\pi} T_d(i,j,\theta,\varphi) \cdot \cos\theta \cdot \sin\theta \cdot d\theta \cdot d\varphi \tag{2.26}$$

$$T_u(i,j,\theta,\varphi) = \exp\left[-\sum_k \alpha_k \cdot A_k(\theta,\varphi,h_k - h_{ij})\right] \tag{2.27}$$

$$T_d(i,j,\theta,\varphi) = \exp\left[-\sum_k \alpha_k \cdot A_k(\theta,\varphi,h_{ij})\right] \tag{2.28}$$

式中，i_m 和 i_m^a 分别为光子沿着某个方向但是被山体拦截的概率及其半球平均值；p_m 为再碰撞概率，定义为从山体端元散射出的光子再次与山体发生作用的概率；$a_{u,m}$ 和 $a_{d,m}$ 分别为光子被拦截后向上和向下的概率；$e_{u,m}$ 和 $e_{d,m}$ 分别为光子从山体中间层向上和向下逃逸的概率；ε_u 为比山体端元低的部分的有效辐射率；$1-\varepsilon_u$ 为反射率；$\varepsilon_{m,m}$ 为山体的多次散射贡献；ε_m 为山体的等效发射率；i 和 j 分别为被投影和投影的山体；α 为山体的密度；$T_u(i, j, \theta, \varphi)$ 为光子从上部到达 i 山体的概率；$T_d(i, j, \theta, \varphi)$ 为光子往下透过率的概率；A_k 为山体投影的面积，δ_{ij} 为第 i 个山体的第 j 个高度的投影面积。式（2.23）右边的第一部分表示山体端元的发射被其他山体端元反射，第二部分表示山体发射但是被平坦地表反射的辐射贡献。

2.2.3 遥感观测和模拟数据

1. 遥感观测数据

本节通过几何光学模型模拟了复合坡结构与森林结构对热红外辐射传输过程的影响，通过双角度的极轨卫星哨兵-3A/3B 海洋和陆地表面温度辐射计（SLSTR）的数据对该模型进行了验证，重点讨论了大气层底辐射亮温在角度维度的变化。

1）研究区

在本书中，选择的研究区位于浙江省金华市。金华市位于浙江省境中部，介于 119°14′E～120°46′E，28°32′N～29°41′N。金华市地处金衢盆地东段，隶属于浙中丘陵盆地地区，地势南北高、中部低。山地内侧散布起伏相对和缓的丘陵，以江山–绍兴断裂带为界又分为北部丘陵和中部丘陵，市境的中部，以金衢盆地东段为主体，四周镶嵌着武义盆地、永康盆地等山间小盆地，整个大盆地大致呈东北—西南走向，西面开口，由盆周向盆地中心呈现出中山、低山、丘陵岗地、河谷平原阶梯式层状分布的特点。盆地底部是宽阔不一的冲积平原，地势低平。境内山地以 $500～1000m$ 的低山为主，分布在南北两侧。金华市属亚热带季风气候。总的特点是四季分明，年温适中，热量丰富，雨量丰富，干湿两季明显。全年光热水条件优越，但时空分布不均匀。由于季风气候的不稳定性，干旱、洪涝等灾害性天气频繁。金华市年平均气温为 $17.5℃$，年降水量较为充沛，平均为 $1424mm$，但降水量的季节变化、年际变化和地域差异都很大。金华市在植被分区中属亚热带常绿阔叶林地带，植物资源丰富，有 1500 余种，其中森林树种为 440 种，草本植物为 300 余种，农作物品种资源为 800 余种（图 2.12）。

本书选择了 $50km×50km$ 的区域作为与卫星数据验证的研究区。该区域地形以丘陵为主，高度差异显著，可以有效地体现地形起伏对辐射传输过程的影响。其内有浙江师范大学设立的长时间观测的站点。

2）SLSTR 卫星观测数据

哨兵-3A/3B 搭载 SLSTR 传感器，可以提供双角度、准实时的地表热红外观测信息。SLSTR 热红外传感器包括 $11.2\mu m$ 和 $12.8\mu m$ 两个波段，以此可以实现通过分裂窗算法的地表温度信息反演。双角度包括星下点方向和前向倾斜 55°方向。基于两个角度的方向差异，可以验证新提出的拓展模型对热辐射方向性的刻画能力。需要注意的是，分辨率星下点方向会依据目标和传感器的范围在 0°～55°变化。在本书中，基于多源卫星数据处理系

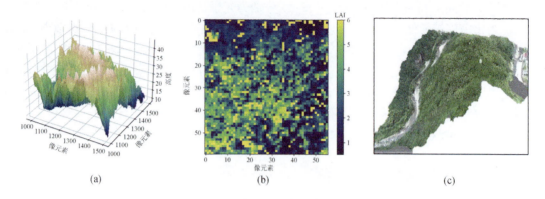

(a)　　　　　　　　　　(b)　　　　　　　　　　(c)

图 2.12　研究区域地形与植被情况图
（a）单个研究区地形的空间分布和（b）整个场景的叶面积指数状况，
以及（c）为了地面的结构测量开展的无人机遥感观测结果

统（MySQU）开展了反演，获取了研究区地表温度反演结果。地表温度反演产品的空间分辨率是 1km，时间分辨率大概是 4d。为了充分考虑复合坡的影响，尤其是描述山体的分布特点，本书研究采用的空间分辨率是 5km×5km，整个研究区面积大约为 50km×50km，有效样本点数目是 10×10。本书选择了 2023 年 7 月 11 日的观测结果进行分析，垂直方向的观测天顶角和方位角是 7.7°和 337.9°，倾斜方向的观测天顶角和方位角是 55.0°和 199.0°，过境时间约为北京时间 10：24，此时太阳的天顶角和方位角分别是 23.6°和 100.0°。

3）辅助数据

为了更好地验证模型和分析复合坡对温度的影响，本书还开展了地面的组分温度测量工作和遥感数据的收集，在研究区进行了连续时间组分温度采集，采用接触式的温度计，获取了地表光照和阴影叶片、光照和阴影土壤的温度状况，温度的采样间隔是 10min，温度测量设备的精度优于 0.5℃。图 2.13 描述了组分温度的变化情况，该区域光照土壤的温度明显高于其他地物，中午可达 50.0℃，而阴影土壤的温度比其他地物略低，光照叶片和阴影叶片的温度差异较小，普遍小于 3.0℃。此外，本书还收集了 ASTER 的地表高程产品，用于获取研究区各个样本点的地形特征；同时基于无人机观测数据获取了地表的植被

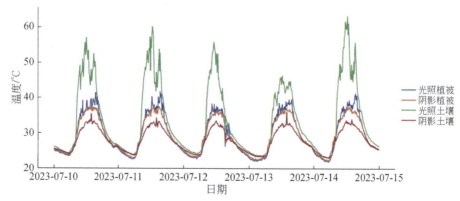

图 2.13　在研究区内获得的地表组分温度数据

结构数据，并同步测量了森林区域的冠层结构参数。这里假设整个研究区的组分温度差异相同，且植被茂密、结构特征类似，因此不同的样本点的温度差异主要由地形影响引起。图 2.12（c）展示了基于无人机观测平台获取的研究区内高分辨率遥感图像，能够清晰地反映山体上的植被特征。整个场景的叶面积指数信息是通过 MODIS 的叶面积指数产品得到。对复合坡模型开展的验证数据集的详细信息如表 2.5 所示。

表 2.5 复合坡模型基于观测数据的验证输入

属性	单位	值或范围
叶面积指数	—	0.5~4.5
林分密度	—	0.05
树冠宽度半径	m	1.5
树冠高度半径	m	4.5
时间	—	10：24
太阳天顶角	°	23.6
太阳方位角	°	100.0
光照、阴影背景温度	℃	50.2，31.3
光照、阴影叶片温度	℃	35.6，34.3
背景发射率	—	0.97
叶片发射率	—	0.95

2. 模 拟 数 据

由于观测数据有限，本书除了依据观测数据，还基于模拟数据集进行了模型的验证和数据分析。基于 GPU 的三维光线追踪辐射传输模型 GRAY 可以快捷、有效地进行复杂地表的辐射传输过程模拟，地面数据的验证表明该模型可以准确地刻画反射率和亮度温度的角度变化特征，与其他三维模型的对比也表明其具有类似的模拟精度。

在这里本书模拟了不同类型复合坡的情况，通过改变研究区内山体的密度和山体的坡度得到不同的样本。同时，也选择了一块平坦地表模拟结果进行对比。山体的底面半径设为 200m，山体的高度设有 100m 和 180m 两种，分别表现为坡度缓和陡两种情况；山体的密度为 0.000008。山体的植被结构假设是相同的，如实验区域所示，模拟数据的植被也认为是处于比较茂密的生长阶段。光照土壤、阴影土壤、光照植被和阴影植被的温度分别设为 320K、300K、301K 和 298K。土壤和植被的发射率分别设为 0.95 和 0.97。

在模拟数据中假设太阳的天顶角和方位角分别是 25.1° 和 0.1°，对整个半球的观测结果进行验证分析，采样方案为在天顶角方向间隔为 5°，在方位角方向间隔为 5°。为了更好地展示模型的模拟结果，还选择了太阳主平面进行了模拟。模型模拟的中心波长是 10.5μm，模拟的范围为 1.0km×1.0km。整个模拟数据集共包括两种情况，具体如表 2.6 所示。

表 2.6　模拟数据集对应的输入数据

属性	单位	值或范围
山体高度	m	100/180
山体半径	m	200
山体密度	—	0.000 008
叶面积指数	—	2.2
林分密度	—	0.06
树冠半径宽度	m	1.9
树冠半径高度	m	3.0
太阳天顶角	°	25.1
太阳方位角	°	0.1
观测天顶角	°	0~60，步长为5
观测方位角	°	0~360，步长为5
光照、阴影土壤温度	K	320/300
光照、阴影植被温度	K	301/298
土壤发射率	—	0.97
叶片发射率	—	0.95

2.2.4　模型验证和分析结果

1. 基于观测数据的验证结果

模型需要圆锥山体的数目和山的结构特征（山体高度、山体底面积和山体密度），实际上由于自然山体都是分形的形态特征，山体与山体存在连接且受到风雨的侵蚀，并不能直接通过圆锥来描述所有的山。本书选择以地形坡度和坡向的分布特点作为参考的方式确定山体的结构参数。图 2.14 展示了研究区山体结构参数的统计结果，其是将区域高程的95% 作为山的高度，高程的 5% 及其以下当作平坦地表。

与平坦地表相比，本书假设研究区域的地形起伏对地表温度角度效应具有重要影响。首先，将地表温度角度效应与本书提取出的地形特征统计结果进行了对比分析，如图 2.15 所示。地表温度的角度效应通过卫星倾斜方向反演结果减去垂直方向反演结果得到。随着山体数目的增大，角度效应也相应增大，同时发现随着山体等效高度和山体等效半径的减小，山区角度效应有所增大，这可以推测出大片连续且连绵的区域热辐射的角度效应更小，而山体陡峭程度越大区域的地表温度的角度效应更大。如图 2.15（d）所示，随着叶面积指数的增大，山体的角度效应也会有所增加。

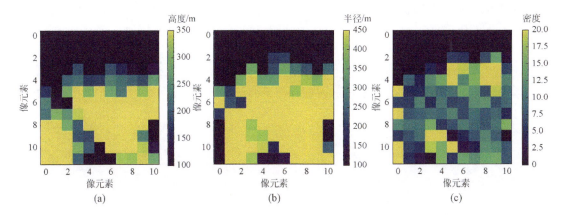

图 2.14 研究区的山体高度、半径和数目信息

（a）山体的高度、（b）山体的半径和（c）山体的数目情况，其中每个样本点的空间分辨率是 5km×5km

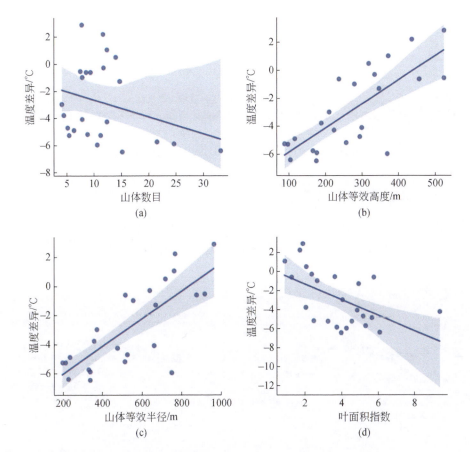

图 2.15 山体数目、山体等效高度、山体等效半径和山体叶面积指数与地表温度角度效应的关系

地表温度角度效应指倾斜方向反演结果减去垂直方向反演结果

图 2.16 展示了基于 SLSTR 观测的地表温度角度变化特征，也是倾斜方向与垂直方向

温度的差值。该观测数据的角度差异非常显著，出现了少量的正值和大量的负值，正值可以达2℃，而负值可达-4℃。通过新提出的模型对该角度效应进行模拟，除了本书新提出的复合坡森林模型，已有的平坦地表森林模型也被选择用于对比。从图2.16中可以看出，新模型的模拟结果与遥感观测结果更相近，均方根误差和决定系数分别为2.31℃和0.63，与新提出的模型相比，已有的平坦地表森林模型模拟结果相对差一些，均方根误差和决定系数分别为2.70℃和0.40。

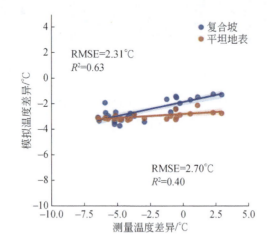

图2.16　研究区内每个5km×5km像元复合坡森林模型和平坦地表森林模型的模拟结果
与哨兵-3A/3B观测结果的模拟结果
蓝色和橙色点分别是新提出模型与原有模型的模拟结果

2. 基于模拟数据的验证结果

图2.17展示了新提出的复合坡森林模型与已有的平坦地表森林模型与模拟数据的对比。图2.17（a）和图2.17（b）展示了不同的地形情况的热辐射方向性特征，其中山体

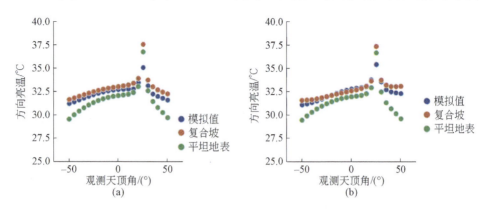

图2.17　基于三维光线追踪辐射传输模型GRAY模拟数据、复合坡森林模型
和平坦地表森林模型模拟结果的对比
（a）和（b）分别为不同的山体形状的模拟结果，山体高度分别为100m和200m

的高度分别为 100m 和 200m。从图 2.17 中看出，随着山体高度的增加，温度在远离太阳一侧的差异较小，而在靠近太阳一侧的差异较大。与低矮山体相比，更高的山体对应的温度会更高一些，尤其是在靠近太阳一侧的大角度区域。复合坡森林模型和平坦地表森林模型的模拟结果分别用橙色和绿色表示，由于没有考虑地形的影响，平坦地表森林模型的模拟结果与参考数据差异较大，且对两个场景地形的改变没有响应。统计信息也表明新提出的模型模拟结果更好，在图 2.17（a）中两个模型的均方根误差分别为 0.67℃ 和 1.02℃，在图 2.17（b）中两个模型的均方根误差分别为 0.54℃ 和 1.24℃。

2.2.5　复合坡模型的不足和发展

针对复合坡的能量平衡研究，本书开展了辐射传输建模的探索，如果直接计算植被冠层和背景土壤的相互遮挡，几何关系会非常复杂。因此，考虑到山峰"分形"的形态特点，选择了几何光学"分形"的建模策略。首先，将圆锥或者是棱柱作为中间件，使用"嵌套"的方式，优先考虑中间件圆锥或者棱柱的几何光学建模，确定其相互遮挡关系；然后，在此基础上使用上一章节的建模方法对中间件中端元进行几何光学建模；最终，确定端元上植被冠层和背景土壤的可视比例。基于卫星观测数据和参考模型模拟数据，本书新提出的模型可以解释复合坡的结构特征对热辐射方向性影响。尽管如此，本书研究还存在一些不足：

（1）模型的适用场景限定于较大区域，正如上文所述，本书研究的地形，要能够找到合适的中间件作为像元和组分间的桥梁，具有一定的统计意义。分析表明，5km 的像元是可行的，但是在 1km 的情况下的可行性可能依赖于实际情况。

（2）根据已有的热红外遥感实验和建模研究，组分温度差异是热红外遥感角度问题的重要影响因素。而在验证中，假设整个区域（50km×50km）具有相同的温度状况，这与实际情况有一定的偏差。虽然温度规律类似，但是角度效应的幅度会有较大的不确定性。

（3）针对研究区的地形特征，本书选择以圆锥体作为中间件开展建模的验证工作，对于棱柱或者是山脉层层叠叠的情况还需要进一步地确认和验证。

本书提出了与之前"组分-子像元-像元"不同的建模方式，其重点在于研究地形的结构特征对辐射传输过程的影响。与单一坡地表森林模型相比，复合坡森林模型适用于更大尺度的场景建模，能够满足中低分辨率遥感建模需求。另外，该复合坡研究将对地球模拟系统的研究具有推进的作用，可以进一步深化对辐射传输过程的理解，推动相关模块的改进。

2.2.6　小结

针对复合坡与植被结构对辐射传输过程的复合影响，本书以已有的植被辐射传输模型为基础，开展了拓展研究。这里选择了几何光学"分形"的策略，基于一次几何光学确定山体的遮挡，同时基于另外一次几何光学确定端元内的植被遮挡。通过引入合适的中间件，可以简化计算流程，通过两次几何光学，可以利用解析参数化的框架计算出宏观地形和微观植被对热辐射方向性的影响。基于观测数据和模拟数据的验证表明，该方法不仅有效，且具有较高的计算效率。这一研究为地球模拟系统的建模的改善提供了有效的改进思路。

2.3　本 章 小 结

以往的研究要么侧重地形起伏，要么侧重植被结构，而辐射传输过程需要同时考虑地形起伏和植被结构的影响，这将导致建模的难度提升，在地球模拟和遥感监测等实际应用中简单且高效的参数化模拟方法成为迫切需求。这个问题与李小文院士提到的尺度问题相切合，也与陈静明老师提出的五尺度模型到更高维度模型的问题一致。几何光学理论是一项简单且有效的辐射传输建模方法，在以往的研究中起到了重要的支撑作用，但是研究主要侧重平坦地表的植被体系。当研究目标从平坦地表到崎岖地表，辐射传输过程变得复杂，理论上，当然可以像计算机模拟模型那样详尽地刻画每个面元的辐射传输过程，然后进行累计，但是这与参数化、简单等建模期望仍存在差距。

针对这一挑战，本书对已有研究进行了梳理，最终选择以"分形"理论作为纽带，寻找合适的尺度进行建模单元。在每个尺度上，分别进行几何光学计算，使得每个尺度的建模过程保持解析性和简洁性，同时在尺度之间建立起可用数学描述的关联性。这一方法不仅显著简化了地形–植被建模的难度，还进一步扩大了几何光学理论的适用范围。

第3章 城市建筑与植被复合的影响

3.1 城市建筑热红外辐射传输建模

3.1.1 城市热红外辐射传输建模背景

在过去的20年里，伴随着社会的发展，城市的布局发生了巨大的变化。近年来，人们对城市环境和居住状况重视程度也有所增强，城市热环境和局地小气候是要考虑的重要因素。这些因素也对城市可持续发展产生大的影响，尤其是对大城市区域（Yang et al.，2021；Zhu et al.，2019）。为了更好地了解城市热辐射在空间和时间维度的变化和连通机制，研究人员利用热红外遥感的方法，可以快速地得到城市地区的地表温度状况（Musy et al.，2015；Sun et al.，2019）。中分辨率成像光谱仪（MODIS）和高级甚高分辨率辐射计（AVHRR）的地表温度产品已被广泛用于城市热环境的研究（Hulley et al.，2018）。近些年，更高空间分辨率的热红外遥感观测发展迅速，如 ASTER、Landsat 和空间站生态系统热辐射仪（ECOSTRESS），为更精细的热环境分析提供了可能（Mitraka et al.，2019）。尽管如此，由于建筑结构的复杂性，遥感方法得到的城市温度存在各向异性的影响，城市区域热环境研究会出现较大的不确定性。因此，在城市规划研究和缓解城市极端热浪等问题上，消除观测的方向性影响是开展可靠研究的重要先决条件之一（Lagouarde et al.，2010；Lagouarde et al.，2012；Trigo et al.，2008）。

三维光追踪辐射传输模型可以有效地模拟城市辐射传输过程，以确定观测方向各向异性的情况，但是由于运行效率低、输入需要大，其往往在具体的应用中受限（Gastellu-Etchegorry et al.，2017；Goodenough and Brown，2017；卜尊健等，2021）。与之相对的，解析参数化模型采用简单的参数化方案，虽然不能考虑细致的城市结构来描述辐射传输过程，但却能够以较低的计算成本构建城市结构特征与方向效应的桥梁（Yang et al.，2020；Zheng et al.，2020）。此外，热红外遥感观测空间分辨率相对较低，混合像元问题普遍存在，解析参数化模型可以利用遥感观测的角度效应，实现业务化的混合像元分解。以前的研究中，Lagouarde 等（2010 和 2012）将地面测量和三维模型结合，提出了一个解析建模框架，以此来模拟图卢兹市中心白天和夜间亮度温度的观测各向异性。Zheng 等（2020）引入城市建筑几何结构的影响，提升了廊道模型的精度；Yang 等（2020）提出了基于天空可见度因子的城市辐射率/温度的方向性各向异性模型；Chen 等（2021）在模型中考虑了几何特征和临近像元效应。

在城市热环境的研究中，已有的模型提高了人们对辐射传输过程的理解，这为解释城市温度和发射率的各向异性提供了理论基础（Sun et al., 2019）。然而，目前的建模研究忽略了建筑结构的异质性，难以给出城市中各个组成元素（如屋顶、街道和墙壁）的具体贡献情况。这些假设削弱了模型对复杂城市热环境辐射传输过程的解释能力，也将限制其在可持续城市规划战略的制定过程中发挥作用。因此，迫切需要开展进一步建模研究以更好地描述建筑形态的异质性对辐射传输过程的影响。

因此，本章节将提出一个新的解析参数化模型，用于模拟复杂城市场景的有效方向温度。其中，该模型引入了几何光学和光谱不变性理论，分别对建筑物的结构特征和多次散射效应进行了建模。为了验证新提出模型的有效性，本书利用三维光线追踪辐射传输模型生成的模拟数据集和来自机载/卫星平台的多角度观测数据（Bian et al., 2020）开展了模型的验证。本节研究的组织如下：首先，描述了用于验证的模拟和测量数据集以及所提出的模型；然后，对模型的表现进行了验证，并开展了必要的讨论，主要包括模型的局限性和应用潜力；最后，对研究进行了总结。

3.1.2 城市建筑热红外建模方法

1. 模型框架

城市通常被划分为各个行政区域以进行管理，但在研究领域通常以局地气候区进行划分。目前，局地气候区的划分主要集中在建筑物的形态上，而对建筑材质或者温度属性的考量则存在不足。然而，这些因素同样是影响热环境的关键因素，而且城市建筑粗糙度的测量对于理解辐射如何被累计和发散也具有重要意义。因此，在局地气候区中也应该考虑城市热环境影响，这对于研究提高人类生活条件的城市发展规划至关重要。

基于上述考虑，本书的研究并不完全集中在像素尺度，而是更关注局地气候和行政区划的尺度。在热红外领域，地表的离地辐射通常被分为两部分：一是来自目标的发射项，二是来自大气等效下行辐射的反射项。新提出的热红外辐射传输模型（以下简称 TiRT_Urban）中的冠层顶部辐射度如下（Lagouarde et al., 2010）：

$$L(\theta_s, \theta_v, \varphi) = \sum_j \left[\varepsilon_j \cdot f_j(\theta_s, \theta_v, \varphi) + \varepsilon_{m,j} \right] \cdot B(T_j) + L_a^{\downarrow}(1 - \varepsilon_e) \tag{3.1}$$

式中，θ_s 和 θ_v 分别为太阳天顶角和观测天顶角；φ 为传感器与太阳的相对方位角；T_j 和 ε_j 分别为 j 组分的温度和发射率；f_j 为传感器中组分 j 的观测比例；$\varepsilon_{m,j}$ 为由多次散射效应引起的组分发射率；ε_e 为整个冠层的有效发射率；$L_a^{\downarrow}$ 为来自大气的向下等效辐射；B 为普朗克函数，其将组分的温度转换为热红外黑体辐射。

这里只考虑式（3.1）中第一部分的影响，即代表城市场景中各个组分的发射辐射，这也是城市场景能量收支的核心。在本书中不考虑第二部分的影响，即反射的大气下行等效辐射，以简化模型并专注于直接由建筑结构引起的热辐射变化。如图 3.1 所示，传感器所接收到的辐射是由场景中组成元素（即墙壁、街道和屋顶）的直接发射和反射辐射共同组成。考虑到由于建筑遮挡造成阳光和阴影部分存在大的温度差异，场景中共考虑了六个不同的组分。

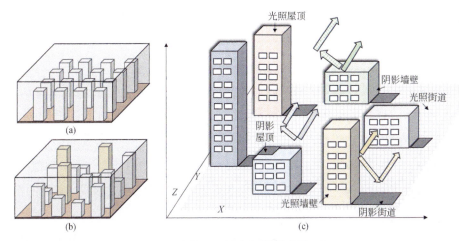

图 3.1　城市场景示意图

（a）相同高度和（b）不同高度的建筑物场景，在（b）中，假设黄色立方体具有相同高度。
（c）城市热红外波段辐射传输过程示意图，其中实线和虚线箭头分别表示直接发射项和间接反射项

2. 直接辐射贡献

1）街道

光照街道和阴影街道在传感器视场中的比例可以通过下式计算：

$$f_s(\theta_v) = (1 - f_{sn}) \cdot \exp\left[-\sum_k \alpha_k \cdot A_k(\theta_v, \varphi, 0)\right] \tag{3.2}$$

$$f_{ss}(\theta_s, \theta_v, \varphi) = (1 - f_{sn}) \cdot \exp\left[-\sum_k \alpha_k \cdot A_{ks}(\theta_s, \theta_v, \varphi, 0)\right] \tag{3.3}$$

$$f_{sh}(\theta_s, \theta_v, \varphi) = f_s(\theta_v) - f_{ss}(\theta_s, \theta_v, \varphi) \tag{3.4}$$

式中，f_s、f_{ss} 和 f_{sh} 分别为街道、光照街道和阴影街道的可视比例；f_{sn} 为星下点方向的建筑覆盖率；α_k 为建筑密度；A_k 为建筑在观测方向的投影比例；A_{ks} 为在观测和光照方向的投影。为了考虑不同的建筑类型，最终的辐射结果通过对不同建筑（k）累加得到。在本书中，所有建筑都被假定为立方体，其中投影 A_k 和 A_{ks} 可以按以下方法计算（Roujean et al., 1992）：

$$A_k(\theta, \varphi, h_k) = h_k \cdot l_k \cdot \tan\theta_v \cdot \cos(\varphi - \varphi_{kl}) + h_k \cdot w_k \cdot \tan\theta_v \cdot \cos(\varphi - \varphi_{kw}) \tag{3.5}$$

$$A_{ks}(\theta_s, \theta_v, \varphi, z) = A_k(\theta_i, \varphi, z) + A_k(\theta_j, \varphi, z) \cdot S(\theta_s, \theta_v, \varphi) \quad i, j = s, v \tag{3.6}$$

$$S(\theta_s, \theta_v, \varphi) = \frac{\sqrt{\tan^2\theta_s + \tan^2\theta_v - 2\tan\theta_s \cdot \tan\theta_v \cdot \cos\varphi}}{\tan\theta_s + \tan\theta_v} \tag{3.7}$$

式中，h_k、l_k 和 w_k 分别为建筑 k 的高度、长度和宽度；φ_{kl} 和 φ_{kw} 分别为建筑长度和宽度所在面的法向量的方位角；θ 为观测天顶角；下标 i 和 j 分别为观测方向或者太阳方向，依据其大小才能确定。为了计算重叠投影面积，如式（3.7）所示，使用了参数化的计算方法——假设建筑物随机分布，而不是考虑建筑物的精确位置。

2）屋顶

屋顶可视比例的计算使用了与街道类似的方法。但与街道不同的是，屋顶只能被更高的建筑物所遮挡。因此，调整后的公式如下：

$$f_r(\theta_v) = \sum_i l_i \cdot w_i \cdot \alpha_i / (1 - f_{sn,i}) \cdot \exp\left[-\sum_k \alpha_k \cdot A_k(\theta_v, \varphi, \Delta h_{ik})\right] \tag{3.8}$$

$$f_{\mathrm{rs}}(\theta_s,\theta_v,\varphi) = \sum_i h_i \cdot w_i \cdot \alpha_i/(1-f_{\mathrm{sn},i}) \cdot \exp\Big[-\sum_k \alpha_k \cdot A_{ks}(\theta_v,\varphi,\Delta h_{ik})\Big] \quad (3.9)$$

$$f_{\mathrm{rh}}(\theta_s,\theta_v,\varphi) = f_r(\theta_v) - f_{\mathrm{rs}}(\theta_s,\theta_v,\varphi) \quad (3.10)$$

式中，f_r、f_{rs} 和 f_{rh} 分别为屋顶、光照屋顶和阴影屋顶的可视比例；l_i、w_i 和 α_i 分别为建筑的长度、宽度和密度，它们相乘的结果代表高度为 h_i 的屋顶在传感器的视场中的可视概率；$f_{\mathrm{sn},i}$ 为在星下点方向地面被其他建筑物覆盖的比例；下标 i 和 k 分别为被影响和影响的建筑物；$\exp\big[-\sum_k \alpha_k \cdot A_k(\theta_v,\varphi,\Delta h_{ik})\big]$ 为在观测方向上，光子没有被建筑物阻挡到达传感器的概率，其中 Δh_{ik} 是一个非负值，表示只有较高的建筑物才遮挡屋顶；与街道类似，$\exp\big[-\sum_k \alpha_k \cdot A_{ks}(\theta_v,\varphi,\Delta h_{ik})\big]$ 为一个点在观测方向和太阳方向都没有被建筑投影遮挡的概率。

3) 墙壁

根据（Kuusk and Nilson，2000），整个几何体可以在垂直方向上可以分为不同的部分，通过累积所有部分的模拟结果，计算出整个几何体的可视比例，其公式如下：

$$f_w(\theta_v) = \sum_i \sum_j \alpha_i \cdot S_{ij}(\theta_v,\varphi,\Delta h_{ij}) \cdot \exp\Big[-\sum_k \alpha_k \cdot A_k(\theta_v,\varphi,\Delta h_{ijk})\Big] \quad (3.11)$$

$$f_{\mathrm{ws}}(\theta_s,\theta_v,\varphi) = \sum_i \sum_j \alpha_i \cdot S_{ij}(\theta_v,\varphi,\Delta h_{ij}) \cdot R_i \cdot \exp\Big[-\sum_k \alpha_k \cdot A_{ks}(\theta_v,\varphi,\Delta h_{ijk})\Big] \quad (3.12)$$

$$f_{\mathrm{wh}}(\theta_s,\theta_v,\varphi) = f_w(\theta_v) - f_{\mathrm{ws}}(\theta_s,\theta_v,\varphi) \quad (3.13)$$

式中，f_w 为墙壁的可视比例；f_{ws} 和 f_{wh} 分别为光照和阴影墙壁的比例；$S_{ij}(\theta_v,\varphi,\Delta h_{ij})$ 为墙体 i 的某个部分 j，垂直截距为 Δh_{ij}，在观测或太阳方向的投影面积，其中可以用乘积 $\alpha_i \cdot S_{ij}$ 来计算墙体部分出现的概率。Δh_{ijk} 为建筑高度 k 和墙体的 j 部分之间的垂直距离。墙体的计算方法与屋顶的计算方法相似，但值得注意的是建筑是立体且不透明的。因此，除了长、宽面的法线矢量约束，可以用一个观测和太阳方向的相对方位角进行计算，这个方法用函数 R_i 表示（Bian et al.，2018）。

3. 组分间的多次散射

在城市地区，多次散射效应意味着在传感器层面收到的信号包括组分发射，但被其他组分反射的辐射贡献。墙壁发射，但是被其他墙壁和下层组分反射的贡献可以按以下方式计算（Bian et al.，2021a）：

$$\varepsilon_{m,w} = i_w \cdot \varepsilon_w \cdot p_w(1-\varepsilon_w) + (1-i_w) \cdot (1-\varepsilon_u) \cdot i_w^a \cdot \varepsilon_w \quad (3.14)$$

$$p_w = 1 - e_{u,w} - e_{d,w} \quad (3.15)$$

$$e_{u,w} = \frac{1}{i_w} \cdot \sum_i \alpha_i \cdot \sum_j T_u(i,j,\theta_v,\varphi_v) \cdot S_{ij} \cdot a_{u,w} \cdot 2\!\int_{2\pi} T_u(i,j,\theta,\varphi) \cdot \cos\theta \cdot \sin\theta \cdot d\theta \cdot d\varphi$$

$$\quad (3.16)$$

$$e_{d,w} = \frac{1}{i_w} \cdot \sum_i \alpha_i \cdot \sum_j T_u(i,j,\theta_v,\varphi_v) \cdot S_{ij} \cdot a_{d,w} \cdot 2\!\int_{2\pi} T_d(i,j,\theta,\varphi) \cdot \cos\theta \cdot \sin\theta \cdot d\theta \cdot d\varphi$$

$$\quad (3.17)$$

$$T_u(i,j,\theta,\varphi) = \exp\Big[-\sum_k \alpha_k \cdot A_k(\theta,\varphi,h_k-h_{ij})\Big] \quad (3.18)$$

$$T_d(i,j,\theta,\varphi) = \exp\Big[-\sum_k \alpha_k \cdot A_k(\theta,\varphi,h_{ij})\Big] \quad (3.19)$$

式中，ε_w 为墙面的发射率；$\varepsilon_{m,w}$ 为墙壁的多次散射项；i_w 和 i_w^a 分别为光子沿着某个特定方向因建筑物而被拦截的概率及其半球平均值；p_w 为再碰撞概率，定义为从建筑物散射出的光子再次与建筑物发生碰撞的概率；$a_{u,w}$ 和 $a_{d,w}$ 分别为光子被拦截后向上和向下的概率，由于建筑物竖直，均设定为 0.5；$e_{u,w}$ 和 $e_{d,w}$ 分别为光子从城市建筑层向上和向下逃逸的概率；ε_u 为比墙低的部分的有效发射率；$(1-\varepsilon_u)$ 为反射率；T_u 和 T_d 分别为从特定位置光子往上和往下传输出去的概率；S_{ij} 为墙体部分 j 的投影区域；h_k 和 h_{ij} 分别为建筑物高度 k 与墙体 i 部分 j 的高度，其他标识与上文的相同。式（3.14）右边的第一部分表示墙体的发射被其他墙体反射，第二部分是下部街道或屋顶的反射辐射。

由街道发射、但由墙体反射的辐射可按以下方式计算：

$$\varepsilon_{m,s} = \varepsilon_s \cdot (1-\varepsilon_w) \cdot e_{d,w} \tag{3.20}$$

式中，$\varepsilon_{m,s}$ 为街道的多次散射发射率；$e_{d,w}$ 为从街道发射但被墙壁反射的光子被传感器接收的概率。在本书中，从屋顶发出的辐射而又被其他组分反射引起的多次散射效应没有被考虑。

4. 模型输出

在已知建筑几何结构（如长度、宽度和高度）和分布方式（密度）的城市场景中，通过提出的模型能够有效计算场景各个组分在传感器视场中的可视比例。通过各个组分的温度和发射率，可以模拟某个方向下的城市有效温度。模型输出的各个组分的可视比例及其对应的城市等效温度如图 3.2 所示。在该场景中，组分（如屋顶、街道和墙壁）的光照和阴影温度分别设为 45℃ 和 30℃。街道、屋顶和墙壁的发射率分别为 0.955、0.918 和 0.880。建筑的长宽比为 1.0，建筑高度分别设置为 10m、20m 和 30m，其概率相当。建筑地面占比设置为 0.18 和 0.36。图 3.2（a）和图 3.2（c）显示了街道、屋顶和墙壁的可视比例，对应的整个城市的方向温度如图 3.2（b）和图 3.2（d）所示。随着观测天顶角的增加，墙壁的可视比例显著增加，街道的可视比例降低，而屋顶的可视比例仅略有下降。在图 3.2（b）和图 3.2（d）中，随着观测天顶角的增加，方向温度减小，并且由于光照和阴影组分之间巨大的温差，观测的热点效应显著。当建筑物的地面占比从 0.18 变化到 0.36 时，不仅方向等效温度减少，温度的角度效应也有所增加。城市温度的角度效应通过方向温度与星下点方向温度相减得到。

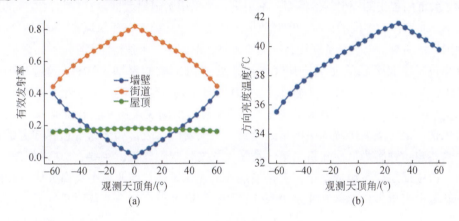

(a)　　　　　　　　　　　　　　(b)

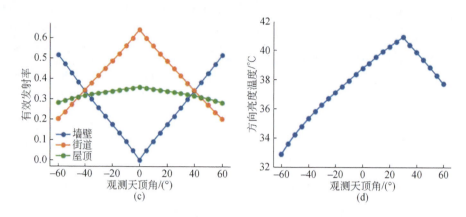

图 3.2 组分比例及对应的城市等效温度

（a）和（c）为组分的可视比例以及（b）和（d）为整个城市的等效温度；（a）和（b）
以及（c）和（d）分别为建筑物地面占比为 0.18 和 0.36 的模拟结果

3.1.3 研究区与数据

1. 观测数据

模型的验证是应用前的重要一环，因此本节利用测量数据集来验证新提出的辐射传输模型，包括来自 WIDAS 测量的机载数据和来自哨兵-3A/3B SLSTR 观测的卫星数据。

为了验证所提出的辐射传输模型，本书依托于 HiWATER 期间获得的 WIDAS 数据集。该数据集采集自中国西北地区的张掖绿洲，这里属于寒冷的沙漠气候，夏季温暖，冬季极其干燥和寒冷。月平均气温在 1 月大约为–9.1℃，而在 7 月大约为 22.3℃，年降水量为 132.6mm，降水主要在 5～9 月。当时，张掖人口不到 50 万人，是一个典型的中国西北城市，平均建筑高度约为 20.2m，城市核心区的建筑覆盖率约为 0.27。图 3.3（a）显示了实验期间城市核心区的光学图像，图 3.3（b）热红外图像结果显示了像元间巨大的温度差异，其范围介于 25～40℃。

为了验证所提出的辐射传输模型，本书进一步采用了卫星数据对其在北京城区的适用性进行评估。北京作为中国的首都，拥有悠久的历史文化底蕴，其建筑风格多样，既保留了传统的中国皇室建筑，也融合了现代高层建筑风格，形成了一个独特而复杂的城市环境。

北京位于华北平原的北端，其气候属于受季风影响的湿润大陆性气候，冬天寒冷，1 月的日平均气温为–2.9℃；夏季温暖，7 月的日平均气温为 26.9℃。年平均降水量约为 570mm，其中近四分之三的降水量集中在 6～8 月。如图 3.4 所示，在北京城区主要有三类建筑风格：第一类是传统的中国皇室建筑，如天安门、故宫和天坛等世界知名的地标性建筑，这些建筑通常为低层建筑。第二类是"苏式"规则建筑，主要在 20 世纪 50～70 年代建造，由中低层建筑组成。第三类是最现代的建筑风格，在北京中央商务区（CBD）常见，如新的中央电视台总部和北京国家体育场，其高度更高，有些甚至超过了 100m。

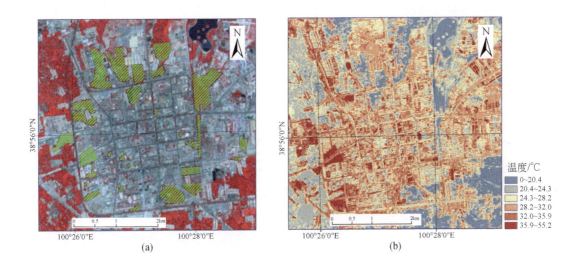

图 3.3　张掖市光学与热红外无人机影像

（a）2012 年 7 月 10 日获取的张掖市 ASTER 伪彩色光学图像和（b）2012 年 7 月 26 日获取的张掖市的 WIDAS 热红外图像。在（a）中绿色区域对应于要移除的植被区域

图 3.4（b）展示了城区的建筑高度情况，是 31km×31km 区域内每个像素（1km×1km）的建筑高度统计结果，该数据由地理遥感生态网络平台提供。为了更深入地进行分析，本书将建筑物分为 10 个高度层级，每个类别有 10m 的间隔。然后，通过加权平均来最终确定每个级别内建筑的平均高度、长度和宽度。城市核心区的建筑覆盖率主要在 0.1～0.3，平均高度集中在 10.0～35.0m。

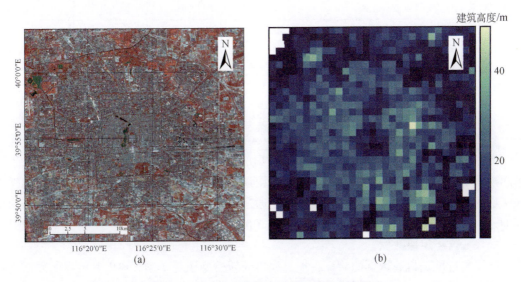

图 3.4　北京市高分辨率影像和建筑高度图

（a）作为研究区域的北京城区，其来源于 2019 年 9 月 18 日 Landsat 伪彩色光学图像。

（b）用于像素级别的建筑高度的统计结果

1) WIDAS 机载数据

本书中使用的机载热红外数据由 WIDAS 传感器获得，该传感器配备了 FLIR A655sc 热像仪，其热红外波段范围为 7.5 ~ 14.0μm。热红外相机搭配宽视场镜头且倾斜向前放置，可以获得大天顶角的观测数据。实验数据是在 HiWATER 期间获取的，采集于 2012 年 7 月 26 日 09：50 ~ 12：30。本书选择了观测到城市区域的两条轨道，分别采集于 10：35 和 11：10，对应的太阳天顶角和太阳方位角分别为 45.0°/101.6° 和 34.1°/115.6°。为了确保数据质量，进行了热红外图像的预处理，包括辐射定标、几何校正和大气校正。关于模型输入的详细信息如表 3.1 所示。

表 3.1 观测数据集对应的输入数据

模型输入		张掖 (10:35)	张掖 (11:10)	北京 (20230315)	北京 (20230327)
建筑结构	长/m	38.9	61.1	—	—
	宽/m	24.6	29.4	—	—
	高/m	20.2	5 ~ 65	—	—
	占比	0.27	0.05 ~ 0.30	—	—
	走向/ (°)	0/90	0/90	—	—
组分温度	光照、阴影街道温度/℃	36.9/26.6	41.6/29.5	23.6/6.5	29.7/12.6
	光照、阴影屋顶温度/℃	35.9/23.9	41.2/29.3	17.4/7.3	26.5/13.2
	光照、阴影墙壁温度/℃	41.2/25.3	39.6/27.1	21.1/6.2	30.4/14.9
组分反射率	街道发射率	0.945	0.955	—	—
	屋顶发射率	0.940	0.948	—	—
	墙壁发射率	0.935	0.940	—	—
光照和观测几何	太阳天顶角/ (°)	45.0	34.1	47.9	44.4
	太阳方位角/ (°)	101.6	115.6	144.7	139.5
	观测天顶角/ (°)	0 ~ 50	10.5/55	21.5/55	—
	观测方位角/ (°)	0 ~ 359	40/190	95.4/175	—

为了获得方向温度，按照以往研究中提出的方法，使用斯蒂藩-玻尔兹曼定律来累计相同观测角度的数据，并进行平均。在这个统计分析中，对应着作物区、城市公园和裸土区区域的像元被去除。地表温度各向异性是通过从方向观测值与星下点方向观测值相减得到的。有关该机载数据集的其他信息可参考 (Bian et al., 2020b)。

2) SLSTR 卫星数据

除了与近地表机载数据的验证，本书提出的新模型还基于哨兵-3B 卫星观测数据进行了验证，该卫星于 2018 年 4 月 25 日发射。哨兵-3B 卫星携带了 SLSTR，可以进行准同步的星下点方向和倾斜（55°）方向观测，其是先进沿轨扫描辐射计（AATSR）的继任者。SLSTR 的波长范围包括热红外 10.85μm 和 12.0μm 波段，可以通过分裂窗算法反演得到地表温度结果。值得一提的是，在 SLSTR level-1 产品中，只能得到星下点方向热红外观测的地表温度反演结果，因此选择利用多元协同定量遥感产品生产系统（MuSyQ）反演地表温度产品，其分辨率均为1000m。以前的研究已经证明了SLSTR数据的可靠性，以及其在实际应用起到的作用。

本书利用2023年3月15日和2023年3月27日获取的哨兵-3B图像，以验证新提出的模型。为了模拟城区的温度状况，需要地表组分温度作为输入。在本书中，通过放置在中国科学院空天信息创新研究院（40°0′16.08″N，116°22′44.31″E）的温度计测量得到，该温度计是接触式温度计，可以实现连续的温度测量。2023年3月15日，SLSTR卫星观测数据的过境时间是北京时间（BST）10：41，其对应的太阳天顶角和太阳方位角分别为47.9°和144.7°。在星下点方向，并非是完全的垂直方向，观测天顶角和观测方位角分别为10.5°和40.0°，而在倾斜方向，对应的观测角度分别为55.0°和190.0°。2023年3月17日，SLSTR卫星观测数据的过境时间、太阳天顶角和太阳方位角分别为北京时间10：30、44.4°和139.5°，星下点方向和倾斜方向的观测天顶角分别为21.5°和55.0°，星下点方向和倾斜方向的观测方位角分别为95.4°和175.0°。

2. 模拟数据集

本书还使用了一组模拟数据集进行模型的验证，其通过三维的离散各向异性辐射传输（DART）模型生成。DART模型可以使用计算机图形渲染引擎LuxCoreRender模拟遥感图像，其精度高，计算时间快。三维模型的模拟考虑到了城市复杂的结构特征，从而可以充分考虑场景内各个组分之间直接和多次散射的过程。给定城市的结构特征、组分的温度和光谱属性，DART模型能够模拟城市顶的光学反射率和热红外方向亮温结果。

表3.2展示了DART模型生成模拟数据集的输入信息。在数据集中，城市场景的结构特征主要体现在建筑物的密度和高度。该数据集中城市场景的面积为1000m×1000m，立方体建筑在其上随机分布，建筑数目分别为200、400和600。在数据集中设置建筑长度和宽度均为30m，则建筑密度为0.0002、0.0004或0.0006，地面建筑面积分别为0.18、0.36和0.54。

表3.2 模拟数据集对应的输入数据

模型输入		值或范围
建筑结构	长/m	30
	宽/m	30
	高/m	50±10、50±25
	占比	0.18、0.36、0.54
组分温度	光照、阴影街道温度/℃	45/25
	光照、阴影屋顶温度/℃	45/25
	光照、阴影墙壁温度/℃	40/25
组分反射率	街道发射率	0.955
	屋顶发射率	0.920
	墙壁发射率	0.950

续表

模型输入		值或范围
光照和观测几何	太阳天顶角/(°)	30
	观测天顶角/(°)	图 3.5
	相对方位角/(°)	图 3.5

本书的主要目标是讨论建筑物在垂直方向上的异质性对方向亮温的影响。建筑物高度有不同情况，要么是定值 50m，要么是等效概率为一半一半的高低配置：75m/25m 或 60m/40m。依据已有研究的设置，光照街道和阴影街道的温度分别设定为 45℃ 和 25℃，光照屋顶和阴影屋顶温度分别设定为 45℃ 和 25℃，光照墙壁和阴影墙壁温度分别为 40℃ 和 25℃。在城市区域，光照部分的温度明显大于阴影部分的温度，其数值可相差 20℃。在热红外波段，模拟了 10.5μm 波段的城市方向亮温。组分的发射率是根据 DART 模型的内置光谱库设置的，街道、屋顶和墙壁的发射率值分别为 0.955、0.920 和 0.950。在模拟数据集中，总共生成了 216 个场景，每个场景中都包含多角度观测结果。太阳天顶角设定为 30°，观测角度包括整个半球空间和太阳主平面，最大观测天顶角为 70°。半球空间的角度设置如图 3.5 所示。

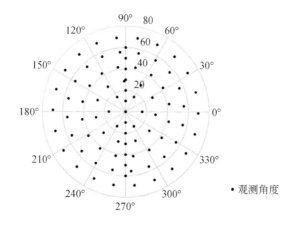

图 3.5　DART 模型模拟数据集中整个半球空间观测方位角和观测天顶角分布

3.1.4　城市的热红外建模结果

1. 基于观测数据的验证

使用上述机载观测数据，对所提出模型模拟的温度的角度效应进行验证。这一验证的统计结果见表 3.3。图 3.6（a）和图 3.6（b）分别展示了 10：35 的测量结果和模拟结果的极坐标图，低观测天顶角的方向亮温比高观测天顶角的方向亮温大。总的来说，模拟结果与测量结果表现出良好的一致性。均方根误差和决定系数分别为 0.48℃ 和 0.48。然而，在图 3.6（c）展示的测量和模拟结果的散点图中，角度效应的低值和高值区域分别出现了明显的高估和低估现象。图 3.6（d）和图 3.6（e）展示了 11:10 测量和模拟结果。在这个时间段内，太阳角度位于观测角度的范围的边界区域。新提出的模型在模拟的方向亮温上表现良好，均方根误差和决定系数分别为 0.40℃ 和 0.74。与 10:35 的模拟结果相比，11:10 的模拟结果有更好的表现，图 3.6（f）也展示了这一点。除了新提出的模型，本书还选择了 Wang 等（2018）提出的模型（GUTA）进行了比较。GUTA 模型的决定系数与新提出的模型相似，但 GUTA 模型模拟结果的均方根误差较大。

表 3.3　基于有人机和卫星观测数据的模型验证结果

模型	项目	黑河 （10：35）	黑河 （11：10）	北京（20230315）		北京（20230327）	
				像素	街区	像素	街区
TiRT	RMSE/℃	0.48	0.40	0.87	0.45	0.88	0.47
	R^2	0.48	0.74	0.31	0.63	0.18	0.49
	Bias/℃	−0.13	−0.07	0.24	0.09	0.27	0.31
GUTA	RMSE/℃	0.67	0.59	1.06	0.81	1.22	0.88
	R^2	0.38	0.72	0.32	0.59	0.01	0.24
	Bias/℃	−0.13	−0.23	−0.37	−0.49	−0.8	−0.76

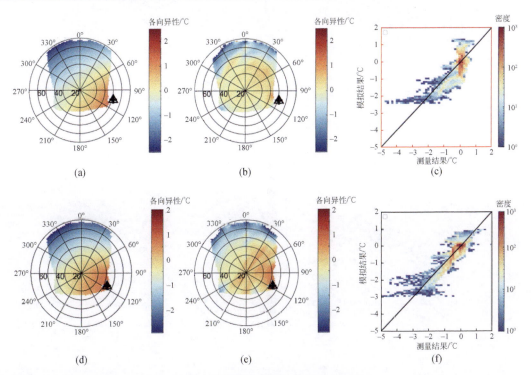

图 3.6　测量和模拟结果的散点图

在 10:35 时刻的（a）测量的和（b）模拟的方向亮温极坐标图，及在 11:10 时刻的（d）测量和模拟（e）的极坐标图。（c）和（f）是两个时刻测量和模拟结果的散点图。图中的三角形表示太阳的几何位置。（c）和（f）中的颜色条表示数据密度

图 3.7 展示了基于 SLSTR 测量数据的模型验证结果。像素和街区水平的模拟结果分别如图 3.7 所示。从像素水平来看，3 月 15 日模拟结果的均方根误差和决定系数分别为 0.86℃ 和 0.30。相对于像素水平，街区水平的验证结果更好，均方根误差和决定系数分别为 0.40℃ 和 0.63。像素水平和街区水平都出现了轻微高估的情况。3 月 27 日的验证结果与 3 月 15 日的结果相似，但决定系数略低。GUTA 模型也被用于该数据集的验证。GUTA 模型在 3 月 15 日验证结果略差于所提出的方法，在像素水平的均方根误差和决定系数分别为 1.06℃ 和 0.32，街区水平的均方根误差和决定系数分别为 0.81℃ 和 0.59。在 3 月 27 日的验证也获得了类似的结果，像素水平的均方根误差和决定系数分别为 1.22℃ 和 0.01，街区水平的均方根误差和决定系数分别为 0.88℃ 和 0.24。进一步分析表明，角度效应低于 0℃ 的观测结果主要分布在远离市中心的像素中，这些像素建筑覆盖率较低，植被的影响难以避免。这与街区水平的验证一致，其中郊区的许多像素被聚集在少量的数据样本中。

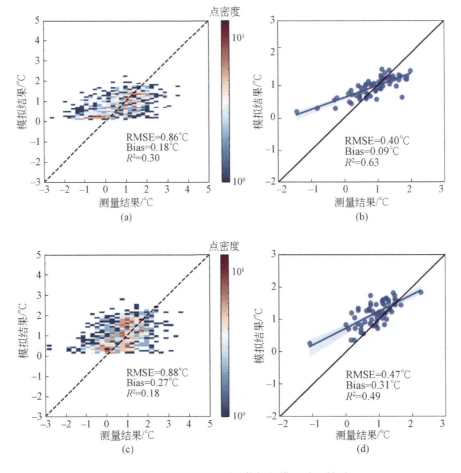

图 3.7 基于 SLSTR 测量数据的模型验证结果

（a）2023 年 3 月 15 日，北京市像素水平卫星测量值和模型模拟结果之间的散点图。（b）用于街区水平的散点图。
（a、b）和（c、d）分别为 3 月 15 日和 3 月 27 日的验证结果

2. 基于模拟数据的验证

除了测量数据集，本书还基于 DART 模型模拟数据集对所提出的模型进行了验证。结果如图 3.8 所示，其中图 3.8（a）~ 图 3.8（c）分别为 DART 模型、TiRT 模型和 GUTA 模型模拟结果的极坐标图。用 TiRT 模型模拟的结果与用 DART 模型获得的结果相似。该场景的均方根误差、偏差和决定系数分别为 0.51℃、0.30℃ 和 0.99。尽管如此，新提出模型的模拟结果表现出了轻微的高估现象，而且 TiRT 模型模拟的热点形状在方位方向上比 DART 模型模拟的更宽。对于同样的场景，GUTA 模型的模拟结果高估严重，如图 3.8 所示。图 3.9 展示了 DART 模型与新提出模型在不同条件下的模拟结果的对比，表 3.4 为模拟结果对应的统计信息。图 3.9 中不同颜色表示不同的建筑密度，等效的均方根误差、

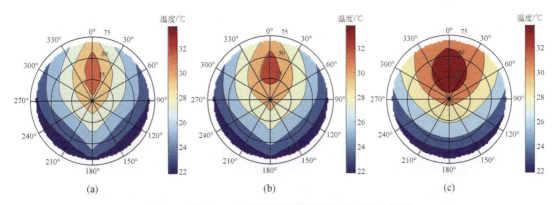

图 3.8　基于 DART 模型模拟数据集的验证极坐标图

（a）DART 模型、（b）TiRT 模型和（c）GUTA 模型模拟结果的极坐标图。在该场景中，
建筑物的长度和宽度均为 30m，建筑物高度为 30 ~ 70m，建筑物覆盖率为 0.36

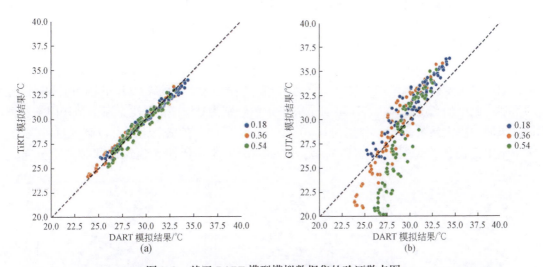

图 3.9　基于 DART 模型模拟数据集的验证散点图

（a）TiRT 模型的模拟结果与 DART 模型的散点图，（b）GUTA 模型的模拟结果与 DART 模型的散点图。
蓝色、橙色和绿色分别表示建筑覆盖层的值为 0.18、0.36 和 0.54

偏差和决定系数分别为 0.49℃、-0.04℃ 和 0.96。然而,随着建筑密度的增加,均方根误差增加,其值从 0.41℃ 增大到 0.57℃。对于 GUTA 模型的模拟结果,在所选的三种情况下,均方根误差都大于 1.0℃。对于密集的情况,在较大的观测天顶角区域,模拟结果低估显著。GUTA 模型模拟结果低估的原因可能是缺乏多次散射和对场景的过多简化。

表 3.4　基于 DART 模拟数据集的 GUTA 模型和 TiRT 模型的验证结果

模型	结果	密度 0.18	密度 0.36	密度 0.54
TiRT	RMSE/℃	0.41	0.47	0.57
	R^2	0.98	0.98	0.92
	Bias/℃	-0.01	0.31	-0.10
GUTA	RMSE/℃	1.58	1.83	4.05
	R^2	0.91	0.90	0.86
	Bias/℃	1.32	0.34	-2.41

3.1.5　模型的不足和应用讨论

1. 城市高度影响

在历史悠久的城市,低层和规则建筑占主导地位,与之相比的,新兴城市的特点是高层建筑多,且建筑高度差异大。如上所述,新提出的模型不仅模拟了不同组分对城市热辐射的贡献,还考虑了不同类型建筑对城市辐射传输过程的影响。在这里,基于北京城区的测量和模拟,分析了城市结构对亮温角度效应的影响。同时,本书选取了建筑覆盖度、平均建筑高度和建筑高度标准差,以分析城市的辐射传输过程。图 3.10 展示了以上三个因素对温度角度效应的影响,相应的统计结果如表 3.5 所示。图 3.10(a)~图 3.10(c)和图 3.10(d)~图 3.10(f)分别显示了测量数据和模拟数据结果。随着建筑覆盖度的增加,温度的角度效应也增加,决定系数为 0.17。同样,随着建筑物高度的平均值和标准差的增加,温度的角度效应也有所增加,决定系数分别为 0.19 和 0.18。三个结构因素与模拟结果间的决定系数较大,分别为 0.20、0.64 和 0.59。有几个原因可以解释这种现象。①本书中提出的模型是一个解析模型,主要考虑了建筑特性(建筑形状和建筑分布)。

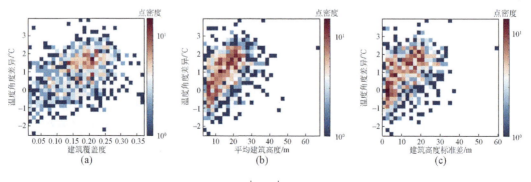

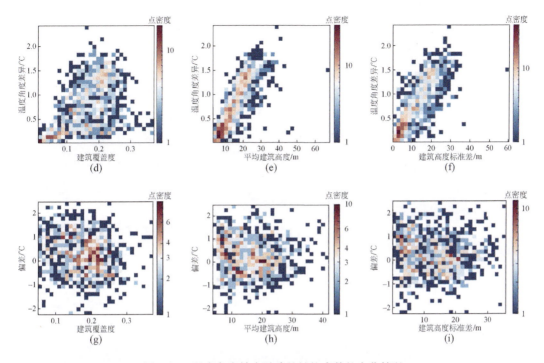

图 3.10 温度角度效应随建筑结构参数的变化情况

（a）随建筑覆盖度、（b）随平均建筑高度和（c）随建筑高度标准差的变化情况，（d）～（f）是
这些因素与模拟数据的对比结果，（g）～（i）是模拟与观测间的差异

②为了简单起见，本书采用了许多假设。然而，对于实际场景来说，建筑是多样化的，植被效果是不能完全被忽略的，观测结果的差异性更显著一些。图 3.10（g）～图 3.10（i）展示了对三个结构因素的模拟和测量结果间差异的变化。模拟中的偏差主要出现在建筑覆盖度和平均建筑高度较低的像素中，表明新提出的模型在城市核心区表现较好。

表 3.5 温度角度效应与城市建筑因子的关系

项目		建筑覆盖度	平均建筑高度	建筑高度标准差
像元	测量	0.17	0.19	0.18
	模拟	0.20	0.64	0.59
街区	测量	0.43	0.41	0.26
	模拟	0.40	0.76	0.48

2. 组分温度的影响

本书主要关注城市结构的分析，然而值得注意的是，城市场景中各个组成部分的温度也会极大地影响温度结果。在这些组成部分中，街道和屋顶是相对简单的，可以明确地区分光照和阴影区域。与之相对的，由于太阳角度和方向的变化，墙壁的温度会有较大的波动性。图 3.11（a）显示了 2023 年 3 月 26～31 日面向不同方向的墙壁温度随时间变化情况，以阴影屋顶的温度作为参考。图 3.11（b）显示了在一天之内，太阳和各个墙壁之间的相对方位角。可以看出，由于太阳角度的变化，东面和西面的墙壁经历了明显的温度波动。在改变光照条件前，阴影屋顶的温度与西墙的温度一致。然而，在光照条件变化之后，阴影屋顶的温度仍然明显低于东墙（阴影部分）的温度。这可以归因于墙体的热惯性，而这一点在新提出的模型中没有考虑到。同样值得强调的是，即使都是光照墙壁，也可能由于其朝向导致温度差异。虽然以前的研究中指出使用余弦函数可以对这种变化进行参数化，但目前的结果表明，墙体温度随方向的变化并不十分显著，因此没有引入新提出的模型中。

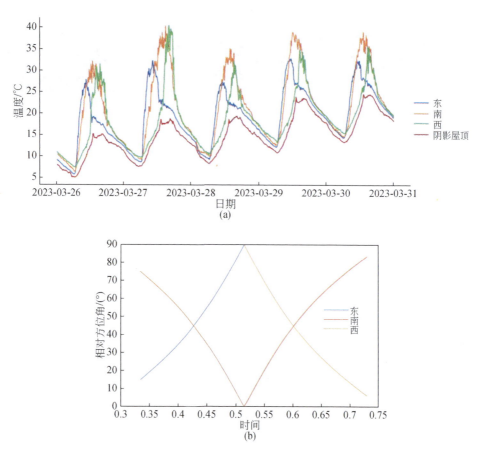

图 3.11　组分温度与太阳方位角随时间变化情况

（a）墙壁和屋顶温度的时间变化。蓝色、橙色和绿色分别代表朝东、朝南和朝西的不同墙壁。

（b）太阳和不同朝向墙壁之间的相对方位角日变化

3. 城市格局聚集效应

为了准确描述城市地区建筑物的分布，可以使用类似于植被场景聚集指数的概念（Chen et al.，2003；He et al.，2012）。本书以中国国际贸易中心的建筑布局为例，增加了一个简单的测试。建筑高度和对应的高度剖面分别如图 3.12（a）和图 3.12（b）所示。

基于几何特征，重建了所有建筑物，并用三维模型准确模拟了街道的可视比例。如图 3.12 (c) 所示，与假设完全随机分布相反，当引入大于 1.0 的聚集指数时，模拟的街道可视比例的角度变化与三维模型模拟的结果一致。这一结果表明，通过引入聚集指数，可以更准确地描述城市建筑物的分布特性，尤其是在建筑物分布具有规律性或聚集性的场景中。然而，城市建筑风格既包含规律性也包含随机性，这些特性对城市热环境和辐射传输过程的影响仍需进一步研究。此外，在本书中，没有考虑公园等的影响。

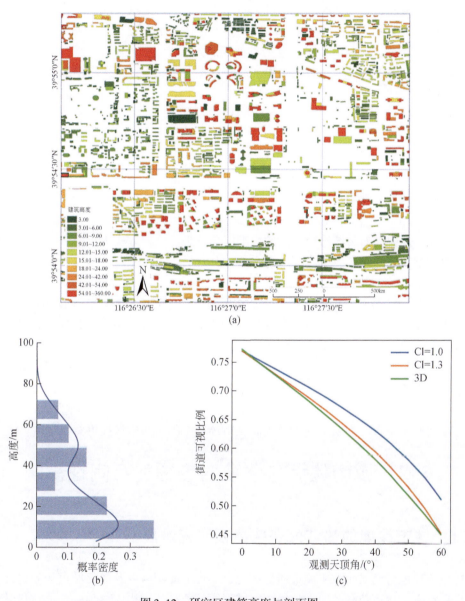

图 3.12　研究区建筑高度与剖面图

（a）和（b）分别用于北京国贸的建筑高度空间分布及其等效的高度剖面，
以及（c）街道可视比例随观测天顶角的变化

4. 局限和可能的解决方案

以上的结果显示新提出的模型有能力模拟城市的有效温度，也能通过对每个城市组成部分的贡献度进行分析，进而评估不同城市结构对城市热环境的影响。尽管如此，该模型仍然存在一些局限性，特别是新模型的验证结果不是特别地令人满意。这可能是以下几个原因造成的：首先，所有的建筑都被是立方体假设，而在现实中，建筑的形状各异，且外层可能有不规则的装饰；其次，为了避免时间和空间不匹配造成的影响，本书使用温度的角度效应进行了验证，但在验证中，组分的温度是在一个点位上进行测量的。因此，偏差是不可避免的，对于发射率的情况也是类似的。人工/人造地物的光谱特性差异较大，其温度特性也会受到大的影响。总的来说，尽管存在上述局限性，新提出的解析模型仍是向更好地理解城市结构对遥感观测的影响迈出的重要一步。因此，未来的研究工作应以解决上述问题为目标。

3.1.6　小结

了解构成城市景观的各个元素的光谱和温度属性与遥感信号之间的关系，对于提高复杂多样城市热环境的监测能力至关重要。新提出的模型考虑了城市结构的异质性和随机性，这将其与以前针对传统城市布局的模型区分开来。这种方法不仅可以计算城市主要组成部分的贡献，还为基于遥感观测的混合像元分解提供了支持。从本书的结果中可以得出两个主要结论：

（1）所提出的模型利用几何光学理论来刻画组分之间的遮挡关系。DART 模型模拟数据集表明新模型在模拟温度方面表现良好，均方根误差低于 0.6℃。此外，对卫星传感器测量数据集的验证表明，新提出的模型充分模拟了温度的角度效应，在像素和区域尺度上均方根误差分别低于 0.9℃ 和 0.5℃ 进一步证明了其在多尺度遥感数据分析中的适用性。

（2）与建筑高度相同的城市场景相比，在建筑高度不同的城市场景中观察到更大的角度效应，该差异可能大于 1.5℃。因此，新提出的模型可以被视为一种强大的分析工具，从而为规划城市分布和建筑类别以及提高城市环境中的生活质量提供有用的信息。

3.2　城市建筑与植被对热辐射方向性影响

3.2.1　城市绿地的热红外遥感建模研究进展

城市热环境研究对于改善城市居住环境、实现节能减碳以及优化城市规划设计等方面具有重要意义。城市热岛效应导致城市区域温度显著高于周边农村地区，通过科学管理城市热环境，可以有效减轻居民炎热不适感，提升生活品质（Yang et al., 2021）。同时，该研究有助于优化城市规划和建设，通过降低空调、供暖和照明的需求，减少能源消耗和温室气体排放。此外，合理选择建筑材料、优化城市布局、增加绿地和湿地等措施，可以最大限度降低城市热环境的负面影响，提高城市可持续性（刘长松，2019）。

热红外遥感可以大范围地获取城市的温度状况，在上文的研究中，已经讨论了辐射传输模型的作用，并新提出了一个城市区域的热红外模型，其可以模拟城市的有效温度和量化城市结构特征对城市辐射传输过程的影响。尽管如此，上文提出的模型还存在一个不足，没有考虑地表绿地的影响。植被在城市中扮演着重要的角色，主要体现在：①降温作用。植被通过蒸腾作用，将水分从土壤中蒸发到大气中，从而冷却周围环境。这种蒸发冷却可以显著降低城市的气温，减轻城市热岛效应，改善城市的热环境。②空气质量改善。植被可以吸收大气中的有害气体和颗粒物，并释放氧气，从而改善城市的空气质量。这对于减少污染和提高居民的健康非常重要。③能源效益。植被可以提供遮阴，减少夏季的空调需求，降低能源消耗和碳排放。此外，植被还可以提供冬季的保温效果，减少供暖需求。④减轻洪水风险。城市中的植被可以吸收降水，减少降水径流，降低洪水风险。同时，植被的根系也可以稳固土壤，减少土壤侵蚀。⑤生态多样性。植被是城市生态系统的重要组成部分，为野生动植物提供栖息地，促进生态多样性，有助于维持生态平衡（刘长松，2019）。

现有城市热红外辐射传输模型主要关注建筑结构、光谱和温度特性的影响，对植被因素的考虑相对不足。事实上，从辐射传输的角度来看，植被的温度和发射率与建筑存在显著差异，会明显改变城市温度状况及其角度、波段和空间的变化特性。因此，在热红外辐射传输模型中纳入植被影响十分必要（Yang et al. 2021；史军和穆海振 2016）。此外，城市绿地具有明显的几何特征，需要将植被结构与建筑特征进行复合建模。

基于以上分析，本书对现有模型进行了拓展，提出了一种能考虑植被结构和建筑特征的辐射传输模型，用于热红外波段的遥感观测的角度效应的研究。本书用到了几何光学的方法，基于分形的策略，将建筑的特征和植被的特征分别在两个尺度上进行模拟。其中，植被的辐射传输过程采用了已有的模型 TiRT_Veg（Bian et al.，2018a）。本章节其余部分主要包括：3.2.2 节介绍了新提出的植被-建筑复合模型；3.2.3 节介绍了模型验证和分析用到数据，包括测量数据和三维模型模拟的数据；模型的验证结果和分析在 3.2.4 节进行了介绍；3.2.5 节讨论了模型的局限性和应用性；3.2.6 节总结了本章节的内容，得出结论。

3.2.2　城市建筑-植被复合的热红外遥感建模方法

在上个章节中，本书已经提出了基于几何光学的城市热红外遥感模型 TiRT_Urban，该模型可以对城市场景中各种类型建筑进行量化分析，其中考虑的场景组成有街道、墙壁和屋顶，考虑到光照和阴影的差异，该模型共包括六个不同的组分，其建模框架如下：

$$L(\theta_s, \theta_v, \varphi) = \sum_j \left[\varepsilon_j \cdot f_j(\theta_s, \theta_v, \varphi) + \varepsilon_{m,j} \right] \cdot B(T_j) + L_a^{\downarrow}(1 - \varepsilon_e) \tag{3.21}$$

式中，L 为卫星接收到的热辐射信号；θ_s，θ_v，φ 分别为太阳和观测的天顶角，以及两者方向的相对方位角；ε_j 和 f_j 分别为地物的材料发射率和可视比例；$\varepsilon_{m,j}$ 为多次散射项；$B(T_j)$ 为温度为 T_j 的地物的普朗克黑体辐射；$L_a^{\downarrow}$ 为大气等效下行辐射；ε_e 为像元等效发射率；

对于辐射传输中的植被的影响可以使用与建筑相同的公式进行表示。考虑到城市场景中，建筑的光照和温度存在显著差异，而植被的光照温度和阴影温度差异较小，因此只需考虑植被的等效温度。从建模的框架来说，模型的核心是确定地表组分的直接贡献和间接贡献，其中直接贡献是指确定各个组分的可视比例，可以通过几何光学模型依据分形的策略确定（Li X and Strahler，1986）；间接贡献是指多次散射过程，即从组分发出被其他或者同种组分反射到传感器的部分，这里只考虑了单次散射的贡献，其是通过光谱不变理论实现的。在本书中，类似于山地地表那样选择山头或者山脉作为中间件，这里选择了街区作为建模的中间件，这是由于在城市中通常是按照社区/小区的小单元进行组织，其建筑会有相似的风格，通常以社区/小区的组织进行开发（图 3.13）。因此，该建模方法包括两个几何过程：街区与街区间的关系以及街区内的关系。当考虑植被组分后，建模框架情况可以经过下式进行分析：

$$L(\theta_s, \theta_v, \varphi) = \alpha \cdot \sum_j \left[\varepsilon_j \cdot f_j(\theta_s, \theta_v, \varphi) + \varepsilon_{m,j} \right] \cdot B(T_j)$$
$$+ \beta \cdot \sum_j \left[\varepsilon_j \cdot f_j(\theta_s, \theta_v, \varphi) + \varepsilon_{m,j} \right] \cdot B(T_j) \qquad (3.22)$$

式（3.22）中包括植被–建筑建模和其他两种。假设其他地表类型全为裸土，裸土与植被的建模在以往的章节已经有了比较充分的介绍，可以参考 1.2 节。这里重点讨论存在建筑遮挡与森林模型复合情况对热红外辐射传输过程的影响。式中，α 和 β 分别为两种地表类型的面积比例。

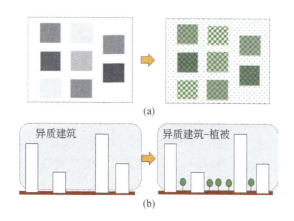

图 3.13　异质建筑与异质建筑–植被混合模型的辐射传输过程示意图
（a）为场景中各个街区的关系；（b）为异质建筑场景与异质建筑–植被场景的示意图

1. 直接辐射贡献

在已有的模型中可以计算出各个建筑组分的比例，但当考虑了植被后，会导致其他组分的可视比例改变。这里考虑了两类场景情况：一种是城市中的大面积植被，如城市中的公园或者郊区的森林，这些区域被认为与建筑之间不发生辐射交互，其内部有植被、光照土壤和阴影土壤三个组分。另一种是街道或者建筑间隙的植被景观，其会被建筑所遮挡，同时植被也会减小街道的可视比例。

在上述建模框架中，尽管植被区域（如公园）的背景以土壤为主，而街道区域则以不透水的道路为主，但在本书中，假设这两种区域的温度和光谱属性是相同的，以简化模型复杂度。对于建筑间的植被，本书不考虑屋顶的植被，因为其仅会导致街道的组分产生较大的变化。森林场景的组分比例可以通过基于几何光学的方法进行计算。最终的组分比例是森林场景和建筑场景耦合在一起的结果，如下式所示：

$$f'_{ss} = f_{ss} \cdot f_{ss0} \tag{3.23}$$

$$f'_{sh} = f_{ss} \cdot f_{sh0} + f_{sh} \cdot (f_{ss0} + f_{sh0}) \tag{3.24}$$

$$f'_{v} = f_{v0} \cdot (f_{ss} + f_{sh}) \tag{3.25}$$

式中，f_{ss} 和 f_{sh} 为原有的街道面积比例；f_{v0}，f_{ss0} 和 f_{sh0} 分别为植被场景中植被、光照背景和阴影背景的比例；f'_{ss}，f'_{sh} 和 f'_{v} 为最后耦合在一起的光照土壤、阴影土壤和植被的可视比例。

2. 间接辐射贡献

因为城市场景中组分（如墙壁和屋顶）的发射率较低，所以城市内的多次散射贡献需要特别考虑。由于植被组分的引入，本章将对上一章节提出的用于城市的多次散射模拟方法进行必要的修正。在该场景中，本书仍然选择光谱不变理论来计算城市内各个组分间的多次散射。考虑到城市内建筑的高度与植被的高度存在较大的差异，本书采用以下方法进行建模：首先，将植被与街道作为一个整体，计算其等效背景的发射率。这一等效背景的发射率可以通过已有的植被场景模型计算得到，从而简化复杂的多次散射过程。然后，将这一等效背景的发射率用于与城市建筑之间的辐射交互过程。这种分层计算方法能够有效提高模型的效率，同时保持较高的精度。在等效背景发射率的计算中，本书采用光谱不变理论，通过对植被和街道进行综合分析，得到其发射率的综合值。这一方法不仅简化了多次散射的计算，还能够更准确地反映植被与建筑之间的辐射交互特性。需要说明的是，屋顶与更高的墙壁也会发生反射和散射过程，但是由于出现的概率较小，本书没有额外地进行计算。这里简要地介绍墙壁和等效背景的相互作用情况：

$$\varepsilon_{m,w} = i_w \cdot \varepsilon_w \cdot p_w \cdot (1 - \varepsilon_w) + (1 - i_w) \cdot (1 - \varepsilon_u) \cdot i_w^a \cdot \varepsilon_w \tag{3.26}$$

$$p_w = 1 - e_{u,w} - e_{d,w} \tag{3.27}$$

$$e_{u,w} = \frac{1}{i_w} \cdot \sum_i \alpha_i \cdot \sum_j T_u(i,j,\theta_v,\varphi_v) S_{ij} \cdot a_{u,w} \cdot 2 \cdot \int_{2\pi} T_u(i,j,\theta,\varphi) \cdot \cos\theta \cdot \sin\theta \cdot d\theta \cdot d\varphi \tag{3.28}$$

$$e_{d,w} = \frac{1}{i_w} \cdot \sum_i \alpha_i \cdot \sum_j T_u(i,j,\theta_v,\varphi_v) \cdot S_{ij} \cdot a_{d,w} \cdot 2 \cdot \int_{2\pi} T_d(i,j,\theta,\varphi) \cdot \cos\theta \cdot \sin\theta \cdot d\theta \cdot d\varphi \tag{3.29}$$

$$T_u(i,j,\theta,\varphi) = \exp\left[-\sum_k \alpha_k \cdot A_k(\theta,\varphi,h_k - h_{ij}) \right] \tag{3.30}$$

$$T_d(i,j,\theta,\varphi) = \exp\left[-\sum_k \alpha_k \cdot A_k(\theta,\varphi,h_{ij}) \right] \tag{3.31}$$

式中，ε_u 为等效背景的发射率，其是通过已有模型计算得到的，$1-\varepsilon_u$ 为反射率。其他的标识与前一个章节相同：$\varepsilon_{m,w}$ 为墙壁的多次散射项；i_w 和 i_w^a 分别为光子沿着某个特定方向因建筑物而被拦截的概率及其半球平均值；p_w 为再碰撞概率，定义为从建筑物散射出的光子再次与建筑物发生碰撞的概率；$a_{u,w}$ 和 $a_{d,w}$ 分别为光子被拦截后向上和向下的概率，由于建筑物竖直因此均设定为 0.5；$e_{u,w}$ 和 $e_{d,w}$ 分别为光子从城市建筑层向上和向下逃逸的概率；T_u 和 T_d 分别为从特定位置光子往上和往下传输出去的概率。对于背景的发射率，其主要来自两个部分，一部分是等效背景中街道与植被的相互作用，另一部分是等效背景与城市建筑的相互作用。等效背景中街道和植被的划分可以通过下式得到：

$$\varepsilon_{m,v} = \varepsilon_{m,u} \cdot f_{v,\text{nadir}} \tag{3.32}$$

$$\varepsilon_{m,s} = \varepsilon_{m,u} \cdot (1 - f_{v,\text{nadir}}) \tag{3.33}$$

式中，$\varepsilon_{m,u}$ 为背景的等效发射率，包含街道与其上的植被冠层；$f_{v,\text{nadir}}$ 为星下点方向的植被的比例；$(1-f_{v,\text{nadir}})$ 为星下点方向街道的比例；$\varepsilon_{m,v}$ 和 $\varepsilon_{m,s}$ 分别为植被和街道的多次散射发射率。这里的比例都是在街道总面积下的归一化结果。

3.2.3 遥感观测和模拟数据

本书选择了 SLSTR 卫星观测数据对新提出模型进行验证。由于测量数据有限，这里也选择了使用 GRAY 模型生成的模拟数据集开展模型间的交叉验证（Bian et al., 2022b）。

1. 遥感观测数据

1）研究区

与上个研究选择了整个北京城区不同，这里选择了朝阳区的一个小的区域进行分析，该区域位于北京的北部，紧邻奥林匹克公园，且靠近中国科学院空天信息创新研究院奥运园区，正如上个章节所述，在其内开展了长时序的地表组分温度测量。这里仍然以北京作为研究区的原因是北京的热岛效应十分显著，且内部建筑高大且存在较多的植被，夏季植被茂密，植被的影响不可忽略。

在本书中选择了一个 5km×5km 的区域进行统计，研究区如图 3.14 所示，其中与卫星的观测像元相互对应的像元有 20 个（5×4）。图 3.14（b）展示了对应的卫星 1km 像元内的植被的数目，每棵树的位置是通过监督分类识别实现的。该研究区的建筑的占比为 0.15～0.35，建筑间以道路和空地为主，植被的密度主要在 0.001～0.004。该研究区的道路为柏油马路，植被以高大的杨树为代表。建筑高度约为 30～100m。研究区域的西北靠近奥林匹克公园，植被茂密，而在西南则主要以建筑为主，植被稀疏。

2）遥感数据

在本章中仍然选择 SLSTR 数据进行模型的验证，这是由于该数据可以提供两个观测角度的观测数据，且其波段包括 10.8μm 和 12.2μm，可以保证分裂窗算法的实现。本章所用的温度产品通过 MySQU 系统进行反演得到，最后温度产品的空间分辨率为 1km，时间分辨率约为 4d（Li R et al., 2023）。地面测量范围为 3 月 15 日～7 月 15 日，其对应的日平均气温为 15～25℃。需要说明的是，SLSTR 数据的两个角度，星下点方向是从 0°到约 30°变化，而倾斜方向是固定值 55°。为了避免时间变化的影响，这里以温度的角度效应作为参考数据进行模型的验证，并选择了与地面测量对应的卫星数据进行对比分析。北京区域植被多为落叶林，因此在该时间段内植被生长，体密度会有显著增大的过程。

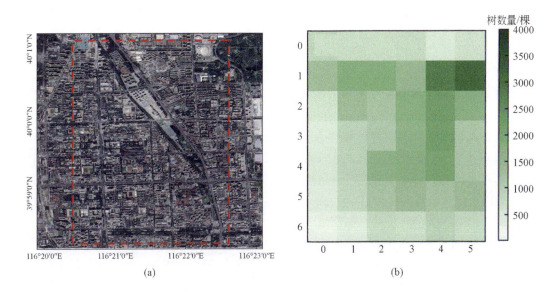

(a)　　　　　　　　　　　　　　　　　(b)

图 3.14　研究区高分与卫星影像图

(a) 研究区的高分辨率光学图像, 其通过谷歌地图得到, (b) 研究区对应的 1km×1km 空间
分辨率下的树的密度。颜色越深表示树越多

　　在本章中, 由于研究区域较小, 且地形平坦、气候状况相对均质, 假设整个研究区内
的植被体密度相同。本章以奥林匹克公园作为参考, 提取了植被的体密度变化情况, 结果
如图 3.15 所示。本章以 Landsat 观测数据反演了奥林匹克公园内的植被叶面积指数状况,
且在每个像元内识别和提取了树的结构和分布状况, 因此可以计算出树冠的体密度, 以此
作为标准用于后续整个研究区的模型验证。反演结果如 3.15 图中蓝色线所示, 可以看到
随着日期的增大, 体密度显著增大, 但是反演结果存在较大的波动性, 这显然是与实际不

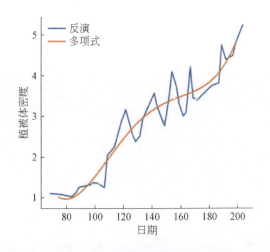

图 3.15　研究区对应的植被的体密度随时间变化情况

蓝色和橙色分别为反演和多项式拟合结果

相符的。因此，本书选择了其多项式拟合结果作为模型输入进行验证，如图 3.15 中橙色线所示，以更准确地反映植被体密度的变化趋势。

2. 模型模拟数据

本章基于 GRAY 模型的模拟数据集对所提出模型进行了更充分的验证。在该模拟数据集中，以一个 1km×1km 的平坦面元作为城市场景的基底，建筑和树冠随机分布其上。场景中的树冠由椭球体代替，建筑由立方体代替。需要说明的是，由于空间上是不重叠的，建筑和树冠并非绝对的随机分布。在该数据集中，通过改变地物的结构特征和分布格局的方式，考虑不同建筑和植被的复合影响。在该区域内，建筑的占地区域为 0.1~0.4，以 0.1 为步长变化；建筑高度为 10~40m，以 10m 为步长变化。对于植被，其叶面积指数为 0.5~2.0，以 0.5 为步长变化；树密度为 0.01~0.04，以 0.01 为步长变化。需要说明的是，植被的结构参数（叶面积指数和树密度）并非针对整个场景，而是对应没有建筑覆盖的街道区域。该场景中建筑组分（屋顶、街道和墙壁）的发射率均为 0.950，植被的发射率为 0.975；建筑组分的光照和阴影区域的温度分别为 46.85℃ 和 26.85℃，植被的温度为 26.85℃。

在模拟数据集中，本章选择了上半球空间的观测结果进行模型的对比验证，同时也选择了角度效应最显著的太阳主平面进行了分析。模拟数据的波长设为 10.5μm。在上半球，空间观测天顶角为 0°~60° 以 5° 为间隔变化，观测方位角为 0°~360° 以 10° 为步长变化，太阳天顶角为 45°。整个模拟数据如表 3.6 所示。

表 3.6 模拟数据集对应的输入数据

模型输入		值或范围
建筑结构	长/m	10
	宽/m	10
	高/m	10~40
	占比	0.1~0.4
组分温度	光照、阴影街道温度/℃	46.85/26.85
	光照、阴影屋顶温度/℃	46.85/26.85
	光照、阴影墙壁温度/℃	46.85/26.85
	植被温度/℃	26.85
组分发射率	街道发射率	0.950
	屋顶发射率	0.950
	墙壁发射率	0.950
	植被发射率	0.975
光照和观测几何	太阳天顶角/(°)	45
	观测天顶角/(°)	0~60，步长为 5
	相对方位角/(°)	0~360，步长为 10

3.2.4　城市–绿地模型验证

1. 基于观测数据的验证结果

该分析以城市模型为基准，分别模拟考虑植被影响（TiRT_Urbanveg）和不考虑植被影响（TiRT_Urban）的方向温度观测结果，通过对比两类模拟结果来展示城市绿地在热红外辐射传输过程中的影响，其中不考虑植被的模型是第 1 章中的模型（TiRT_Veg），考虑植被状况的模型是本章节提出的模型。从图 3.16 中可以看出，考虑了植被影响后，模拟结果与卫星传感器观测数据相比有很好的一致性。角度效应有正值也有负值，这表明既有倾斜观测大于垂直观测情况，也有倾斜观测小于垂直观测的情况。在正值区域角度效应大约为 1.0℃，在负值区域角度效应大约为 3.0℃，且负值区域的点数更多，说明倾斜观测低于垂直观测的情况更为普遍。

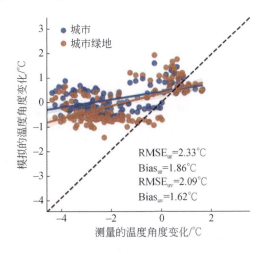

图 3.16　基于 SLSTR 的观测数据的新提出城市–绿地复合模型与原有城市模型的对比
橙色和蓝色分别为考虑和不考虑植被效应的模拟结果

从图 3.16 中可以看出，不管是考虑植被与否，两个模型都能模拟出方向差异的正值和负值，但是模拟结果的幅度相对较小，特别是在负值区域，不考虑植被影响的模拟结果大约为–0.5℃，与实际情况相比低估了影响；而考虑了植被影响后，模拟结果有所改善，但是仍存在高估，约为–1.0℃。这表明尽管植被因素的引入提升了模型的准确性，但在负值区域的模拟仍需进一步优化。从统计结果的对比来看，不考虑植被效应的模型均方根误差为 2.33℃，决定系数为 0.24。

2. 基于模拟数据的验证结果

为了验证新指出模型的性能，除了基于测量数据的验证，也基于三维模型模拟的数据集对新提出模型进行了对比分析。图 3.17 展示了基于三维模拟数据，考虑和不考虑植被效应城市模型模拟结果的对比。从图 3.17 中可以看出，角度效应对结果的影响显著，最高值和最低值间的差异约为10℃。尽管一些高分卫星的观测角度较小，但是为了满足时空覆盖需求，现有卫星往往采用比较大的观测倾角，这进一步加剧了角度效应的影响。研究基于整个半球空间和太阳主平面，分别对比了考虑和不考虑植被效应的模拟结果。与三维模型相比，考虑了植被效应的新模型的模拟结果略低，且与参考数据更为接近具体而言，在半球空间的均方根差异约为 0.2℃，而在太阳主平面差异更大，约为 0.6℃。此外，新模型模拟结果的决定系数也有所提升。

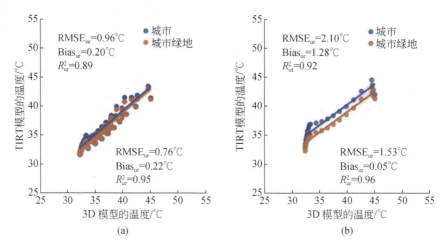

图 3.17　基于 GRAY 模型的模拟数据新提出模型与原有模型的模拟结果对比

（a）和（b）分别对应整个半球空间和太阳主平面的对比结果

3.2.5　讨论

1. 下垫面差异的影响

1）不同建筑的影响

图 3.18 展示了有绿地条件下，不同建筑结构对热辐射方向性的影响。这里选择了不考虑植被效应的模拟结果进行对比。假设植被光照部分和阴影部分的温度是相同的，这意味着热点效应不随植被温度的变化而改变。结果显示，建筑的影响较大，尤其是在倾斜观

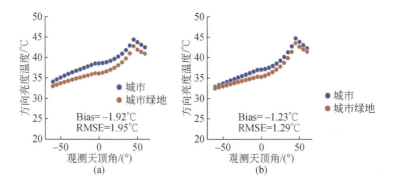

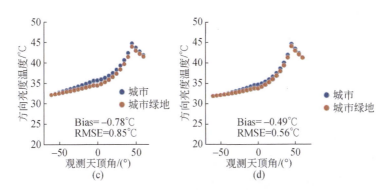

图 3.18 有绿地条件下，不同建筑的高度对热辐射方向的影响

（a）~（d）分别对应建筑高度为 20m、30m、40m 和 50m 的场景；蓝色和橙色分别表示不考虑和考虑植被效应

测方向，更多看到建筑的外立面，而原先看到下层街道或者植被的比例会有所减少。对比考虑和不考虑植被效应的模拟结果，在建筑较少的时候差异较大，约为 1.9℃，而当建筑较多时候，差异变小，仅为 0.5℃。图 3.19 进一步展示了在绿地条件下，不同建筑的密度对热辐射方向性的影响。随着建筑密度的增大，考虑和不考虑植被效应的差异快速减小。然而，即使建筑密度大于 0.4 时，植被对热辐射影响仍然显著，可达 0.8℃。在垂直方向上，由于建筑遮挡更少，植被效应导致的差异更为明显。

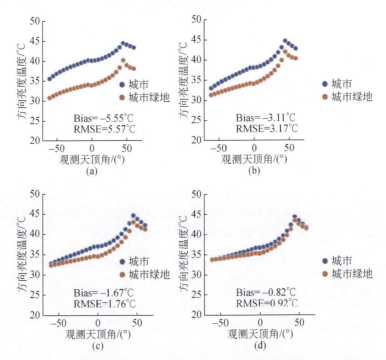

图 3.19 有绿地条件下，不同建筑的密度对城市热辐射方向性影响

（a）~（d）分别表示城市的密度分别为 0.1、0.2、0.3、0.4；蓝色和红色分别表示考虑和
不考虑植被效应的辐射结果

2）不同植被的影响

新提出的模型能够模拟植被和建筑对热辐射方向性的复合影响。但是不同植被的分布状况，模型模拟的结果是不同的，这里以一种建筑场景为例，其建筑高度为30m、建筑占比为0.3，改变其植被结构特征进行分析。图3.20展示了随植被叶面积指数的热辐射方向性变化。当叶面积指数为0.5时，植被效应大概影响热辐射方向特征可达1.22℃，主要集中在观测角度小的区域，而当植被叶面积指数为2.0时，差异可达2.0℃。图3.21展示了在植被叶面积指数相同的情况下，随植被树冠密度变化的热辐射方向性变化。研究发现，树冠密度增大但树叶的体密度减小时，植被效应的影响能力变化相对较小。当树密度从0.01增至0.07时，植被效应的影响从约0.84℃变化到1.71℃。

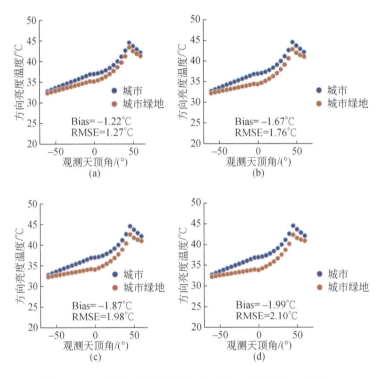

图3.20　不同叶面积指数的城市植被对热辐射方向性影响

（a）～（d）分别表示叶面积指数为0.5、1.0、1.5、2.0

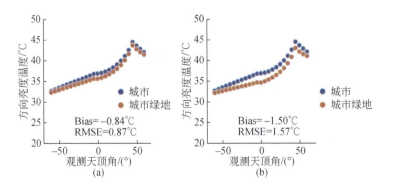

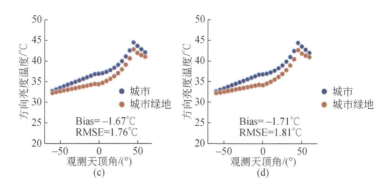

图 3.21　不同密度的城市植被对热辐射方向性影响

(a)～(d) 分别表示树冠密度为 0.01、0.03、0.05、0.07

2. 热岛与角度效应结果

热岛效应是指城市或城市化区域相对于周围地区温度较高的现象，是城市热环境中的重要问题之一。在本书的研究中，研究者关注热岛效应在城市热红外遥感中的应用，特别是考虑了植被和建筑物相互影响的情况。研究发现，热岛效应的强度会随着观测角度的改变而发生显著变化。通过对模拟数据和实际观测数据的分析，本书验证了热岛效应确实在不同观测角度下表现出不同的强度。本书的研究不仅考虑了温度的方向性模拟，还考虑了热岛效应的角度影响，这对于未来城市热环境监测、城市规划和生态环境保护具有重要意义。通过更深入地理解热岛效应的复杂性，可以更好地应对城市化进程带来的环境挑战，为城市可持续发展提供科学依据（Wu et al.，2024）。

3. 模型的不足和后期的改进

本书在以往研究的基础上，深入探讨了城市区域植被对热辐射方向性的影响，特别是建筑对植被的遮挡及其导致的多次散射效应。相比于以往单独研究植被或城市区域的模型，本书基于几何光学方法构建了一个更为综合的模型，充分考虑了建筑与植被结构的复合影响。通过基于测量数据集和模拟数据集的分析，验证了该模型在城市热辐射方向性模拟中的准确性和适用性，证明了其对建筑和植被结构处理的有效性优于仅考虑建筑的模型。尽管如此，该模型还是存在以下两方面的不足：

（1）组分温度异质性的忽视。在植被场景中，组分温度通常相对稳定，但在城市环境中，由于建筑墙壁在角度上的温度变化，以及植被导致的地面的温度与没有植被地面的温度上的差异，组分温度的异质性更为明显。即本书的模型没有充分考虑局地小气候的影响（Huang et al. 2015），这在一定程度上限制了模型的精确性。

（2）植被与建筑多次散射作用的简化。为提高实用性，模型在植被与建筑的多次散射作用上进行了简化处理，未对其进行更细致的建模。虽然这种方法在大多数情况下能够满足需求，但在需要更高精度的模拟结果时，进一步细化植被与建筑之间的多次散射作用是必要的。虽然该模型有一些不足，但是本章的核心结论依然成立，即新模型对建筑和植被结构的处理是比仅考虑建筑的模型更好。在未来，随着无人机技术的快速发展，将能够以更灵活的方式开展遥感实验，获取更丰富的测量数据，从而为模型的进一步优化和评估提供有力支持。（Webster et al. 2018）。

3.2.6　小结

在城市热红外遥感建模领域，植被的作用长期以来未得到充分重视，但实际上其在城市热环境中扮演着重要的角色。本书的研究工作通过建模的方法，探讨了植被对城市热红外遥感的影响。研究发现，植被的存在会影响城市热辐射的方向性，同时城市的热辐射更多地受到建筑物的影响，导致对植被影响的显著低估。为了更好地模拟植被和建筑物如何共同影响热红外遥感观测，需要一个综合考虑这两者影响的正向模型。这样的模型将有助于更好地理解城市热环境中植被和建筑物的相互作用，为城市热岛效应的研究和城市规划提供支持。

3.3　本 章 小 结

城市的建筑特色和分布特征不仅塑造了城市的空间格局，还深刻影响着城市的小气候特征以及与人们生活相关的温度状况。在城市热红外遥感研究中，"热岛效应"一直是核心议题，而城市的辐射传输建模则是研究的基础。然而，传统的辐射传输模型大多基于规则的欧式建筑及其以街道为组织形式的"廊道"假设，这种方法与几何光学的思路高度一致，但难以适应新兴城市的复杂特征。例如，在北京、上海等城市，其建筑特色和分布特征是政府规则规划和房地产商开发风格共同影响的产物，呈现出整体规则和区域随机的特点。此外，城市中植被的分布及其与建筑的相互作用进一步增加了辐射传输过程的复杂性。针对一系列的结构特征复合影响问题，本书仍旧选择了"分形"几何光学的方法，在不同的尺度上分别进行几何光学模拟，尺度间采用"分形"的方法作为桥梁进行连接。这一工作不仅将几何光学的应用从自然景观拓展到城市景观，还深化了对城市辐射传输过程从"规则"到"规则–随机"相间的理解。

| 第 4 章 | 　　地表辐射方向性问题

4.1　基于 EOF 分析方法的温度角度效应时空特征分析

地表温度产品的角度效应是阻碍其进行数据融合的重要原因之一，也是认识和估算地表上行长波辐射的重要途径，但受到角度效应影响，地表温度的反演和应用存在较大的不确定性。为了分析该影响因素，本书开展了基于经验正交函数的统计方法，对数据的时空特性进行分析和重构，以确定其量级和规律。

4.1.1　地表温度角度不确定性

地表温度是地球系统科学中的一个关键参数，在地表碳循环和水循环的过程中扮演着重要角色。遥感方法可以有效地获取全球和局部地表温度，已经被应用于众多领域，如城市规划、植被检测，以及干旱和火灾危险预测和监测等（Li Y et al., 2023；Li Z L et al., 2023）。

近年来，随着遥感技术的发展和新型卫星的发射，地表温度反演取得了显著的进展，基于热红外遥感观测已经生成和发布了众多地表温度产品，主要来自静止卫星和极轨卫星（Li Z L et al., 2013）。由于数据量巨大，地球同步卫星数据通常直接用于气象预报等应用，而极轨卫星的温度产品多在网上发布，如基于中分辨率成像光谱仪（MXD11、MXD21），高级甚高分辨率辐射计（AVHRR）和陆地卫星（Landsat）的产品（Gillespie et al., 1998；Snyder et al., 1998；Wan and Li, 1997）。但现有的研究主要关注反演算法，即从传感器接收到的遥感信号到地面的温度信息的转换，而对温度产品的地面代表性研究不足，其中观测角度问题是地表温度不确定性重要来源，这可能在后续反演和应用研究中导致较大的偏差（Cao et al., 2019；Li Z L et al., 2023）。

尽管已经开展了一些地表热辐射方向性的研究，但很多热红外遥感实验研究的范围较小、样本有限，且观测时间跨度较短，难以满足大尺度、长时序热红外方向特性研究的需要（Lagouarde and Irvine, 2008；Lagouarde et al., 2004）。利用卫星数据，可以获取大尺度地表温度的方向观测，提升对各向异性的理解。AATSR 系列卫星能够获取垂直和斜向两个方向的地表热辐射观测数据，为一些关于温度方向各向异性的研究提供支持（Coll et al., 2019）。但是已有研究的数据量少，且对数据没有系统地分析。另外，新型的哨兵-3A/3B 卫星是 AATSR 的后续产品，搭载了新型的 SLSTR，为众多研究提供支撑（Jones et al., 2009；Llewellyn-Jones et al., 2001）。

因此，为了更好地认识地表热辐射方向性问题，本书使用经验正交函数（EOF）分析方法，利用新型的 SLSTR 卫星数据，开展了地表热辐射方向不确定性分析，重点是对其空间–时间维度的变化规律进行分离和量化。在本书中选择东亚周边地区开研究，除了 EOF 分析，还对其与植被类型、植被状况和高程等因素进行了关联分析，本章节其余部分包括如下内容：4.1.2 节描述了研究区和观测数据；4.1.3 节介绍了 EOF 分析方法；4.1.4 节介绍了分析结果。

4.1.2 研究区和数据集

1. 研究区

本书选择东亚地区作为研究区域，纬度为 15°N ~ 50°N，经度为 80°E ~ 125°E。如图 4.1 所示，该区域包括中国大陆的大部分区域以及周边地区，整个研究区涵盖了大的高程落差和多样的地表类型，图 4.1 的地表类型信息来自 MODIS MCD12Q1 产品（Friedl et al., 2002）。

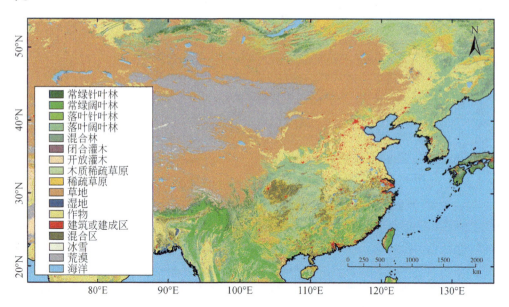

图 4.1 研究区域以及该地区的地表类型信息

地表类型信息来自 MODIS MCD12Q1 地表覆盖产品

2. SLSTR 数据

本书所使用的数据来自哨兵-3A/3B 两颗卫星，这两颗卫星分别于 2016 年 7 月和 2018 年 4 月发射，研究所用数据对应的时间是 2019 年。哨兵-3A/3B 卫星搭载 SLSTR 传感器，可以获取垂直和斜向（55°）两个方向的热红外数据。获得的 SLSTR 图像的空间分辨率为 1000m。在垂直和倾斜观测方向上，利用中心波长为 10.85μm 和 12.00μm 的两个波段数据通过分裂窗算法反演得到地表温度结果。在研究区域，哨兵-3A/3B 卫星的过境时间大致在北京时间 10：00～14：00。叶面积指数数据通过多源数据定量反演系统生产获取（Li et al.，2021）；数字高程模型数据来自 ASTER DEM V003（Hirano et al.，2003）。

4.1.3 经验正交函数分析方法

1. 地表温度反演

图 4.2 展示了使用 EOF 分析方法进行地表温度角度效应分析的流程图。在进行 EOF 分析之前，首先开展了数据收集和反演工作，获取了垂直和倾斜观测反演的地表温度数据，随后计算了地表温度在角度维度的不确定性，最后进行了数据分析。角度不确定性通过倾斜方向的地表温度减去垂直方向的地表温度获得。在数据分析部分，除了经验正交分解，还开展了温度方向性问题与地表其他要素（如地表温度水平、高程和植被状况）的分析（Wilks，2011）。

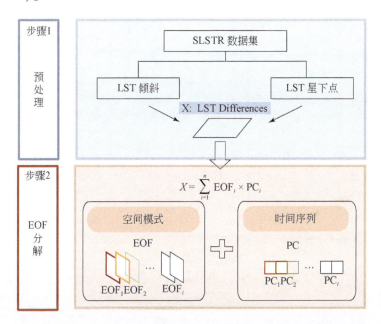

图 4.2　使用 EOF 分析方法进行地表温度角度效应分析的流程图

本书没有使用哨兵-3A/3B 的地表温度产品，这是由于它没有提供倾斜观测的地表温度结果。在这里，同样使用 MuSyQ 系统生成地表温度结果，反演过程中选择分裂窗算法，算法如下（Li H et al.，2019）：

$$\text{LST} = a_0 + \left(a_1 + a_2\frac{1-\overline{\varepsilon}}{\overline{\varepsilon}} + a_3\frac{\Delta\varepsilon}{\overline{\varepsilon}^2}\right)\frac{T_8+T_9}{2}$$

$$+\left(a_4 + a_5\frac{1-\overline{\varepsilon}}{\overline{\varepsilon}} + a_6\frac{\Delta\varepsilon}{\overline{\varepsilon}^2}\right)\frac{T_8-T_9}{2} + a_7\left(T_8-T_9\right)^2 \tag{4.1}$$

式中，T_8 和 T_9 分别为两个波段的热红外观测亮度温度；$\overline{\varepsilon}$ 和 $\Delta\varepsilon$ 分别为 SLSTR 通道 8 和通道

9 中发射率的平均值和差值；$a_0 \sim a_7$ 为分裂窗的系数。在本书中，分裂窗系数通过大量模拟数据拟合得到，拟合系数依赖于观测天顶角，包括 3.0°、14.9°、38.6°、44.5°、51.2°、58.0°和65.0°，以及水汽含量，水汽含量分为六个类别，即 [0, 1.5]、[1.0, 2.5]、[2.0, 3.5]、[3.0, 4.5]、[4.0, 5.5] 和 [5.0, 7.8]。由于夜间垂直和斜向方向地表温度之间的差异较小，因此只对白天的温度方向各向异性进行了分析。

2. 经验正交函数分析方法

经验正交函数分析方法是一种用于分析和表示多元数据模态的统计技术，广泛应用于气象分析和海洋科学领域。该方法的基本运行逻辑是对高维数据进行线性变换，将其转化为一组正交的空间模态。这些模态按照方差的降序排列，每个模态捕获数据中的不同变化。

在特定数据集下（本书为 2019 年的月平均地表温度），该数据集由包含 m 个空间点和 n 个观测时间步骤的矩阵表示，记为 S：（Wilks，2011）

$$X = \begin{bmatrix} X_{1,1} & \cdots & X_{1,n} \\ \vdots & \ddots & \vdots \\ X_{m,1} & \cdots & X_{m,n} \end{bmatrix} \qquad (4.2)$$

将两个不同观测角度下获得的月平均地表温度数据作差，得到温度角度差异矩阵 X_D：

$$X_D = X_{\text{Nadir}} - X_{\text{Oblique}} \qquad (4.3)$$

计算 X_D 的协方差矩阵 C，然后进行其特征值和特征向量的计算，如下所述：

$$C = \frac{1}{n-1} \cdot X_D^T \cdot X_D \qquad (4.4)$$

$$C \cdot v = \gamma \cdot v \qquad (4.5)$$

式中，$\gamma = \text{diag}(\gamma_1, \gamma_2, \cdots, \gamma_i, \cdots, \gamma_m)$，特征值 γ_i 的分解为第 k 个经验正交函数（EOF）模态的方差贡献；$v = [v_1, v_2, \cdots, v_k, \cdots, v_m]$，每个列向量 v_k 为第 k 个主成分（PC）的特征向量。PC 可表示为

$$\text{PC}_k(t) = X_D(t) \cdot v_k \qquad (4.6)$$

式中，$\text{PC}_k(t)$ 为第 k 个主成分的时间序列；$X_D(t)$ 为时间 t 的数据。经验正交函数可以通过下式进行计算：

$$\text{EOF}_k = \frac{1}{\sqrt{\gamma_k}} \cdot X_D^T \cdot v_k \qquad (4.7)$$

式中，γ_k 为第 k 个经验正交函数的方差贡献率，X_D^T 为 X_D 的转置因此第 k 个 EOF 的方差贡献率也可以表示为

$$p_k = \frac{\gamma_k}{\sum\limits_{i=1}^{m} \gamma_i} \qquad (4.8)$$

式中，γ_i 为 PC 的特征向量。经验正交函数和主成分时间序列之间的关系最终可表示如下：

$$X_D = \sum_{k=1}^{m} \text{EOF}_k \times \text{PC}_k \qquad (4.9)$$

本书使用2019年12个月的月平均地表温度数据进行了分析，首先是通过角度差异数据来构建矩阵X_D。研究区域包括15°N～50°N，80°E～125°E，空间分辨率大约是5km，因此整个研究区被划分为810×1105的图像，包括12个不同时间点的采样数据，对应着$m=$810×1105，$n=12$。这种方法将对地表温度角度不确定性在时间维度和空间维度进行分解，有助于理解温度产品误差的变化规律。

4.1.4 地表温度角度不确定性时空分布

1. EOF 分析结果

图4.3展示了地表温度角度差异的空间分布特征，用经验正交函数表示，图4.3（a）～图4.3（d）分别对应经验正交函数分析中模态1～模态4，阐明了每个经验正交函数与热辐射方向性分布之间的相关系数（R^2），值越大表示相关性越显著，值越靠近0表示越不相关。如图4.3（a）所示，角度差异的空间分布与经验正交函数表现出强相关性，并且

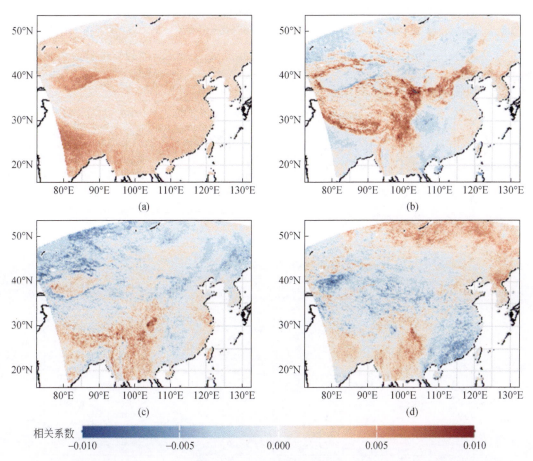

图4.3　中国及其邻近地区 LST 角度差异的 EOF 分析中模态1～模态4的相关系数的空间分布

（a）～（d）分别描述模态1～模态4

在大多数地区，相关系数大于0.8，这表明该地区地表温度角度差异的变化主要由与该正交函数对应的模态贡献的变化主导。相反，图4.3（b）~图4.3（d）中的值在整体水平上相对较低，这表明温度角度效应与经验正交函数相关性较弱；而较大的值，表明相关性显著，只出现在特定区域。综合图4.3的四个图像，高相关性的地区存在互补关系。图4.3（a）中国中部（大约40°N，100°E）和东南部（大约25°N，110°E）地区的相关系数值相对较小，而图4.3（b）中的对应值较大。类似现象还出现在图4.3（c）和图4.3（d）中，分别对应西北部（大约85°E，45°N）和南部（大约105°E，30°N）地区。

图4.4展示了前四个模态的地表温度角度差异的时间序列与多个模态的贡献占比。图4.4（a）表示模态1的时间演变规律，月变化规律呈现出了余弦分布，温度差异从冬季的1.1℃下降到夏季的−1.2℃，然后值又逐渐增加到1.1℃。图4.4（b）~图4.4（d）表示模态2~模态4的地表温度角度效应的时间序列。相对于图4.4（a），模态2~模态4的时间变化是不规则的，表明地表温度方向各向异性的复杂性和多样性，变化主要发生在4~9月。结合图4.3，表明某些区域呈现出与模态1规律不同的变化。图4.5（e）展示了不同模态的贡献率情况。前四个模态的贡献率分别为0.63、0.07、0.05和0.05。其余模态的贡献率均小于5%，因此本书中没有进行分析。模态1的方差分数显著大于其他模态，这意味着模态1解释了大约60%的角度效应变化，变化特点及方差分数表示模态1对角度差异的贡献具有很强的规律性。贡献中这种长尾特征也表明地表温度的角度效应可能受到多种因素的影响。

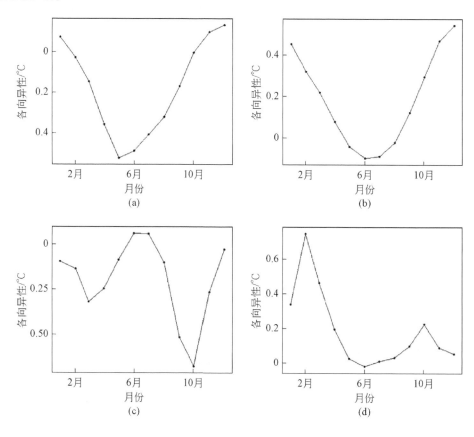

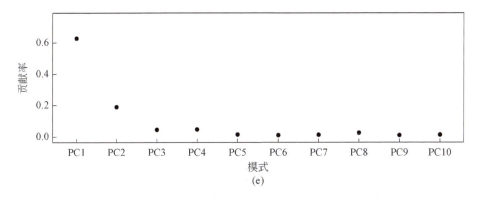

图 4.4　LST 角度差异的时间序列权重在一年中的变化

(a) ~ (d) 分别显示了空间模态 1 ~ 模态 4 的

相应时间序列权重；LST 角度差异的 EOF 分析中模态 1 ~ 模态 12 的方差分数

2. 不同地表类型的时间变化

图 4.5 展示了不同地表覆盖类型地表温度角度差异的月度变化。对于所有地表类型，时间变化模式与图 4.4 (a) 模态 1 中呈现的结果一致：1 ~ 6 月呈下降趋势，6 ~ 12 月呈增长趋势。然而，不同地表类型的温度变化幅度仍然存在显著差异，模态 1 中 1 ~ 6 月的一般温度变化达 2.0℃，但由于裸露地表和永久湿地具有相对简单的结构和温度分布特征，其温度变化相对较小，约为 1.0℃，冰雪的观测角度引起的温度角度效应的时间变化也很小，保持在约 0.9℃的较低水平。城市、耕地以及包括常绿和落叶树林在内的各种森林地

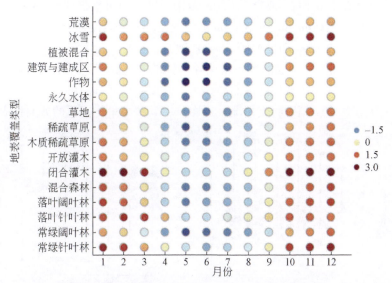

图 4.5　不同地表覆盖类型 LST 角度差异的时间变化

地表覆盖信息参考 MODIS 产品，颜色表示 LST 角度差异值

表在温度角度差异的时间变化上存在较大的差异性，尽管变化幅度相似，但它们的变化区间存在差异，夏季城市和耕地的温度角度差异较小，低于1.5℃，落叶树林和常绿针叶林的结果在冬季较大，可达3.0℃。

3. 相关性分析

为了进一步研究地表温度方向各向异性的影响因素，本书选择了除地表覆盖类型外的几个因素进行相关性分析。表4.1展示了温度角度差异与所选因素之间的统计结果。根据图4.5，选择了1月和7月作为两个典型的时间节点进行分析。在表4.1中，这些选定因素的P值都小于0.05，表明它们与温度角度差异之间存在显著的相关性。然而，所有这些因素的相关系数（R）相对较小。高程主要影响1月的数据（$R=0.26$），而叶面积指数和地表温度影响7月的数据，相关系数分别为0.15和–0.17。

表4.1　各个因素与地表温度角度差异之间的相关关系

月份	相关系数	高程	叶面积指数	地表温度
1	R	0.26	–0.03	–0.13
	P	<0.01	<0.01	<0.01
7	R	0.06	0.15	–0.17
	P	<0.01	<0.01	<0.01

图4.6展示了地表温度角度差异随高程的变化规律。图4.6（a）和图4.6（b）分别表示了1月和7月的结果。根据图4.6（a）所示，地表温度角度差异在高程500～4000m范围内表现出增大趋势，而在4000～5000m范围内则表现出急剧减小的趋势。统计分析结果显示，在高程低于1000m和高于5000m的情况下，温度角度差异低于1.0℃，但对于高程低于4500m和高于2500m的情况下，温度角度差异大于2.0℃。在图4.6（b）中，温度角度差异都低于1.0℃。地表温度角度差异的标准差随高程增加呈增大趋势。这一结果表明，地球表面的起伏和碎裂程度可能会显著影响地表温度方向各向异性。特别是地形的异质性特点，不仅影响了辐射收支情况，还影响了其在卫星传感器的方向代表性。

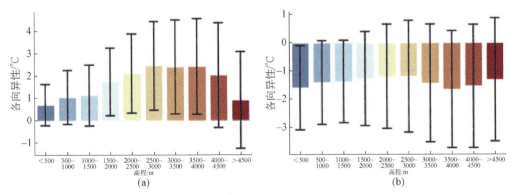

图4.6　地表温度角度差异随高程在1月和7月的变化

（a）为1月，（b）为7月；高度和误差条分别表示温度角度差异的平均值和方差情况

图 4.7 展示了地表温度角度差异与叶面积指数之间的关系。如图 4.5 所示，不同地表覆盖类型会显著影响地表温度的角度效应，也会影响植被的分布和结构。因此，在分析中，按照地表覆盖类型分析温度角度效应与植被指数间的关系。图 4.7 中的空白部分表示统计数据不足，能够明显观察到不同地表覆盖类型的温度角度差异随叶面积指数关系的差异很大。在图 4.7（a）中，封闭灌木地和常绿针叶林的温度角度差异大于 1.5℃，明显大于其他类型。而在图 4.7（b）中，耕地和常绿阔叶林的温度角度差异明显较低。温度角度差异随着叶面积指数的变化在图 4.7（a）中变化较小。相反，在图 4.7（b）中，对大多数类型来说，地表温度角度差异随叶面积指数增大而减小，在耕地和灌木草原类型中该变化特点尤为显著。

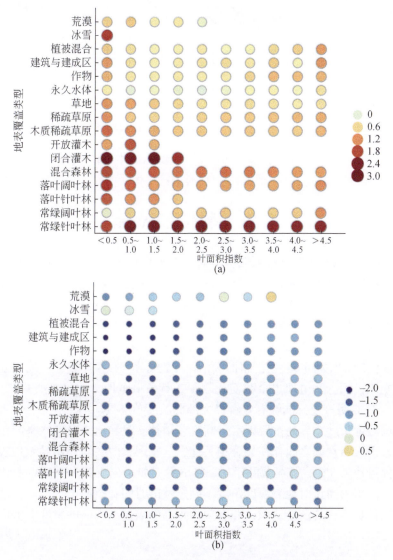

图 4.7　不同地表类型的温度角度差异随叶面积指数的变化

（a）和（b）分别表示 1 月和 7 月的结果

根据现有研究，地表温度方向各向异性与地表温度水平密切相关。因此，在图4.8中增加了地表温度与其角度差异之间的关系的进一步分析。在图4.8（a）中，地表温度水平的增加导致了地表温度角度差异的减小，约从1.0℃降至−2.0℃，在冷和热条件下出现了较大的差异。然而，在图4.8（b）中，这些地表温度差异不管是哪种温度水平，大部分温度效应都是低于1.0℃。

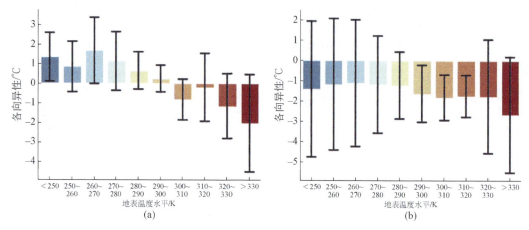

图4.8　地表温度角度差异随地表温度水平的变化

（a）和（b）分别表示1月和7月的结果

4.2　本章小结

本节基于哨兵-3A/3B卫星观测数据，对东亚地区由于观测角度而导致的温度差异的变化进行了分析，并引入经验正交函数（EOF）分析方法解析温度方向各向异性的时空变化特征，揭示了其中的动态变化模式。热辐射方向性是地表辐射传输过程的重要内容，其不仅影响地表能量收支，也影响着遥感方法获取地表温度的准确性。对其时间和空间规律的分析对地球系统科学研究和遥感地表温度产品的应用意义重大。时空特征分析结果表明，地表温度角度差异的主要变化规律可由第一主成分（PC1）表征，地表温度角度差异存在一般的变化模式，并呈现出余弦变化规律，其值域范围为−1.2~1.1℃，且方差贡献率超过60%，这表明该模态能够有效解释大部分温度角度效应的变化特征。此外，地表覆盖类型是影响温度角度差异的重要因素，高程、植被状况和地表温度水平与角度差异之间的统计学关系也表明它们之间存在显著相关性，这些因素的共同作用导致地表温度角度差异的最大变异可达1.5℃。但本书仍存在一些不足，如未分析热点效应以及未考虑人为影响等其他因素。本书通过对地表温度角度不确定性的时间和空间上的分析，能够为产品开发中的角度校正提供有价值的认识，并有望为提高地表温度产品的精度提供指导。

第5章 | 地表温度角度归一化的方法

5.1 光学和热红外遥感数据结合的桥梁

相对于光学数据，热红外遥感数据处理的难点之一在于数据量限制：①热红外数据相对于光学数据，本身观测数目少，且空间分辨率低；②地表温度的时间变化速度快，卫星观测只能反映瞬时的地面状况。因此，需要光学数据和热红外观测数据融合的方法进行数据的优化。

5.1.1 光学与热红外研究背景

地表温度是地表能量收支和地表-大气层间水循环的一个重要驱动变量。热红外遥感是全球尺度获取地表温度产品的重要数据来源，然而，除了地表温度水平，热红外遥感地表温度产品还受到传感器观测角度影响，这种角度依赖性将在地表蒸散发和上行长波辐射估算等应用中引入巨大不确定性。

基于理论推导的方式，研究人员提出了许多模型，包括辐射传输模型、几何光学模型以及这两种模型的混合模型。目前，这些模型在解释地表组分温度和发射率与遥感热红外信号之间关系方面发挥了重要作用。但是，由于以上正向模型需要输入参数过多、短时间内可以得到的观测数目不足，导致其在业务化的地表温度角度归一化方面难以直接使用。

核驱动模型可以用于地表温度的角度归一化。例如一个包括发射率核和太阳热点核的组合，解决了两个地球静止环境卫星（即 GOES-EAST 和 GOES-WEST）同时观测的角度归一化问题（Vinnikov et al., 2012）。随后，Vinnikov 核驱动模型进行了应用上的拓展，将极轨卫星和静止卫星结合（MODIS 和 SEVIRI）（Ermida et al. 2018a；Ermida et al. 2017）。可见光、近红外反射率模型也被直接或者修改拓展到热红外波段（Duffour et al., 2016b；Su et al., 2002）。尽管如此，热红外波段角度效应的研究仍旧不够成熟，主要难点在于角度效应的复杂性和可用的观测数据较少。然而，可见光、近红外波段数据的角度效应研究相对成熟。由于地表反射率与结构特征相关性强，其在短时间内变化较小，因此核驱动模型已被广泛用于光学数据研究和分析（Roujean et al., 1992）。光学和热红外辐射传输过程类似，遥感信号方向特征相近。红光波段的热点信息可以作为先验知识用于热红外波段，以减少对方向观测的需求。目前，已有成功的案例，Huang 等（2012）建立了光学和热红外数据的半经验模型，Liu 等（2012）结合光学数据从机载热红外多角度观测中分离出土壤和植被亮度温度。考虑到热辐射空间和时间变化复杂性和观测数目不足的矛盾，从光学获取信息量是个可行的方案。

本章节选择地表温度的角度效应研究光学和热红外数据间的联系。基于模拟数据和观测多角度数据进行模型和方法的验证和分析。其余主要内容如下：5.1.2 节描述了先前提出的半经验模型及其针对角度问题的修改；5.1.3 节描述了进行分析的模拟数据集和观测数据集；在5.1.4 节对新提出的模型进行了验证；5.1.5 节讨论了模型的局限性和未来的应用情况；5.1.6 节对本章进行了简短的总结。

5.1.2　光学和热红外数据间联系

1. 光学和热红外波段联系

虽然光学和热红外遥感信号可能差别很大，但这两个观测信号都对应着相同的地面目标，角度变化规律也有很强的相似性，提供了一个将热红外数据与光学数据联系起来的基础。热红外辐射和两个可见光、近红外计算的光谱变量之间存在如下回归关系（Liu et al.，2012）：

$$TR(\theta_v, \varphi_v) = \alpha \cdot VI(\theta_v, \varphi_v) + \beta \cdot BF(\theta_v, \varphi_v) + \gamma \qquad (5.1)$$

式中，θ_v 和 φ_v 分别为像元的观测天顶角和观测方位角；VI 和 BF 分别为植被指数和亮度因子；α、β 和 γ 为三个回归系数。在 Liu 等（2012）的研究中，植被指数是通过使用归一化植被指数（NDVI）来描述的。两个光谱变量可以计算如下：

$$VI(\theta_v, \varphi_v) = \frac{\rho_{NIR} - \rho_{red}}{\rho_{NIR} + \rho_{red}} \qquad (5.2)$$

$$BF(\theta_v, \varphi_v) = \frac{\rho_{NIR} + \rho_{red}}{2} \qquad (5.3)$$

式中，ρ_{red} 和 ρ_{NIR} 分别为红光和近红外波段的地表反射率。

2. 温度的角度效应

在热红外波段，传感器观测到的热辐射可以通过使用地表温度、普朗克函数和光谱响应函数来计算。在以往研究中，研究人员构建了一个二次多项式函数来近似估算机载传感器观测的转换关系。地表温度的角度效应被定义为地表方向温度和星下点温度之差（Lagouarde et al.，2010）；同样，本书的研究对光学数据的方向效应也进行了类似定义，为地表方向反射率和星下点反射率之差。为了模拟地表温度的方向效应，对已有的半经验模型进行了修改，直接用地表温度代替热红外辐射，方向温度和星下点温度的差值计算如下（以下简称 VT 模型）：

$$T_b(\theta_v, \varphi_v) - T_N = \alpha \cdot VI(\theta_v, \varphi_v) - \alpha \cdot VI_N + \beta \cdot BF(\theta_v, \varphi_v) - \beta \cdot BF_N \qquad (5.4)$$
$$\Delta T_b(\theta_v, \varphi_v) = \alpha \cdot \Delta VI(\theta_v, \varphi_v) + \beta \cdot \Delta BF(\theta_v, \varphi_v)$$

式中，T_b 为传感器观察到的方向温度；T_N 为传感器观测到的星下点方向温度；VI_N 和 BF_N 分别为星下点方向的植被指数和宽度因子；ΔT_b，ΔVI 和 ΔBF 分别为方向温度、植被指数和宽度因子与垂直方向对应值的差值。在计算角度效应时，偏移系数 γ 被消掉。关于植被指数和亮度系数的解释可参考（Liu et al.，2012）。

3. RL 和 Vinnikov 方法

除了新提出的方法，本书也选择了其他的两个参数化模型进行对比，即 RL 模型（Duffour et al.，2016b）和 Vinnikov（Vinnikov et al.，2012）模型。RL 模型原本是为反射率的各向异性提出的一个热点模型（Roujean 2000），后面被用于热红外波段，新的形式如下所示：

$$\Delta T_b(\theta_s,\theta_v,\varphi)=T_b(\theta_s,\theta_v,\varphi)-T_N=\Delta T_{HS}\cdot\frac{e^{-k\cdot f}-e^{-k\cdot f_N}}{1-e^{-k\cdot f_N}} \tag{5.5}$$

$$f=\sqrt{\tan^2\theta_s+\tan^2\theta_v-2\tan\theta_s\tan\theta_v\cos\varphi}$$

式中，ΔT_b 为温度的角度效应；θ_s 为太阳天顶角；φ 为太阳角和观测角之间的相对方位角；ΔT_{HS} 为观测热点时温度的各向异性，其控制着热点的幅度；f 为太阳方向和观测方向之间的角距离；f_N 为星下点角度下的角度距离；k 为一个热点调节系数，其与地表结构有关。Vinnikov 模型包括两个核函数，即一个"发射率内核"和一个"太阳内核"：

$$\frac{T_b(\theta_s,\theta_v,\varphi)}{T_N}=1+A\cdot\Phi(\theta_v)+D\cdot\Psi(\theta_s,\theta_v,\varphi) \tag{5.6}$$

$$\Phi(\theta_v)=1-\cos(\theta_v)$$

$$\Psi(\theta_s,\theta_v,\varphi)=\sin(\theta_v)\cdot\cos(\theta_s)\cdot\sin(\theta_s)\cdot\cos(\theta_s-\theta_v)\cdot\cos(\varphi)$$

式中，Φ 和 Ψ 分别为发射率核和太阳热点核，分别与观测天顶角各向异性和地表热点效应有关；A 和 D 为两个核系数；右边的第一个项起各向同性核的作用。对于温度的角度效应，RL 模型可以直接计算，而 Vinnikov 模型需要进行一定修改（Duffour et al.，2016b）：

$$\Delta T_b(\theta_s,\theta_v,\varphi)=T_b(\theta_s,\theta_v,\varphi)-T_N=T_N\cdot(A\cdot\Phi(\theta_v)+D\cdot\Psi(\theta_s,\theta_v,\varphi)) \tag{5.7}$$

在以往的研究中，RL 模型中的系数 k 和 Vinnikov 模型的系数 A 可以参数化计算，然而已有研究表明 RL 模型和 Vinnikov 模型采用双参数方法可以取得更好的结果。因此，本书通过使用两个系数来拟合和驱动模型。

5.1.3 研究区和数据

1. 模拟数据集

目前，同时配置光学波段和热红外波段的多角度观测的数据有限，因此本书也使用 SCOPE 模型模拟数据进行补充验证（van der Tol et al.，2009）。SCOPE 模型可以模拟不同观测角度下的冠层反射率和温度数据（Duffour et al.，2016a）。

本书通过改变树冠结构和气象参数，生成了一个包括不同情景的模拟数据集。树冠结构参数包括叶面积指数（0.5~5.0）；球形叶倾角分布；热点参数，其定义为叶片大小和植被冠层高度之间的比率（0.05~0.20）。叶子的光学波谱通过 PROSPECT 模型模拟，输入值如表 5.1 所示，土壤的波谱数据来自 ASTER 光谱库（Baldridge et al.，2009）。以中国东北地区大满超级站的测量数据作为模拟的气象驱动数据，其对应着一个玉米田块。气象参数包括：风速、空气温度、空气湿度、气压和下行的短波/长波辐射等，每 10min 采集 1

次（Xu et al., 2013）。入射辐射量和太阳天顶角都是地表温度角度效应的重要影响因素。因此，本书选择了一系列站点测量结果进行模拟，时间跨度为 9：30 ~ 17：30（北京时间，BST），以 1h 为间隔。气象驱动数据对应 2019 年第 215 天的站点测量。在 SCOPE 模型中，土壤和植被的干湿状况可以分别由土壤表面阻抗和植被光合作用强度来表示。本书通过土壤表面阻抗（rss）和植被光合作用强度（Vcmax）进行了以下几种进行区分：湿润（rss = 200，Vcmax = 125）、中等（rss = 1000，Vcmax = 75）和干旱（rss = 2000，Vcmax = 25）。产生的模拟数据集，共有 9×4×6×3 个情况用于后续验证（9 个时间节点、4 个热点参数、6 个叶片结构和 3 个含水状态）。有关模拟数据集的信息如表 5.1 所示。

表 5.1 用于模拟数据的模型输入

模型输入		值或范围
冠层结构	叶面积指数	0.5, 1.0, 1.5, 2.0, 3.0, 5.0
	叶倾角分布	spherical（$a=-0.35$；$b=-0.15$）
气象驱动	日期	215
	地点	大满超级站（100.372 20°E，38.855 58°N）
	太阳天顶角/（°）	[21.2, 55.8]
	观测天顶角/（°）	[0, 50]
	相对方位角/（°）	[0, 359]
	风速/（m/s）	2
	时间	9：30 ~ 17：30 步长为 1 小时
组分属性	叶绿素含量/（μg/cm²）	35
	干物质含量/（g/cm²）	0.01
	含水量（cm⁻¹）	0.015
	厚度系数	1.5
	叶片发射率（>3μm）	0.97
	土壤光谱	ASTER 光谱库
	土壤发射率（>3μm）	0.95
水分条件	最大植被光合作用强度/[μmol/（m²·s）]	25, 75, 125
	土壤表面阻抗/（s/m）	200, 1000, 2000

气象条件对地表温度水平具有显著影响。在模型数据集中，等效的下行太阳辐射范围为 530 ~ 968W/m²，太阳天顶角为 21.2° ~ 55.8°。尽管这些输入的气象参数对应于一天中的不同时间，但这些变量也能在一定程度上反映辐射的季节性变化特征。此外，在特定的气象条件下，表面温度分布还会受到植被叶片结构和干旱状况的影响（Duffour et al., 2016a）。图 5.1 显示了叶面积指数为 1.5 的植被冠层在不同时间和干旱状态下的光照和阴影组分的温度差异。随着植被光合作用强度的增加，光照叶片和阴影叶片之间的温差逐渐减小，这主要是由于植被蒸腾作用从光照叶片带走了部分热量。与此同时，随着表面阻抗的增加，热传导能力下降，导致光照土壤与阴影土壤之间的温度差异进一步增大。在北京

时间为9：30～12：30时，光照土壤和阴影土壤之间的温度差异显著增加。然而，叶片之间的温差却呈现减少趋势，这是由于光照增强迫使叶片气孔打开，从而加强了蒸腾作用。

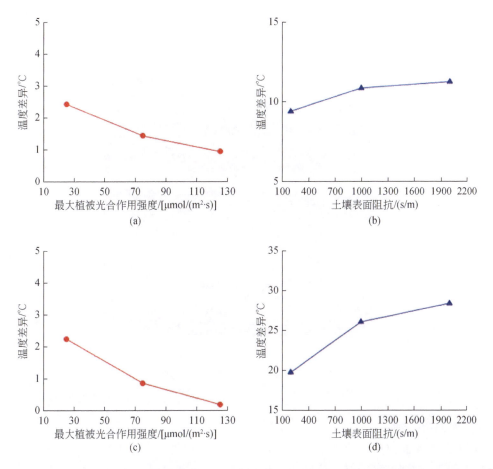

图5.1　在叶面积指数为1.5的植被冠层上，在不同时间和水分状态下，光照和阴影组分之间的温差
（a）和（b）为北京时间9：30结果，（c）和（d）为北京时间12：30结果；（a）和（c）为叶片温差，
（b）和（d）为土壤间的温差

冠层反射率可以在 SCOPE 模型中直接模拟，选择 665μm 和 865μm 波段的反射率值，分别代表红光和近红外光谱范围。在热红外波段，计算了 10.5μm 波段的方向性温度。其中，叶片和土壤的发射率分别设置为 0.97 和 0.95。对于模拟数据集中生成的每个案例，均模拟了整个半球空间的遥感观测结果。

2. 试验数据集

本书还利用 WIDAS 的测量数据集对所提出的半经验模型进行了验证。验证所用的数据集来源于 HiWATER（Li X et al., 2013）。

1）研究区

黑河流域联合遥测实验研究是在黑河流域进行的流域规模的生态水文实验。研究数据采集于黑河中游，其位于甘肃省，是该项目的三个关键实验区之一。所选的数据集获得于

2012 年 8 月 3 日。机载观测区覆盖了 HiWATER 的关键实验区，且在实验过程中进行了多次地面同步实验。以人工绿洲作为研究区，其高程为 1556m，位于张掖市附近，如图 5.2 所示。在实验区实验期间，玉米是主要的植被类型。通过 LAI-2000 测量的叶面积指数平均值为 3.4。

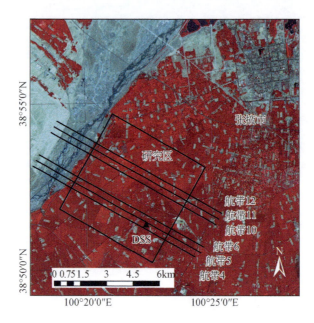

图 5.2　张掖市中游绿洲机载实验观测区

背景为 2012 年 7 月 12 日 ASTER 光学数据假彩色合成

2）WIDAS 数据

WIDAS 传感器包括一台热像仪（FLIR A655sc）和两台光学相机（Quest Condor-1000 MS5），飞机飞过研究区域时，这些相机可以同步采集热红外和光学图像，波长范围包括可见光（400～500μm、500～590μm、590～670μm 和 670～850μm）、近红外（850～1000μm）和热红外（7.5～14.0μm）波段。

在热红外波段，通过倾角为 12° 的广角镜头（68°×54°），可以获得较大的观测天顶角。由于光学相机的视场角（FOV）较窄（32°×24°），两个相机一起使用，其前倾角分别为 14° 和 44°，协同后的观测天顶角可达 60°。光学相机和热像仪的观测角度范围如图 5.3 所示，其中黑色点代表使用热像仪的视场，蓝点和绿点分别代表 14° 和 44° 倾角光学相机的视场。只有热像仪和光学相机重叠区域可以用于模型的验证，该范围大约是在平行飞行方向天顶角 46° 和垂直飞行方向天顶角 12°。在飞行过程中使用了定位定向系统（POS），因此在观测期间设备运行环境相对稳定。热红外和光学相机测量得到的图像分辨率分别为 640×480 和 1280×1024。在 2012 年 8 月 3 日的飞行试验，飞机与地面的相对位置约为 1100m，因此光学和热红外数据的空间分辨率分别为 0.48m 和 2.10m。

试验完成后，对每张图像进行了数据预处理，包括辐射度校准、几何校正和大气校正（Liu et al.，2010）。热像仪使用黑体作为参考进行了辐射定标，黑体温度值为 6.85～

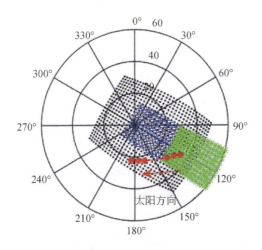

图 5.3 光学和热像仪相机的观测范围

黑色表示热像仪观测，蓝色和绿色分别表示两个不同倾角的光学相机，红色圆点表示太阳角度

71.85℃，步长为 5.00℃，使用二次多项式函数进行了定标，定标的精度约为 0.23℃。飞行期间通过气球同步获取了大气廓线，使用中等分辨率大气辐射传输模型（MODTRAN）进行了大气校正。经过几何校正和重采样，光学波段的空间分辨率为 0.5m，红外波段的分辨率为 5.0m。

3）多角度数据集

本书选择了六条航带（航带 12～航带 10 和航带 6～航带 4）进行分析，其对应着北京时间 11：26～12：03 和 13：00～13：37 两个时间段。当地时间比北京时间晚了大约 100min。航带 12～航带 10 的观测角度范围覆盖了太阳角度。每条轨道的观测时间都小于 3min，因此假设每条轨道上的所有观测都没有时间变化影响。图像上的建筑和人造地物被去掉，研究区域被认为是一个均匀的玉米种植区。然后，采用一个累计的方法，从光学和近红外图像中提取多角度信息，如式（5.8）和式（5.9）所示（Lagouarde et al., 2004）。在热红外波段，对应于某一观测角度的结果通过对该角度下的所有观测进行平均得到：

$$\Delta T_b(\theta_v, \varphi_v) = \sqrt[4]{\frac{1}{n}\sum_{j}^{n} T_{b,j}^4(\theta_v, \varphi_v)} - \sqrt[4]{\frac{1}{n}\sum_{j=1}^{n} T_{N,j}^4} \tag{5.8}$$

$$\rho(\theta_v, \varphi_v) = \frac{1}{n}\sum \rho_j(\theta_v, \varphi_v) \tag{5.9}$$

式中，下标 j 为图像编号；n 为相同角度下像元数量；ΔT_b 为温度角度效应结果；T_b 和 T_N 分别为逐个图像倾斜和星下点观测；ρ 为光学反射率结果；ρ_j 为逐个图像的光学反射率结果。在本书中，多角度信息以 1°方位角和天顶角为步长进行存储。不同航带的观测信息如表 5.2 所示。图 5.4 展示了两个航带的观测结果（即航带 10 和航带 4），这两个航带分别代表观测角度包含和不包含太阳角度的情况。在航带 10 的极坐标图中，可以观察到三个波段所有的热点效应。在航带 4 的极坐标图中，太阳的位置不在观测区域内，但热点效应仍然显著影响了温度角度效应。

表 5.2　2012 年 8 月 3 日不同飞行航带的信息

航带	时间	太阳天顶角/(°)	太阳方位角/(°)	气温/℃	风速/(m/s)
航带 12	11：26～11：29	34.4	122.8	26.58	1.81
航带 11	11：43～11：47	31.5	128.5	27.0	1.68
航带 10	12：00～12：03	29.2	135.2	27.38	1.69
航带 6	13：00～13：03	23.4	142.6	28.82	1.61
航带 5	13：17～13：20	22.8	174.3	29.05	1.60
航带 4	13：34～13：37	22.8	185.7	29.60	1.55

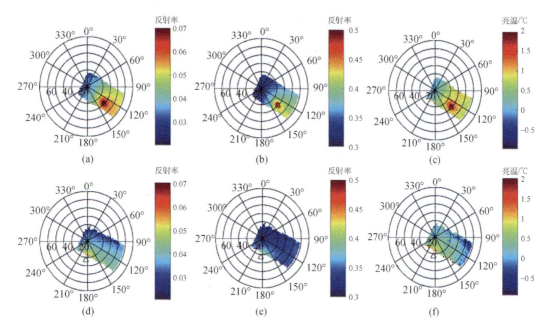

图 5.4　机载红光、近红外反射率和热红外温度的极坐标图

（a）～（c）为航带 10 观测结果，（d）～（f）为航带 4 观测结果；（a）和（d）为红光（red），
（b）和（e）为近红外（NIR），（c）和（f）为方向与垂直亮温差（ΔT_b）

5.1.4　VT 模型的验证结果

1. 基于模拟数据的验证

1）模型拟合

基于模拟数据集的分析，首先是利用 SCOPE 模型模拟数据对模型系数进行拟合。在这里选择了所有的观测角度，即 $0° \leqslant \theta_v \leqslant 50°$ 和 $0° \leqslant \varphi \leqslant 360°$，拟合过程是通过使用 MATLAB 优化工具箱中的自动优化程序 "fminsearch" 进行的。

图 5.5 显示了在叶面积指数为 1.5、热点参数为 0.1 的植被冠层中植被指数和亮度因

子极坐标图、SCOPE 模型模拟和 VT 模型拟合的温度角度效应极坐标图。这些模拟结果对应北京时间 13：30，光照土壤、阴影土壤、光照叶片和阴影叶片的温度分别为 51.51℃、24.23℃、29.65℃和 28.95℃。基于 SCOPE 模型模拟的红光和近红外反射率，分别计算了植被指数和亮度因子。亮度因子随着观测角和太阳角之间空间角度距离的增大而减少，表明阳光照射部分的面积比例减少。由于阳光照射区的温度高于阴影区，因此理论上系数 β 是正的。同时，植被指数随着观测天顶角的增加而增加，这与传感器视场中植被比例的增加相一致。图 5.5（c）和图 5.5（d）分别展示了 SCOPE 模型模拟的和 VT 模型拟合的温度角度效应。系数 α 和 β 在模型中是未知数，因此通过用 SCOPE 模型模拟的数据对其进行拟合，得到该场景中的值分别为−21.42 和 36.74。植被指数和亮度因子的角度效应共同影响温度的结果，影响程度由系数 α 和 β 控制。通过比较 SCOPE 模型模拟结果与 VT 模型拟合结果，可以发现两者的角度效应具有相似性。然而，与 SCOPE 模型模拟的结果相比，VT 模型拟合结果在热点领域（相位角<5°）和大观测天顶角时存在轻微的低估现象。

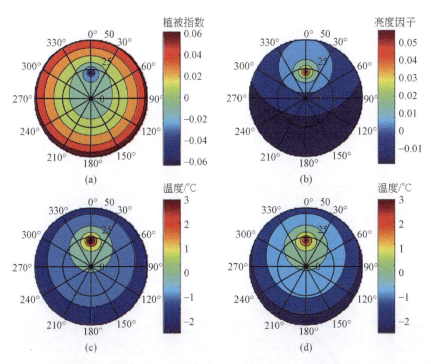

图 5.5　植被指数、亮度因子、SCOPE 模型模拟结果和 VT 模型拟合结果的极坐标图
（a）为植被指数，（b）为亮度因子，（c）为 SCOPE 角度效应，（d）为 VT 角度效应

2）验证结果

方向温度和星下点方向温度之间的均方根误差反映了数据各向异性的程度。与以前的偏差相比，星下点方向温度与归一化后温度之间的差异可以用于评估 VT 模型对温度的角度归一化的能力。由于 VT 模型直接计算了角度效应，后者实际上等同于 SCOPE 模型模拟的角度效应和 VT 拟合结果之间的差异。为了明确它们的区别，前者的误差定义为原始误差，而后者的误差则表示为模型的性能误差。

　　SCOPE 模型模拟的角度效应和 VT 模型的拟合结果的比较如图 5.6 所示。对于包含所有观测角度的数据集，均方根误差和决定系数分别为 0.08℃ 和 0.97。该观测数据集的原始误差为 0.52℃，模型的性能误差远小于数据的原始误差，表明 VT 模型在拟合角度误差方面性能稳定。VT 模型拟合的结果在热点附近出现了轻微的低估。如图 5.5 所示，温度的角度效应与观测角度密切相关，因此在图 5.6 中将数据分为三个部分，即小观测天顶角区域、大观测天顶角区域和热点区域，以便进一步分析，分别如图 5.6（b）～图 5.6（d）所示。在小的观测天顶角范围，尽管角度效应较小，但拟合均方根误差也更小，仅为 0.03℃。大的观测角度区域受到热点效应显著影响，数据原始误差为 0.65℃，而 VT 模型的拟合数据的均方根误差为 0.10℃。对于热点区域，尽管许多点被低估了，VT 模型的拟合均方根误差达到 0.60℃，但由于原始数据的原有角度误差为 2.12℃，VT 模型在拟合角度效应方面的表现仍然可以被认为是可以的。VT 模型拟合结果出现低估的原因可能是用于拟合热点效应的数据相对较少，代表性不足。

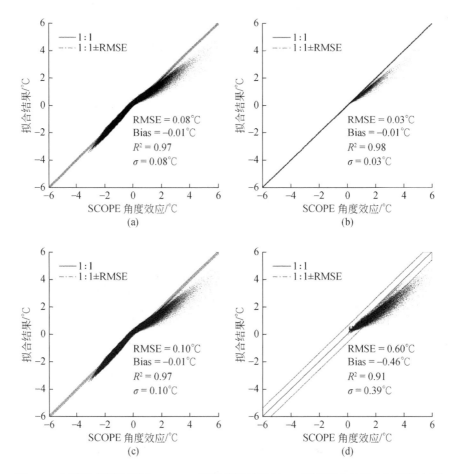

图 5.6　在不同观测角度下，SCOPE 模型模拟结果和 VT 模型拟合结果之间的散点图

（a）表示全视角，（b）和（c）分别表示低观测天顶角低值和高值区域，（d）表示热点区域；（a）、（b）、（c）和（d）中原始误差分别为 0.52℃、0.22℃、0.65℃ 和 2.12℃

　　图5.7（a）展示了基于生成的模拟数据集的所有案例在不同叶面积指数下VT模型的表现。随着叶面积指数的增加，VT模型的均方根误差呈现先增加后减少的趋势，这主要是因为温度的角度效应随植被指数的增大先增强后减弱，与之前研究角度效应指数的分析一致（Duffour et al.，2016a）。图5.7（b）展示了不同热点系数 q 值下VT模型的表现。热点参数与热点特征有关，即 $q = 0.05$ 热点宽度比 $q = 0.10$ 时要窄（Duffour et al.，2016b）。VT模型的均方根误差随着热点参数的增加略有增加。

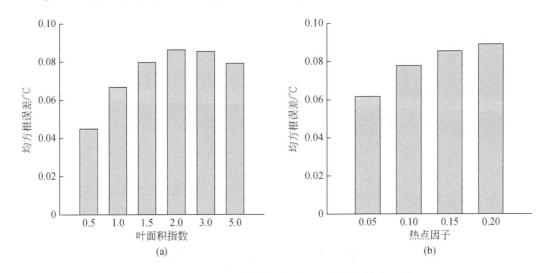

图5.7　不同叶面积指数和热点因子模型的精度表现
（a）为叶面积指数，（b）为热点因子模型

3）模型系数

　　VT模型可以被看作是一个半经验模型，其难以使用严格的数学公式证明，但是可以简要地进行机制论证。在许多模型中，当在不考虑多次散射和大气效应的情况下，地表热辐射可被视为地物各组分贡献的线性组合（Verhoef et al.，2007）。各组分的贡献与它们在传感器视场中的可见比例紧密相关。在VT框架中，植被指数对应了植被的可见比例，亮度因子表明与太阳位置的角度距离，即热点效应的变化幅度。因此，模型系数 α 和 β 可以被认为是土壤和植被之间的平均温差以及阳光和阴影部分之间的温差的函数。

　　本节对拟合的模型系数与组分的温度差异进行了分析，如图5.8所示。图5.8（a）考察了模型系数 α 与土壤和植被平均温差之间的关系。随着叶面积指数的增加，土壤-植被平均温差减少。当叶面积指数大于3.0时，对于大多数情况，土壤的平均温度低于植被的平均温度。土壤的温度是光照和阴影土壤温度的平均，当叶面积指数增大时，土壤被遮挡的概率增大，土壤等效温度会与阴影部分更接近。在SCOPE模型中，地表温度随着气象参数、热点参数、干旱状态等的变化而变化。然而，无论气象条件、热点参数和干旱状态如何变化，都可以发现 α 值与土壤-植被平均温差存在明显的线性关系。α 值随着土壤-植被平均温差的增加而减少，决定系数为0.84。图5.8（b）显示了模型系数 β 与日照和阴影部分的温度差异的关系。光照-阴影温差（ΔT_{sunlit}）通过使用植被和土壤的光照和阴影间温差进行加权得到，如式（5.10）所示：

$$\Delta T_{sunlit} = \tau_{sun} \cdot (T_{ss} - T_{sh}) + (1 - \tau_{sun}) \cdot (T_{vs} - T_{vh}) \tag{5.10}$$

式中，T_{ss}、T_{sh}、T_{vs} 和 T_{vh} 分别为光照和阴影土壤的温度以及光照和阴影下植被的温度；τ_{sun} 为在太阳角度下的冠层透射率。决定系数较高（0.87），表明模型系数 β 可以反映因热点效应而产生的温差。根据上述分析，模型系数中隐含对应着组分温度引起的角度效应变化。

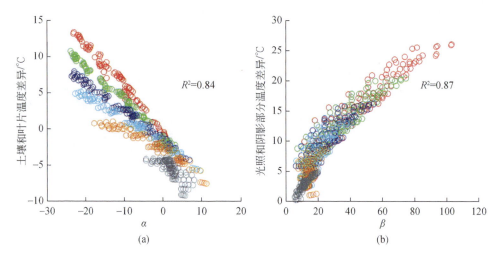

图 5.8　组分温度差异与模型系数关系

（a）土壤和叶片温度差异与模型系数 α 的关系，（b）光照和阴影部分温度差异与模型系数 β 的关系

2. 基于观测数据的验证

在该验证中，模型系数是通过各个航带观测数据拟合而来。图 5.9 展示了观测结果与拟合结果之间的散点图。航带 12～航带 10 对应的观测角度涵盖太阳角度，因此温度差异大多大于 0℃，最大值接近 2℃。航带 6～航带 4 对应的观测角度远离太阳角度，因此相应的角度效应较低。通过对航带 12～航带 10 与航带 6～航带 4 角度效应的对比，可以发现太阳加热效应对温度的角度效应影响较大。VT 模型的均方根误差较低（<0.31℃），表明该模型可以充分地描述地表温度的角度效应。尽管如此，图 5.9（f）分别在负值区域和正值区域出现了轻微的高估和低估现象。与航带 12～航带 10 相比，航带 6～航带 4 结果的决定系数较低，这可以通过数据变化范围小来解释，航带 6～航带 4 中的温度变化范围较窄，尤其是航带 4。航带 12～航带 10 和航带 6～航带 4 的原始误差分别为 0.58℃、0.61℃、0.57℃、0.47℃、0.38℃ 和 0.35℃。通过对比原始误差和 VT 模型的模拟误差可以发现，VT 模型可以有效地减小角度误差。

由于当观测天顶角低时，温度的角度效应较小，VT 模型的校正效果不明显。因此，本书提取了航带 12～航带 10 中太阳主平面上的结果，以展示观测和拟合的角度效应，如图 5.10 所示。在航带 12～航带 10 中原始误差分别为 1.10℃、1.10℃ 和 0.99℃，表现出较大的不确定性。在这三个航带中，VT 模型的拟合误差均小于 0.20℃，表明 VT 模型能够显著减少温度的角度效应，校正幅度接近 0.80℃，效果显著。

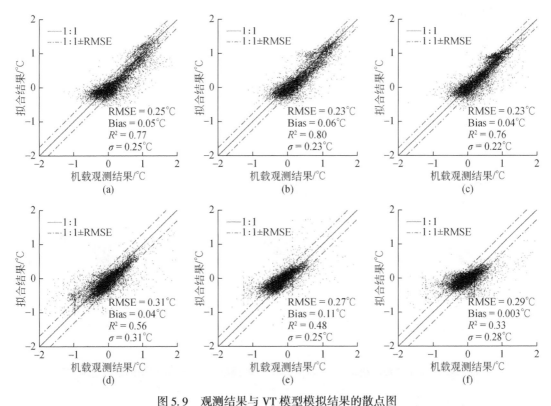

图 5.9　观测结果与 VT 模型模拟结果的散点图

（a）~（f）分别为航带 12、航带 11、航带 10、航带 6、航带 5 和航带 4 的模型拟合结果

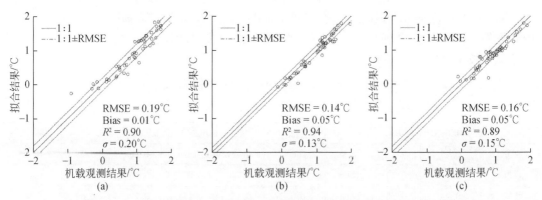

图 5.10　航带 12 ~ 航带 10 的太阳主平面中测量结果和 VT 拟合结果之间的散点图

（a）~（c）分别为航带 12 ~ 航带 10 的结果

5.1.5　针对模型和验证的讨论

1. 与已有模型的对比

图 5.11 展示了 SCOPE 模型模拟结果与三种模型（VT 模型、RL 模型和 Vinnikov 模

型）拟合结果的对比。从误差分析来看，VT 模型的均方根误差为 0.08℃，而 RL 模型和 Vinnikov 模型的均方根误差相对较高，分别为 0.16℃ 和 0.24℃。此外，VT 模型的决定系数（R^2）为 0.97，明显优于 RL 模型（0.89）和 Vinnikov 模型（0.77）。尽管这些模型验证结果之间的差异较小，但从图 5.11 可以看出，RL 模型和 Vinnikov 模型在角度效应的拟合上表现较差，尤其是在高角度效应区域。例如，如图 5.11（b）所示，RL 模型显著低估了高角度效应的值。进一步分析表明，这些拟合差异较大的数据主要集中于热点区域。RL 模型的验证结果略优于 Vinnikov 模型，但仍无法与 VT 模型的精度相媲美。

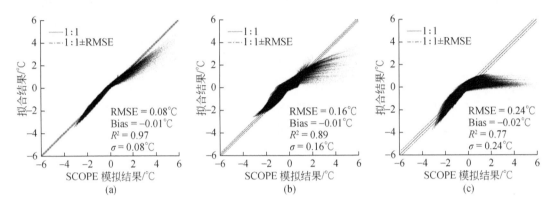

图 5.11 基于 SCOPE 模型模拟结果，VT 模型、RL 模型和 Vinnikov 模型的模拟结果散点图

RL 模型和 Vinnikov 模型也通过机载测量数据进行了验证。三个模型验证结果的统计信息如表 5.3 所示。对于所有航带，VT 模型的表现优于 RL 模型和 Vinnikov 模型，而 Vinnikov 模型略优于 RL 模型。RL 模型和 Vinnikov 模型在航带 12～航带 10 的太阳主平面内数据的验证如图 5.12 所示。与 RL 模型和 Vinnikov 模型相比，VT 模型对太阳主平面数据的拟合效果更好。

表 5.3 所选三个模型基于机载测量数据的验证结果

航带	VT 模型			RL 模型			Vinnikov 模型		
	RMSE/℃	R^2	Bias/℃	RMSE/℃	R^2	Bias/℃	RMSE/℃	R^2	Bias/℃
航带 12	0.25	0.77	0.05	0.26	0.75	−0.02	0.25	0.78	−0.05
航带 11	0.23	0.80	0.06	0.27	0.71	0.05	0.26	0.73	0.05
航带 10	0.23	0.76	0.04	0.32	0.58	0.11	0.27	0.67	0.06
航带 6	0.31	0.56	0.04	0.39	0.33	−0.06	0.38	0.34	−0.05
航带 5	0.27	0.48	0.11	0.32	0.30	−0.15	0.31	0.33	−0.13
航带 4	0.29	0.33	0.003	0.28	0.36	−0.01	0.28	0.34	0.01

2. 不同时刻的表现

考虑到地表温度及其角度效应会受到入射辐射、太阳天顶角和气象条件影响，本书提出了一个具有动态模型系数的 VT 模型。然而，在实际应用中，不同时间的多角度观

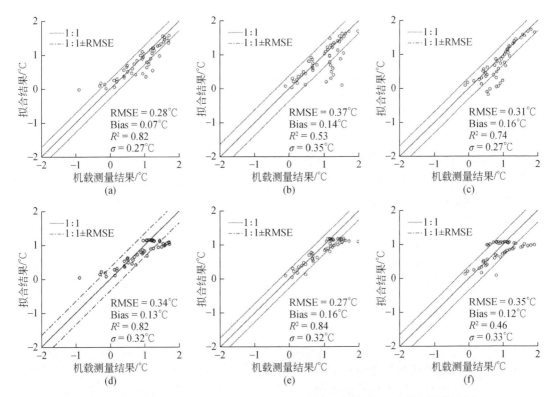

图 5.12 RL 模型和 Vinnikov 模型在热点区域的模拟结果与拟合结果的散点图
（a）~（c）为 RL 模型，（d）~（f）为 Vinnikov 模型；（a）和（c）为航带 12 结果，
（b）和（e）为航带 11 结果，（c）和（f）为航带 10 结果

测数据更容易从星载传感器中获得，因此也采用特定时期的模拟和观测数据对 VT 模型进行了验证。在这次验证中，不同时间的 SCOPE 模型模拟数据被用于训练，以拟合模型系数。13：30 的观测数据被用于验证，结果如表 5.4 所示。随着训练数据时间跨度的增加，VT 模型拟合结果的均方根误差也在增加。根据误差情况，只有在观测时间超过 2h 时才能出现较大影响。尽管这一结果需要进一步验证，但它为 VT 模型的应用提供了参考。此外，使用机载测量数据的验证也得出了类似的结论。通过整合来自六个航带的数据拟合系数，并对其进行验证，结果也是可行的，均方根误差约为 0.28℃。虽然模型系数与各组分之间的温差有关，但 VT 模型可以通过一对"有效"的模型系数来适用于短时期内的观测数据。

表 5.4 基于机载不同时间段的模型评估结果

序号	训练数据	验证数据	VT 模型		RL 模型		Vinnikov 模型	
			RMSE/℃	R^2	RMSE/℃	R^2	RMSE/℃	R^2
1	13：30	13：30	0.11	0.98	0.18	0.93	0.35	0.77
2	12：30 ~ 14：30		0.11	0.98	0.19	0.93	0.35	0.76
3	11：30 ~ 15：30		0.14	0.97	0.20	0.92	0.39	0.74

3. 不足与发展

在本书中，地表热辐射被直接替换为地表温度，这可能导致模拟结果出现偏差。在本节中，同样对原有的模型进行了验证，并将原始模型的结果转换为温度以便比较。原始半经验模型的均方根误差为 0.080℃，与 VT 模型的均方根误差差异极小（ΔRMSE < 0.005℃）。然而，由于考虑到将温度转换为热辐射时的计算成本，这个级别模拟精度的变化是可以接受的。使用模拟和机载数据集的验证结果表明，所提出的 VT 模型可用于模拟热红外数据的角度效应。尽管如此，该模型仍然存在一些不足：

（1）RL 模型在植被区和有建筑物的地区都能很好地工作，Vinnikov 模型已被用于校正卫星数据的角度效应。然而，VT 模型目前只适用于模拟植被区，没有考虑土壤的方向性特征，导致这个模型不能用于裸土或叶面积指数值很低的地区。当然，这一限制可以通过在 VT 模型中引入方向性发射率模型来解决。

（2）在 VT 模型框架中，组分的温度分布由光学数据表达，而热辐射具有热惯性效应，光学数据不能捕捉这种现象。目前，虽然多次散射效应已经用于光学核驱动模型，但 VT 模型只考虑了组分的温度差异。此外，植被指数的设计是为了用观测天顶角表征植被的可见部分变化，但仍然受热点效应的影响。

（3）与 Vinnikov 模型相比，VT 模型的应用相对不足，这是由于其系数是变化的。从实际应用来看，模型系数不变更具实用性。因此，未来需要进行进一步的研究，以满足卫星使用需要。为了尽量减少拟合的不确定性，可以选择 3 像素×3 像素或 5 像素×5 像素的邻域来增加方程组的稳健性。

（4）VT 模型的另一个潜在用途是用于无人机系统观测数据。在有同步的光学数据的情况下，由于有足够的多角度光学和热红外观测数据，VT 模型可以帮助归一化方向性的温度。当无人机经过一个感兴趣的区域时，能够从一系列连续的图像中获得大面积的重叠区域，这些区域可以用来拟合模型系数。与许多物理模型相比，由于 VT 模型的结构输入很少，而且很简单，更适合实际应用。

5.1.6 小结

构建地表组分（尤其是植被冠层）与遥感信号之间的关系是解决反演问题的一个前提。正如本书所证明的那样，要得到准确的地表温度，其角度各向异性需要解决。然而，由于在短时间内卫星热红外观测稀疏，大多数现有模型难以满足实际应用的需求。研究表明，光学数据可以为获得地表结构信息和拟合地表温度的角度效应提供帮助。因此，在光学和热红外数据之间提出了一个简单的半经验方程，其中两个光谱变量，即植被指数和亮度因子，分别用于表征植被影响和热点效应。通过对测量和模拟数据集进行验证，得出以下结论。

（1）基于生成的模拟数据集，所提出的半经验模型充分模拟了温度的角度效应，均方根误差为 0.08℃。对于热点区域（相位角<5°），其拟合结果的均方根误差为 0.60℃。

（2）基于机载数据进行的验证结果显示，VT 模型也可以充分模拟了温度角度效应，均方根误差小于 0.31℃。对于太阳主平面的数据，拟合结果的均方根误差略大（<0.20℃），但也明显低于原有的角度效应误差（≥0.99℃）。

与原始误差相比，拟合结果的均方根误差较低，这表明所提出的模型可用于角度归一化。相对于仅使用热红外数据的 RL 模型和 Vinnikov 模型，VT 模型由于其精确性和简单性，成为热红外数据角度归一化的一个好选择。此外，VT 模型还可以成为无人机系统高分辨率数据处理的潜在工具。

5.2　核驱动与日变化模型结合的桥梁

5.2.1　温度的日变化背景

地表温度的重要性已被反复强调，相比于时间分辨率较低的极轨卫星，静止卫星可以提供更高时间分辨率的连续观测数据。针对受气象条件和环境因素影响显著的温度变化，静止卫星的地表温度产品在实际应用中更具价值，在森林火灾监测、天气预报和气候变化分析等领域应用广泛。然而，要想充分地利用该温度产品，热辐射的方向性问题仍需要解决。需要注意的是，与极轨卫星不同，静止卫星的观测角度是恒定的，但是太阳角度会随时间变化。太阳角度变化也会引起地表温度的显著变化，如果忽略其影响，反演的温度结果的不确定性通常可达 3.0℃。（Lagouarde and Irvine，2008）

目前，消除方向性影响来提高温度产品精度的措施，大体上是沿袭了可见光和近红外核驱动参数化模型的方法，或对其进行了适当改造。例如，调整光学核驱动以响应植被和土壤温度差异的影响（Su et al.，2002）；考虑发射率的方向性效应，并利用两颗静止卫星的协同观测进行了角度归一化（Ermida et al.，2017）；通过引入由光学反射率计算的结构变量，提出了一种简单的半经验角度归一化方法。此外，也有研究考虑了建筑形状参数的核函数，以模拟城市地表的热辐射方向性（Wang et al.，2022）。现有的研究在更好地刻画热辐射方向特征方面取得了进展。

尽管核驱动参数化建模取得了相当大的进展，但是相对于刻画温度的角度效应，如何更好地将现有模型利用起来尤为重要。这主要是由于热红外核驱动模型的系数不仅与地表结构相关，还受温度状态的影响，特别是其与组分温度差异息息相关。此时，热红外观测拟合出的核函数系数是动态变化的，拟合过程成为一个欠定问题。为了解决这个问题，需要引入一个描述温度变化关系的函数，现有的解决方案有：引入日变化模型，建立地表气象因素与核函数系数的经验关系。对于温度的动态模拟，一些研究对现有的温度日变化参数化方法进行了一些改进，提高了模拟精度（Duan et al.，2014；Duan et al.，2013）。此外，温度的角度和时间变化通常是耦合在一起的。有的研究引入一个日变化模型来刻画组分温度的时间变化，并将组分温度聚类到像元尺度进行分析（Quan et al.，2018）。另外，也可以采用基于温度日变化的方法，利用温度的方向性和时间性变化来刻画温度变化，并反演组分温度（Liu et al.，2020）。尽管如此，由于缺乏地表结构信息，反演过程不够稳健。在这方面，引入光学数据有助于刻画热红外数据的变化规律，与其反演详细的组分温度信息相比，反演温度差异信息的会更简单和可行。

本章节旨在在原有光学–热红外模型的基础上，提出一种耦合方法，通过结合核驱动模型和温度日变化模型，分别重建温度的角度和时间性变化。重建温度的目的是通过结合地球静止卫星和极轨卫星，来获取星下点方向时间分辨率为半小时的星下点方向温度结果。对所提方法的验证使用了由土壤–植被–大气传输（SVAT）模型 SCOPE 模型生成的模拟数据集和静止–极轨卫星组成的观测数据集。本章节其余组织结构如下：5.2.2 节描述了研究中使用的模拟数据集和观测数据集；5.2.3 节描述了新提出的耦合方法；5.2.4 节介绍了温度重建结果和对所提出方法的验证；5.2.5 节讨论了集成方法在高分辨率卫星数据的潜在应用；5.2.6 节对本节进行了总结，强调了主要的成果。

5.2.2 温度时间和角度重建方法

1. 温度的重建框架

本书主要关注半小时采样间隔、1km 空间分辨率下的地表温度。通过结合核驱动和温度日变化（VT-KDTC）模型分别模拟地表温度的角度和时间变化的方法，具体的公式如下：

$$T(\theta_v,\theta_s,\varphi_v,t) = f_{VI}(t) \cdot VI(\theta_v,\varphi_v) + f_{BF}(t) \cdot BF(\theta_v,\theta_s,\varphi_v) + f_{iso,t}(t) \tag{5.11}$$

$$VI(\theta_v,\varphi_v) = \frac{\rho_{NIR} - \rho_{red}}{\rho_{NIR} + \rho_{red}} \tag{5.12}$$

$$BF(\theta_v,\varphi_v) = \frac{\rho_{NIR} + \rho_{red}}{2} \tag{5.13}$$

式中，T 为遥感反演的地表温度；VI 和 BF 分别为由式（5.12）和式（5.13）计算的植被指数和亮度因子；f_{VI} 和 f_{BF} 为模型的核系数，分别对应着土壤和植被之间以及光照和阴影间的温度差异；θ_v、θ_s 和 φ_v 分别为观测天顶角、太阳天顶角和观测–太阳相对方位角；t 为当地时间；ρ_{red} 和 ρ_{NIR} 分别为红光和近红外反射率。根据式（5.11），温度的变化被分解为时间和角度两部分。前者，即 $f_{VI}(t)$、$f_{BF}(t)$ 和 $f_{iso,t}(t)$，t 为与地表热状况相关的核系数，其受气象驱动因素变化的影响，在时间尺度上是动态的，可以通过温度日变化模型模拟。后者，即 VI 和 BF，假定在短时间内是恒定的，但会随着观测和太阳的角度变化而变化，其方向各向异性可由核驱动参数化模型模拟。

2. 光学的核驱动模型

在 VT-KDTC 模型方法中，温度的各向异性没有直接用核驱动模型进行拟合，而是引入植被指数和亮度因子作为桥梁，通过红光和近红外反射率来计算。这里选取 RossThick-LiSparseReciprocal 的 MODIS 核函数组合来拟合光学反射率的方向特征，具体如下（Schaaf et al.，2002）：

$$\rho(\theta_i,\theta_v,\varphi) = f_{viso} + f_{geo}(\lambda) \cdot K_{geo}(\theta_i,\theta_v,\varphi) + f_{vol}(\lambda) \cdot K_{vol}(\theta_i,\theta_v,\varphi) \tag{5.14}$$

$$K_{vol}(\theta_s,\theta_v,\varphi)=\frac{\left(\frac{\pi}{2}-\xi\right)\cos\xi+\sin\xi}{\cos\theta_s+\cos\theta_v}-\frac{\pi}{4} \tag{5.15}$$

$$K_{geo}(\theta_s,\theta_v,\varphi)=\frac{(1+\cos\xi')\sec\theta_v'\sec\theta_s'}{\sec\theta_s'+\sec\theta_v'-O(\theta_s',\theta_v')}-2 \tag{5.16}$$

$$O(\theta_s',\theta_v',t)=\frac{1}{\pi}(t-\sin t\cdot\cos t)(\sec\theta_s'+\sec\theta_v') \tag{5.17}$$

$$\cos t=\frac{h}{b}\cdot\frac{\sqrt{D^2+(\tan\theta_s'\tan\theta_v'\sin\Delta\varphi)^2}}{\sec\theta_s'+\sec\theta_v'} \tag{5.18}$$

$$D=\sqrt{\tan^2\theta_s'+\tan^2\theta_v'-2\tan\theta_s'\tan\theta_v'\cos\Delta\varphi} \tag{5.19}$$

$$\cos\xi'=\cos\theta_s'\cos\theta_v'+\sin\theta_s'\sin\theta_v'\cos\Delta\varphi \tag{5.20}$$

$$\theta_s'=\tan^{-1}\left(\frac{b}{r}\tan\theta_s\right) \tag{5.21}$$

$$\theta_v'=\tan^{-1}\left(\frac{b}{r}\tan\theta_v\right) \tag{5.22}$$

$$\Delta\varphi=\varphi_s-\varphi_v \tag{5.23}$$

式中，$K_{geo}(\theta_i,\theta_v,\varphi)$ 和 $K_{vol}(\theta_i,\theta_v,\varphi)$ 分别为热点效应和体积散射效应的核函数；$f_{geo}(\lambda)$ 和 $f_{vol}(\lambda)$ 分别为它们的拟合系数；f_{viso} 为光学反射率的各向同性核系数；θ_s、θ_v 和 φ 分别为太阳和观测方向的天顶角以及两者的相对方位角；h 和 b 分别为冠层等效高度和叶片尺度；φ_s 和 φ_v 分别为太阳和观测方向的方位角。当得到红光和近红外反射率，就可以计算植被指数和亮度系数。在这个过程中，每个波段有三个角度的未知数/系数，即（f_{geo}、f_{vol} 和 f_{viso}）。

3. 热红外温度日变化模型

VT-KDTC 的模型参数化系数，即 $f_{VI}(t)$、$f_{BF}(t)$ 和 $f_{iso,t}(t)$，通过使用温度日变化模型进行参数化，具体如下（Duan et al.，2013）：

$$f_{VI}(t)=T_{0,vi}+T_{a,vi}\cdot\cos\left(\frac{\pi}{\omega}\cdot(t-t_m)\right) \tag{5.24}$$

$$f_{BF}(t)=T_{0,bf}+T_{a,bf}\cdot\cos\left(\frac{\pi}{\omega}\cdot(t-t_m)\right) \tag{5.25}$$

$$f_{iso,t}(t)=T_{0,iso}+T_{a,iso}\cdot\cos\left(\frac{\pi}{\omega}\cdot(t-t_m)\right) \tag{5.26}$$

$$\omega=4/3\cdot(t_{sr}-t) \tag{5.27}$$

式中，T_0 为日出附近的残余温度；T_a 为温度振幅；ω 为余弦项的半周期宽度；t_m 为温度达到最大值的时间；t_{sr} 为日出的时间；t 为时间变量；下标 vi、bf 和 iso 分别为对应植被指数，亮度因子和各项同性的参数化。在本书中，夜间温度的角度影响比较小，因此只用日尺度模型来拟合白天的温度变化。下标 vi 和 bf 分别表示与植被指数和亮度因子相关的变量。需要注意的是，f_{BF} 和 f_{VI} 的日出时间（t_{sr}）和最高温度（t_m）被假定为与 $f_{iso,t}$ 相同。最后，这个过程中有八个时间上的未知数。

在以前的研究中，大多将温度日尺度模型应用于地表各个组分的温度或其地表平均温度，但在本书中，为了减小拟合的复杂性，将日尺度模型用于组分温差。图 5.13 展示了这一假设的简单验证，该验证基于地面测量数据开展了植被和土壤间温差与光照和阴影间温差的日变化拟合（Li M S et al.，2019）。土壤和植被间温度差异变化幅度达 15℃，光照和阴影土壤间温度差异达 30℃，而相应的温度日尺度模拟的均方根误差分别为 1.56℃和 2.18℃，相应的决定系数值分别大于 0.965 和 0.982。尽管这个例子不足以完全证明所提出方法的可靠性，但它证明了温度日尺度模型可以用于描述组分温度差异的日变化特征，为进一步研究提供了重要支持。

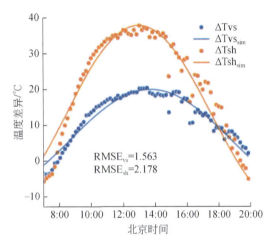

图 5.13　通过日变化模型拟合的组分温差的时间变化

蓝色和橙色代表了平均土壤和植被之间（ΔTvs）以及光照和阴影（ΔTsh）之间的差异；下标 sim 代表模拟值

5.2.3　研究区和数据

1. 模拟数据

在本节中，使用 SCOPE 模型生成了一个模拟数据集，该模型能够模拟植被冠层中的辐射传输和能量平衡过程（van der Tol et al.，2009）。SCOPE 模型不仅能够模拟冠层顶部可见光反射率和亮度温度随时间的变化，还可以模拟气象因素和地表结构对温度的影响模型的输入参数包括土壤含水量和植被生理生化参数。为了涵盖不同的植被和土壤状况，本书按照以往研究的方法进行模拟，改变了叶面积指数和土壤含水量。叶面积指数在 0.5～3.5，间隔为 0.5，用于表示不同的植被生长阶段；而土壤含水量在 0.15～0.35 m^3/m^3，间隔为 0.10 m^3/m^3，用于模拟不同的干旱条件。

研究用的气象参数来自位于北京中北部的怀来遥感实验站，该站点位于玉米冠层上，提供了研究所用的气象驱动数据，如风速、下行的短波/长波辐射、空气温度、空气湿度和气压等。模拟的气象条件对应一年中的第 173 天，下行短波辐射介于 402（8：00）～909（13：00），下行长波辐射的平均值和标准差分别为 386W/m^2 和 14W/m^2。以气象站测得的数据作为模型输入，SCOPE 模型的模拟间隔为 10min。将白天的数据进行输出，时间范围为北京时间 8：00~17：00，并设置为每小时保存一次。对于怀来站，第 173 天的太阳天顶角随时间从 56.8°（早晨）下降到 17.3°（正午），随后上升到 60.7°（傍晚）。最终，本书生成了一个包含 7 个叶面积指数（0.5、1.0、1.5、2.0、2.5、3.0、3.5）和 3 个土壤含水量（0.15m³/m³、0.25m³/m³、0.35m³/m³）组合的 7×3 模拟数据集，用于方法的验证。具体的模型输入参数如表 5.5 所示。

表 5.5 SCOPE 模型模拟数据集的输入

模型输入		值或范围
冠层结构	叶面积指数	0.5、1.0、1.5、2.0、2.5、3.0、3.5
	叶倾角分布	球型
	热点参数	0.1
气象驱动	日期	173
	地点	怀来站(40.3574°N, 115.7923°E)
	太阳天顶角/(°)	[17.3, 65.0]
	观测天顶角/(°)	[0, 50]
	相对方位角/(°)	[0, 359]
	风速/(m/s)	2
	时间	8：00~17：00，步长为 1 小时
组分属性	叶绿素含量/(μg/cm²)	10~100
	干物质含量/(g/cm²)	0.01
	含水量(cm⁻¹)	0.015
	厚度系数	1.5
	发射率(>3μm)	0.97
	土壤光谱	ASTER 光谱库
	土壤发射率(>3μm)	0.955~0.965
水分条件	土壤含水量/(m³/m³)	0.15~0.35
	最大光合作用效率/[μmo/(m²·ε)]	35
	土壤表面阻抗/(s/m)	2500~50

将太阳主平面和半球空间的遥感观测分别进行输出，在太阳主平面观测天顶角范围为 -60°~60°，间隔为 5°；半球空间的观测天顶角和相对方位角范围分别为 0°~60° 和 0°~359°。665nm 和 865nm 处的反射率被选作红光和近红外波段的观测结果。在热红外波段，将 10μm 处的辐射观测用于亮度温度输出。图 5.14 显示了 SCOPE 模型模拟的在两个典型叶面积指数和土壤含水量的温度日变化情况。北京时间 5：00~14：00，地表温度大约增加了 10.0K，这主要由于下行短波辐射的增加。在叶面积指数和土壤含水量较大的情况下，温度上升的幅度都有所下降。蓝色和橙色的颜色带代表了不同时刻由于角度变化导致的温度变化标准差。需要注意的是，14：00 的标准偏差明显大于 5：00 的标准偏差，这是

由于中午组分温差较大。

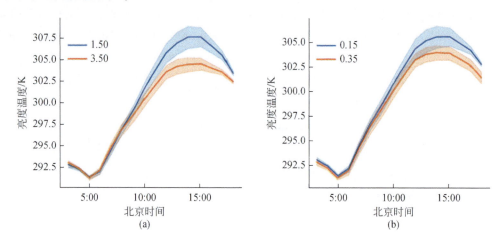

图 5.14　亮度温度在不同叶面积指数和土壤水含量条件下的日变化情况

橙色和蓝色的条带为角度效应造成的误差情况；（a）为不同叶面积指数，（b）为不同土壤含水量

2. 测量数据

在本书中，使用了观测数据集来验证所提出的集成方法，该数据集由静止卫星和极轨卫星的观测数据组成，通过黑河和东北区域的地面站测得的地表温度进行验证。

1）研究区

如图 5.15 所示，本书选择了两个研究区地面测量的温度数据来验证所提出的方法：黑河流域和三江平原。黑河流域位于中国西北部，是一个典型的半干旱和干旱地区，水源主要来自大气降水和祁连山冰雪融水。黑河中下游地区的年平均气温分别约为 5.2℃ 和 8.1℃。位于中国东北部的三江平原是中国重要的粮食生产基地之一。尽管纬度较高，年平均气温为 2.5℃，但夏季相当温暖，最热月份的平均气温在 22.0℃ 以上，水热同期，适合农业特别是水稻和大豆的生长。

2）AHI 数据

这里选择了来自葵花 8 号（Himawari-8）静止卫星的先进葵花成像仪（AHI）来提供数据以验证地表温度时间和角度变化重建。Himawari-8 上第一台 AHI 传感器于 2015 年 7 月 7 日投入运行，Himawari-9 上的第二台 AHI 传感器于 2016 年 11 月 2 日发射，用于备份。AHI 的波长范围包括可见光（3 个）、近红外（3 个）和红外（10 个）光谱的 16 个波段。该成像仪全圆盘观测的时间分辨率为 10min，空间分辨率在可见光波段是 0.5 ~ 1.0km，在近红外和红外波段是 1.0 ~ 2.0km。AHI 数据的像元观测角度可以认为是恒定的，在黑河地区的观测天顶角和相对方位角分别约为 62.8° 和 126.4°，在三江地区约为 53.5° 和 158.5°。本书采用 MuSyQ 来实现地表温度反演，可提供地表温度产品的反演精度优于 2.5℃（Li et al.，2019a）。红光和近红外反射率产品也是由该系统生产。这里使用了 2019 年 6 月 1 日 ~2019 年 10 月 31 日的数据，对应着 2019 年的第 152 ~ 第 304 天，并基于北京时间 3：00 ~20：00 的地表温度和反射率数据进行重建，时间步长为 30min。

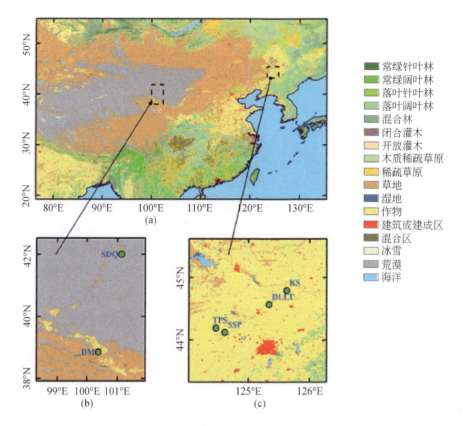

图 5.15　（a）分析和验证用的两个研究区，（b）和（c）分别为黑河流域和三江平原区域，
图中绿色的点分别代表验证中的地面测量点位

3）地面数据

为了验证所提出方法的有效性，本书基于黑河和三江两个研究区域内六个站点的地表
测量数据进行了试验验证，具体结果见图 5.15（b）和图 5.15（c）所示。在黑河中游地
区，选择了位于人工绿洲的 DM 站点和位于下游天然绿洲的 SDQ 站点，这两个站点均是黑
河流域联合遥测实验研究的重要站点观测点（Li et al., 2013）。其中，DM 站点的植被冠
层以农作物为主，而 SDQ 站点的植被冠层是胡杨林。地表温度测量采用 SI-111 传感器，
同时利用 Campbell CR1000 数据记录器每 10 分钟自动记录一次地表气象条件。在三江地
区，所有站点的植被冠层均以农作物为主，测量方法和数据记录方式与黑河地区一致。各
站点的详细信息见表 5.6。

表 5.6　用于验证所提出模型的地面站点信息

站点	经度（°E）	纬度（°N）	高程/m	土地覆盖类型
DM	100.3722	38.8555	1556	玉米
SDQ	101.1374	42.0012	873	胡杨林
DLLT	125.3337	44.5659	55	玉米

站点	经度（°E）	纬度（°N）	高程/m	土地覆盖类型
TPS	124.4667	44.1903	55	玉米
KS	125.6187	44.7919	55	玉米
SSB	124.6123	44.1195	55	玉米

5.2.4 集成方法的验证

1. 基于模拟数据的验证

对于模拟数据集，本书开展了两个层次的验证，即基于所有数据的验证和基于少量数据的验证，这对应着不同的可用观测量。首先，所提出的方法用太阳主平面的所有观测值进行拟合，然后使用相同的数据集进行方法性能评估。这一全面定标过程旨在检验该方法在模拟地表温度方向性各向异性方面的表现。为了应对真实的情况，事实上只有有限的观测被用来拟合模型系数。因此，本书只考虑有限的观测进行拟合，然后对整个半球空间的观测进行评估。值得注意的是，对于静止轨道卫星，数据具有特定观测角度，但具有不同的太阳角度。因此，在这次拟合中，选择了角度组合为 0°/0°、30°/180° 和 50°/180° 三个观测情况进行分析。8：00~17：00，以 1h 为间隔，共有 10 个观测数据可用于拟合与时间相关的系数。此外，拟合可见光反射率核函数系数的观测值数量也是有限的。在这次拟合中，从半球空间随机选择了 7 个观测值，这与极地轨道卫星可能的观测值一致。以上验证方案的设计旨在全面评估所提出的方法在实际应用条件下的表现。

1）基于充分定标的模型表现

图 5.16 显示了 VT-KDTC 模型在拟合 SCOPE 模型模拟温度的角度和时间变化的表现。为了便于比较，本书也使用了单独的温度日变化方法。因此，核驱动角度系数是通过使用 SCOPE 模型模拟反射率值拟合得到的，而热变化系数是通过核驱动模拟的反射率和 SCOPE 模型模拟的温度来模拟的。图 5.16（a）和图 5.16（b）对应叶面积指数为 2.0、土壤含水量为 $0.25m^3/m^3$ 的情况。在图 5.16（a）中，各点代表 SCOPE 模型模拟的以及 DTC 模型和 VT-KDTC 模型拟合的每个时间节点温度的平均值，色带代表由于方向性各向异性造成的温度偏差。通过比较，DTC 模型和 VT-KDTC 模型结果的平均值与模拟结果具有很好的一致性。然而，由于在 DTC 模型中只考虑了温度的时间变化，导致温度没有随着观测角度的变化而变化。图 5.16（b）展示了 SCOPE 模型模拟和 VT-KDTC 模型拟合的温度在北京时间 14：00 的方向性。对于这个数据，SCOPE 模型和 VT-KDTC 模型之间温度的均方根误差和决定系数分别为 0.23K 和 0.99。这个例子表明，具有拟合角度和时间系数的 VT-KDTC 模型有能力在一定程度上解释温度的各向异性。然而，在热点附近也出现了低估现象，这可能是由系数的轻微低估引起的。

图 5.16（c）和图 5.16（d）是 DTC 模型和 VT-KDTC 模型与 SCOPE 模拟的温度结果在模拟数据集的所有情况下的比较。这里主要考虑太阳主平面的观测数据，这是由于它们

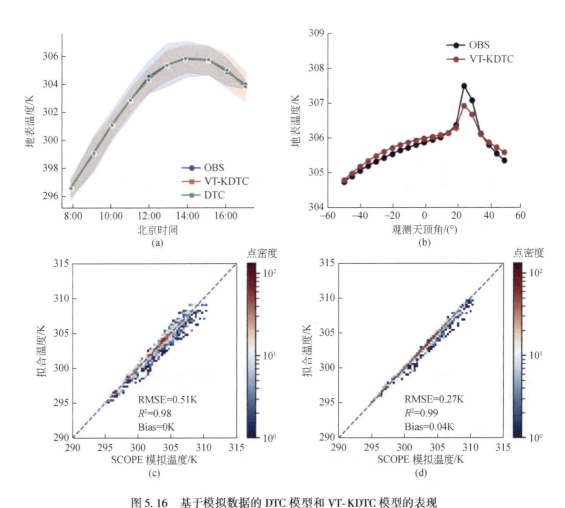

图 5.16 基于模拟数据的 DTC 模型和 VT-KDTC 模型的表现

（a）和（b）分别为在叶面积指数为 2.0、土壤含水量为 0.25m³/m³ 的时间和角度变换情况；（c）和（d）分别为 DTC 模型和 VT-KDTC 模型模拟和拟合的散点图

显示了最大的方向性效应。使用 VT-KDTC 模型的拟合结果大多集中在 1 : 1 线上，而 DTC 模型的拟合结果的差异相对较大。两种方法的决定系数都不低于 0.98。然而，DTC 模型的均方根误差为 0.51K，而 VT-KDTC 模型的均方根误差较小，为 0.27K，在一定程度上表明不确定性的降低幅度约为 47%。此外，VT-KDTC 模型还通过使用 SCOPE 模型模拟的反射率和温度进行直接评估，在此模式下没有引入核驱动模型的不确定性，其均方根误差进一步降低到 0.12℃。

图 5.17 展示了 VT-KDTC 模型在不同情况和时间节点下的表现。图 5.17（a）和图 5.17（b）展示了 DTC 模型和 VT-KDTC 模型在不同叶面积指数下的表现。随着叶面积指数的增加，在 0.5 ~ 2.0 的范围内，均方根误差急剧上升，而在 2.0 ~ 3.5 的范围内则略有下降。这种特征可能归因于两种现象：①浓密植被场景下植被指数饱和，导致其丧失了描述视场中植被观察比例变化的能力；②地表温度的方向各向异性在叶面积指数约为 2.0 的情况下可以达到较大值。在图 5.17（c）和图 5.17（d）中，DTC 模型和 VT-KDTC 模型

的均方根误差随着土壤水含量的增加而略有下降，这主要是由于土壤蒸发抑制了高温，具有减少组分间温差的作用。如图 5.17（e）和图 5.17（f）所示，在模拟数据集的所有情况下，不同时间的模型表现没有明显差异。在上述所有情况下，DTC 模型的均方根误差始终高于 VT-KDTC 模型。

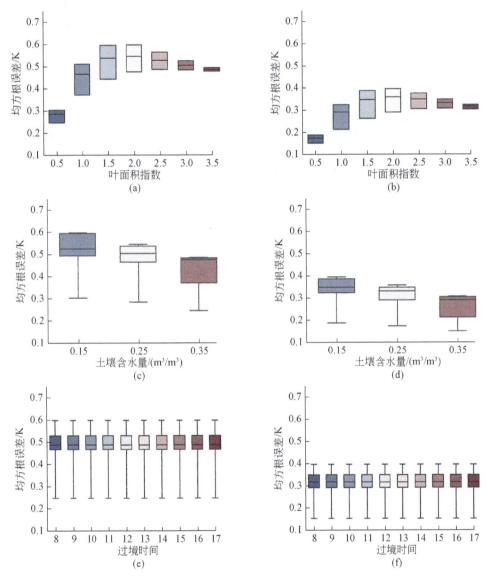

图 5.17　DTC 模型和 VT-KDTC 模型在不同的叶面积指数、土壤含水量、时间上的模型表现

（a）、（c）、（e）为 DTC 模型结果，（b）、（d）、（f）为 VT-KDTC 模型结果

2）基于有限标定数据的模型表现

在本层次的拟合中，整个半球空间的方位角和天顶角的模拟均以 5°为间隔进行采样。当使用整个半球空间的模拟数据进行定标和验证时，DTC 模型和 VT-KDTC 模型的均方根误差分别为 0.30℃ 和 0.13℃，显示出较高的精度。然而，当仅使用少量数据定标，并用

大量数据进行检验时，结果如图 5.18 所示，模型的拟合性能显著下降。对于所有情况，虽然决定系数都不低于 0.99，但相对于所有观测数据的完全定标，DTC 模型和 VT-KDTC 模型的均方根误差分别为 0.47K 和 0.31K，表明模型在有限数据条件下的表现受到一定的限制。进一步分析观测天顶角为 0°~50° 的情况，DTC 模型和 VT-KDTC 模型的均方根误差呈现先减小后增加的趋势。尽管在这三种观测角度下，VT-KDTC 模型的改进幅度有所下降，但其均方根误差明显小于 DTC 模型。为了更全面地评估两种模型的性能差异，本书对每种情况下 DTC 模型和 VT-KDTC 模型的均方根误差进行了统计分析，结果如图 5.19 所示，偶尔出现负值，表明 VT-KDTC 模型在一些情况下相对于 DTC 模型的性能变差，这可能是由信息少导致的局部过拟合或系统性的误差。然而，在大多数情况下，在 DTC 模型中引入核驱动模型后，地表温度的重建精度得到了显著提升，进一步证实了 VT-KDTC 模型在有限数据条件下的可行性。

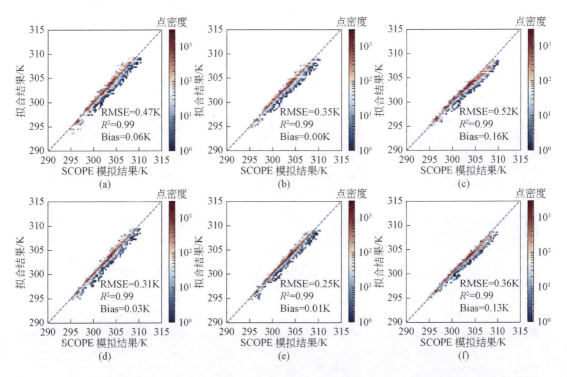

图 5.18　DTC 模型和 VT-DTC 模型在不同的角度配置下的表现

(a)~(c) 为 DTC 模型的拟合散点图，(d)~(f) 为 VT-KDTC 模型的拟合散点图；
(a) 和 (d) 为 0°/180°，(b) 和 (e) 为 30°/180°，(c) 和 (f) 为 50°/180°

2. 基于观测数据验证

本书利用 VT-KDTC 模型，结合哨兵-3A/3B 的光学反射率，重建了 AHI 数据的地表温度的时间和角度变化，并利用地表测量结果进行了验证。图 5.20 (a)~图 5.20 (c) 分别展示了哨兵数据红光和近红外反射率以及对应的地表温度，其中植被和裸土分别呈现低温

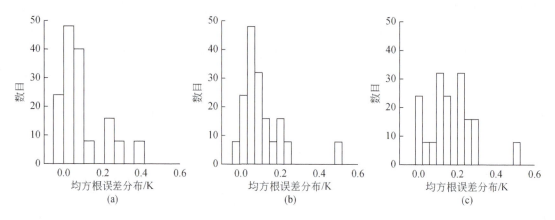

图 5.19 DTC 模型和 VT-KDTC 模型在所有案例的均方根误差的分布情况

（a）~（c）分别为 0°/0°、30°/180°和 50°/180°的角度配置

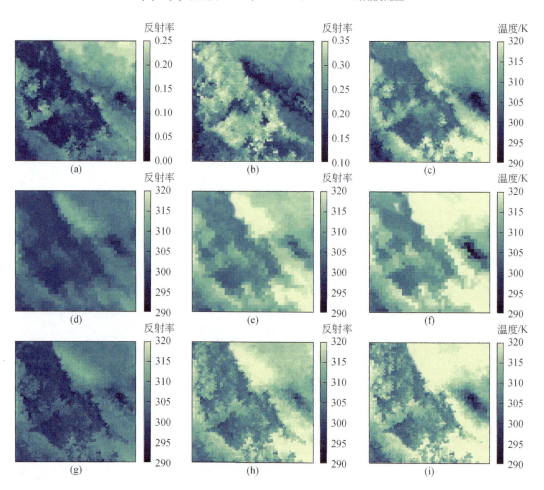

图 5.20 用 VT-KDTC 模型拟合 AHI 与类 SLSTR 图像的拟合性能

（a）~（c）分别表示哨兵红光、近红外反射率和地表温度，（d）~（f）分别表示 10：00、12：00 和
14：00 的 AHI 温度，（g）~（i）分别表示在这三个时间节点处重建的温度结果

和高温特征，从图上可以比较好的区分。图5.20（d）~图5.20（f）分别显示了10：00、12：00和14：00的AHI地表温度结果。随着时间的推移，植被像元的温度略有上升，而土壤像元的温度则大幅上升，反映了不同地表类型对热响应的差异性。图5.20（g）~图5.20（i）为VT-KDTC模型在这三个时刻重建的地表温度结果。重建结果的时间变化趋势上与AHI地表温度的时间变化保持一致。哨兵数据的空间分辨率（1km）优于AHI的空间分辨率（2km），使得重建后的土壤和植被区域边界更加清晰。对哨兵地表温度与AHI原始和重建温度结果进行了对比，时间是2019年8月10日12：00。重建结果的决定系数为0.72，而1.0km尺度的AHI原始结果为0.63。因此，VT-KDTC模型可以实现光学和热红外信息的融合。此外，重建结果的均方根误差也从4.08℃下降到3.57℃。由于所有的热信息都是从AHI数据中发出的，重建后的偏差较小。

1）模型表现

在基于地面测量来验证该模型之前，首先测试下该方法对AHI地表温度的时间变化的拟合能力。图5.21展示了拟合的结果，其中DTC模型的模拟结果用于比较。表5.7展示了该拟合测试的统计结果。DTC模型的均方根误差大于1.5K。相对于DTC模型，使用VT-KDTC模型时，均方根误差结果有所下降，下降的幅度为8.0%（SDQ）~70.0%（KS）。对于所有地点，DTC模型和VT-KDTC模型的总体均方根误差分别为1.82K和0.75K。使用VT-KDTC模型时，获得了更好的拟合，这在一定程度上表明存在这样的系数使模拟结果与观测结果更接近。

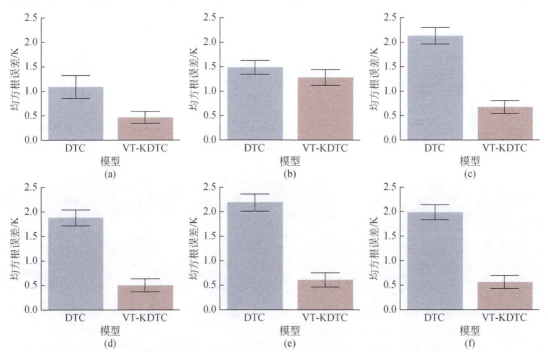

图5.21　DTC模型和VT-KDTC模型对每个站点AHI温度变化的拟合性能

（a）~（d）分别表示DM、SDQ、DLLT、TPS、KS和SSB站点的均方根误差结果

表 5.7　DTC 模型和 VT-KDTC 模型对 AHI 温度数据的拟合表现

模型	结果	DM	SDQ	DLLT	TPS	KS	SSB
DTC	RMSE/℃	1.15	1.52	2.15	1.91	2.22	2.01
	R^2	0.98	0.99	0.91	0.95	0.90	0.94
VT-KDTC	RMSE/℃	0.51	1.41	0.72	0.54	0.64	0.68
	R^2	0.99	0.99	0.99	0.99	0.99	0.99

2）拟合表现

使用地表测量数据对重建后的 AHI 地表温度结果进行了验证。图 5.22 显示了原始和重建的地表温度与地面测量结果之间的温度差异直方图。DM、SDQ、DLLT、TPS、KS 和 SSB 站点的均方根误差分别为 2.36K、2.44K、2.24K、2.47K、2.35K 和 2.39K。在这六个站点，AHI 直接反演的地表温度结果都被高估了，总体偏差约为 1.12℃（表 5.8）。这可能是由于卫星观测是针对特定观测视角的，而地面测量是针对向下的近似半球的观测视场。虽然观测天顶角比较大，但热点效应也很明显。在这段时间内，观测方向和太阳方向之间的角度距离主要在 5°～35°。进一步分析表明，黑河地区角度距离的平均值和标准差分别约为 30.9° 和 11.6°，而三江地区则为 20.2° 和 11.1°。归一化后，所有站点的地表温度都得到了改善，减少了高估的偏差。这些站点的均方根误差分别为 2.16K、2.28K、2.06K、2.19K、2.05K 和 2.12K，总体偏差下降到 0.55K。

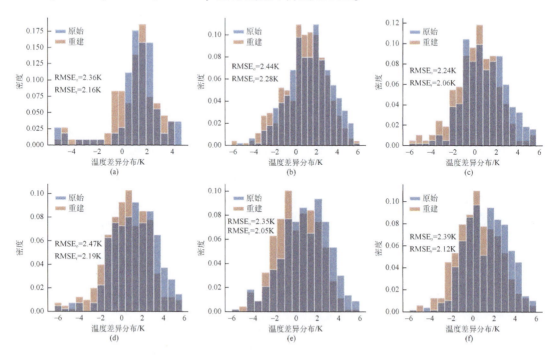

图 5.22　AHI 原始和重建温度与地面温度测量之间的温差直方图

（a）～（f）分别表示 DM、SDQ、DLLT、TPS、KS 和 SSB 站点中的结果

表 5.8　基于地面温度测量的原始和重建温度的统计结果

方法	结果	DM	SDQ	DLLT	TPS	KS	SSB
原有方法	RMSE/K	2.36	2.44	2.24	2.47	2.35	2.39
	R^2	0.91	0.97	0.92	0.94	0.91	0.93
	Bias/K	1.24	1.29	0.92	1.17	0.84	1.27
新方法	RMSE/K	2.16	2.28	2.06	2.19	2.05	2.12
	R^2	0.91	0.96	0.92	0.94	0.92	0.93
	Bias/K	0.93	0.92	0.21	0.54	0.13	0.56

5.2.5　方法的拓展与不足讨论

1. 重建到 Landsat 尺度

本书重建了地表温度在时间和角度维上的变化。迄今为止，由于空间和时间维度的相互妥协，大多数涉及静止卫星的研究多局限在大尺度，如气候变化和天气预报。因此，迫切需要探索低分辨率数据在高分辨率中应用的可能，如精准农业和城市规划等。本书从高空间分辨率的近红外波段获得了植被指数和亮度因子，这使得重建的地表温度图像相对于原始数据的空间尺度得到了一定程度的改善。尽管在 AHI 地表温度数据的空间分辨率（2km）中，与各组分之间的温度差异相关的系数被假定为是均匀的，但重建图像的热边界变得更加清晰。类似 Landsat 的地表温度产品可以在各种应用中提供更多信息（Roy et al.，2014）。在本书中，通过 VT-KDTC 模型可以尝试重建类似 Landsat 的地表温度，这里提供了一个简单的例子。在这个过程中，首先通过最近插值法将时间系数重采样到 100m，然后直接乘以来自 Landsat 红光和近红外反射率的植被指数和亮度因子。这里暂时忽略了各向异性影响，在这种情况下，每个 AHI 地表温度值应该等于其像素内重建的地表温度值的累计。然而，由于传感器配置和观测角度的不同，真正的 AHI 原始和重建的温度值之间可能会出现系统偏差。为了解决这个问题，可以执行如下的误差分配方案：

$$\xi(x,y) = a \cdot \mathrm{VI}(x,y) + b \cdot \mathrm{BF}(x,y) \tag{5.28}$$

式中，a 和 b 分别为具有植被指数和亮度因子的残差系数；ξ 为残差补偿；x 和 y 分别为图像坐标。拟合过程是在 AHI 尺度下进行的，空间窗口为 3×3。图 5.23 显示了在类似 Landsat 卫星尺度下原始和重建的地表温度的对比，该尺度对应 2019 年 9 月 22 日 12：00 左右的数据。与图 5.23（b）中 AHI 尺度的地表温度相比，图 5.23（a）中 Landsat 尺度的人工绿洲与裸露土壤之间的边界更加清晰。此外，图 5.23（a）能够看到绿洲中高温建筑的像素。图 5.23（c）显示了使用 AHI 地表温度和 Landsat 光学数据的时间和结构系数进行的重建结果。空白部分是由于云层造成的空隙。重建的地表温度的空间分辨率与 Landsat 地表温度的空间分辨率是一致的。需要注意的是，在像素之间观察到一些块状的异常温度边界。这可能是由于假设 VT-KDTC 系数在每个 AHI 像素中是相同的。图 5.23（d）展示了 Landsat 原始和重建的地表温度之间的散点图，其均方根误差和决定系数分别为 2.89℃和 0.58。相比之下，AHI 和 Landsat 地表温度之间的均方根误差和决定系数分别为 3.44℃和 0.53。这些结果表明，重建的地表在从中低分辨率的图像中降尺度到中高分辨率图像方面具有良好的表现。

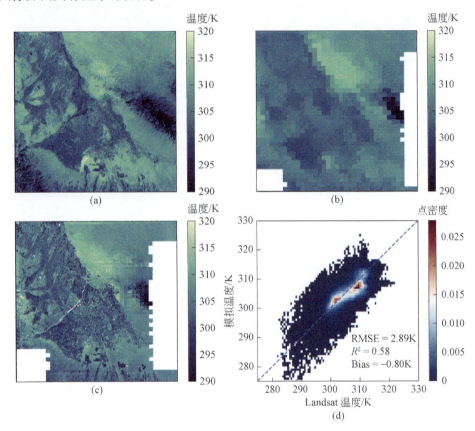

图 5.23　卫星尺度温度重建结果

（a）Landsat 原始，（b）AHI 原始，（c）VT-KDTC 重建的温度图像和（d）Landsat 原始和重建后地表温度的散点图

2. 方法不足与拓展

使用 SCOPE 模型模拟数据集和卫星观测数据集的验证结果表明，新提出的 VT-KDTC 模型在重建地表温度的时间和角度变化方面具有潜力。尽管如此，该模型仍有一些局限性：

（1）由于温度日变化模型依赖于白天的连续观测，云的出现和运动会导致可用数据的大幅减少，如图 5.23 中的空缺。虽然重建后的数据与直接使用 AHI 地表温度相比，性能有所提高，但仍可能存在一些不足之处。未来的工作可以借鉴一些已有的研究，如加入微波地表温度或气象参数来支持空间插值（Duan et al., 2017；Quan et al., 2018）。此外，这种方法还可以增加观测的采样时间。由于地球静止轨道 AHI 观测相对密集，在本书中不需要考虑这一问题。

（2）相对于各组分的温度，假设各组分之间的温差在 AHI 尺度上是相同的。对于 AHI 地表温度和 SLSTR 光学数据的重建结果来说，是可以接受的。然而，当涉及 AHI 地表温度和 Landsat 光学数据时，AHI 像素之间会出现一些形状变化。邻近窗口的空间平滑可能会减少这种现象。

（3）假设地表表观温度的时间变化模式与植被和土壤之间、阳光下和阴影下的温度差相同。这种假设虽然通过减少拟合系数数量提高了反演的稳定性，并得到模拟数据集分析的验证，但其与实际物理过程并不完全一致。从太阳辐射和升温的角度来看，这一假设是可行的，但仍需要进一步验证和完善。

（4）从完全定标到有限数据定标的转变过程中，拟合精度明显下降，表明现有信息量仍然不能完全满足刻画整个半球角度效应要求。因此，未来研究可能需要引入优化方法和先验知识，以提高拟合的可靠性和稳定性，从而进一步提升重建地表温度的时间和角度变化的能力。

5.2.6　小结

在研究植被生长周期和人类活动的影响时，地表温度的时间变化是一个关键因素。然而，地表温度的角度效应与时间变化的耦合性使得问题变得更加复杂，这就需要综合性的方法来同时解决这两类变化。此外，由于热红外观测的信息有限，光学数据可以提供的地表结构信息能够显著增强对温度方向性特征的模拟能力。这里提出了一种集成的方法，将核驱动模型和温度日变化模型分别用于光学和热红外数据，并通过 VT 模型将两个模型的拟合结果联系起来。使用卫星观测数据和模型模拟数据集进行了验证，结果如下：

基于生成的模拟数据集，所提出的方法成功地模拟了地表温度的时间和角度变化，在不同条件下，该方法的均方根误差为 0.27℃，显著优于单独使用温度日变化模型的拟合结果（0.51℃）。

验证结果显示，VT-KDTC 模型能够充分地重建地表温度。基于地面测量数据的验证中，重建温度的均方根误差下降了 10%。此外，VT-KDTC 模型还展示了空间降尺度的能力，尽管这一能力仍需要更多的验证数据来进一步确认其适用性和稳健性。

5.3　临近像元效应核函数建模

地表温度角度效应受到的影响因素包括：①像元内的均质结构；②像元内异质性结构和③像元外的均质/异质性结构。为此需要引入更加灵活的变量，即提供更加大的自由度，才能更好地模拟数据的角度变化特征。

5.3.1　高分辨率热红外遥感研究背景

与卫星遥感数据相比，无人机系统可提供了一个灵活的手段来获取高时空分辨率的地表热红外观测。这正是在过去的十年里，无人机遥感实验迅速发展的原因。Hoffmann 等（2016）的研究表明，搭载轻型热像仪的无人机平台能够提供高空间和时间分辨率的数据，对提升蒸散模型的估算精度方面具有显著作用。无人机采集的高空间分辨率数据也可用于研究高分辨率图像地表温度的异质性，从而更准确地估算地表-大气的能量交换（García-Santos et al., 2019）。地表组分的温度，即土壤和植被，可以直接从无人机携带的高分辨率热图像中提取，估算出蒸发量和植物水势（Nieto et al., 2019; Park et al., 2017）。森林冠层的三维温度分布特征也可以从无人机数据中获得（Webster et al., 2018）。

地表热辐射的方向性特征影响着地表温度的反演精度和应用（Bian et al., 2018a）。目前，大多数关于无人机数据的研究都忽视了热辐射方向性问题。无人机采集面临着与卫星采集相同的问题，即获取大范围的地表温度数据通常需要宽视场覆盖，从而需进行温度校正。但尺度问题仍是一个主要挑战。目前，关于地表温度角度归一化的研究主要集中在中低分辨率尺度，通常对应100m及以上（Duffour et al., 2016b; Ermida et al., 2018a）。这类的研究通常对应的是观测尺度明显大于地表地物尺度。然而，无人机搭载的传感器可以在1m或更小的空间分辨率下进行数据采集。由于地表结构复杂，相邻的像素之间即使对应同一个树冠也会有影响。尽管如此，对来自无人机的精细尺度热辐射方向性的研究尚不充分。

因此，本章节开展了高分辨率的研究，第一个目标是探讨植被场景（如稀疏森林和垄行作物）的地表精细尺度热辐射方向性问题。为实现这一目标，对模拟和测量数据集进行了分析，其分别来自三维辐射传输模型和无人机载多角度观测系统。此外，本书分析了已有模型在高分辨率研究中的可行性，以及如何进行修改以适应高分辨率数据的需要。本章节的其余组织结构如下：5.3.2节基于辐射传输理论，阐述了原始模型和修正模型的框架；5.3.3节介绍了模拟和测量的数据集；5.3.4节对模型进行了分析和验证；5.3.5节讨论了该模型的局限性；5.3.6节进行了一个简短的总结。

5.3.2　高分辨率核驱动模型

基于辐射传输理论，传感器观测到的辐射可以由其视场内中所有组分的贡献的累计来表示：

$$L(\theta_s, \theta_v, \Delta\varphi) = \sum_{k}^{N} (f_k(\theta_s, \theta_v, \Delta\varphi)\, \varepsilon_k(\theta_v) + \varepsilon_{k,m}) \cdot B(T_k) \tag{5.29}$$

式中，L 为传感器观测的热辐射，其他的字母与已有研究保持一致。土壤背景和植被冠层构成了整个场景。针对该植被系统，已经提出了多种辐射传输模型来解释冠层顶部观测与各组分的温度、发射率之间存在的联系，如4SAIL模型、FR97模型和UFR模型（Bian et al., 2018a; Verhoef et al., 2007）。目前，关于温度角度效应研究的讨论是在中低分辨率像元对应的大场景。在热红外波段，如果空间分辨率小于地表温度的半变异函数的阈值，则通常被认为是精细尺度。当然，这取决于景观类型，但以上的标准可以起到一些参考作用。无人机获取的数据通常被认为是精细尺度。需要注意的是，超高的分辨率，如小于一片叶子的宽度，也不是这里讨论的尺度（St-Onge and Cavayas, 1997）。引起角度效应的因素通常认为有大气效应、组分的发射率和温度，以及地表三维结构。即使考虑了这些因素，无人机观测的热辐射信号仍然可以表示为其视场中所有组分的贡献，这些贡献可能来自相邻的像素。值得一提的是，除了视场中各组分可见比例的变化外，传感器的视场的变化也是温度角度效应的原因之一（Ren et al., 2013）。本章节的研究专注于组分的结构特征，因此不讨论传感器的视场的影响。理论上，三维模型，如离散各向异性辐射传输（DART）模型和辐射度模型（TRGM）可用于中高尺度的模拟；然而，考虑到计算成本和模型的复杂性，解析模型似乎更适合实际应用。到目前为止，还没有用于精细尺度热辐射角度特征的解析参数化模型。

通过简化物理辐射传输理论，研究者们提出了一些核驱动参数化模型，如 RL（Roujean-Lagouarde）模型（Duffour et al., 2016b）、Vinnikov 模型（Vinnikov et al., 2012）、LSF-LI 模型（Su et al., 2002）和 Kernel-hotspot 模型（Ermida et al., 2018b）。这些模型的设计核心是假设一个像素内的所有地物都遵循一个统计分布，从而避免了详细描述复杂的辐射传输过程，而是用各组分之间的温度差异来与热辐射的角度特征建立联系。这种简化方法也适用于精细尺度热辐射的各向异性。然而，由于一些地物在像素内的非均质分布和相邻像素的影响，在对精细尺度数据使用这些参数化模型时，难以界定其边界。事实上，测量的亮温可能会受到三种因素的影响，如图 5.24 所示：

（1）场景元素在像元内均匀分布。

（2）场景元素在像元内是异质分布的。

（3）场景元素受到相邻像素的影响。

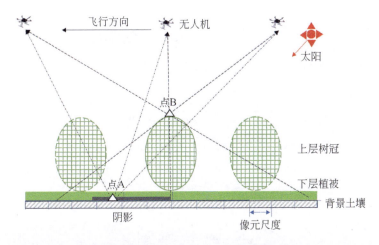

图 5.24　无人机系统对不同研究样本点进行多角度观测的示意图

红色符号代表太阳；虚线表示不同的观察方向；场景包括上层树冠、下层植被和底层土壤

在图 5.24 中，土壤背景和林下植被可以被视为因素 1。在一个像元中，由树叶形成的树冠可以被归类为因素 1，而其他的则属于因素 2。在多角度观测的情况下，大多数像元会受到相邻像元植被的辐射贡献，这对应着因素 3。事实上，大多数现有的参数化模型都致力于满足因素 1，并假设因素 2 和因素 3 在中低尺度上的影响可以忽略。在某种程度上，当考虑因素 1 采用的方法时，因素 2 也可以在一定程度上得到满足，但可能导致拟合得到的核系数的物理解释变得复杂。关于因素 3，现有模型的假设在常高分辨率像元中不再适用。在这种情况下，因素 2 和因素 3 可能在分析地表温度角度效应的分析方面起到关键作用，尽管它们迄今还没有得到充分的适用性研究。如果缺乏对像元内部结构的了解，就不能很好地处理因素 2，但这不是本书研究的目的。因素 3 的影响理

论上可以通过几何纠正来消除地表复杂结构间的相互遮挡。然而，植被冠层形成的复杂的三维结构使得精确重建成为一个挑战，特别是植被冠层有比较大的孔隙率，区分植物群和土壤背景之间的温度差异比较困难（Widlowski et al.，2014）。在本书中，将重点关注因素3。由于空间匹配的误差不可避免，这里的目标不是为无人机数据着手建立一个非常准确的物理模型，而是通过研究核驱动模型的不足和潜力，寻找一个基于一系列观测的数据的拓展框架。

1. 原有框架

这里选择了核驱动模型 LSF-LI，这是由于其具有很好的性能且所需数据较少。在本章节中，LSF-LI 模型使用高分辨率热红外图像进行分析和验证。LSF-LI 模型是 Li-Strahler-Friedl（LSF）组分差异模型、Li-Strahler（LI）几何光学模型和 Li-Wang-Strahler（各向同性）模型的线性组合，如下所示：

$$T(\theta_s,\theta_v,\Delta\varphi)=f_{LSF} \cdot K_{LSF}(\theta_v)+f_{LI} \cdot K_{LI}(\theta_s,\theta_v,\Delta\varphi)+f_{iso} \tag{5.30}$$

$$K_{LSF}(\theta_v)=\frac{1+2\cos\theta_v}{\sqrt{0.96+1.92\cos\theta_v}}-\frac{1}{4} \cdot \frac{\cos\theta_v}{1+2\cos\theta_v}+0.15 \cdot (1-e^{-0.75/\cos\theta_v}) \tag{5.31}$$

$$K_{LI}(\theta_s,\theta_v,\Delta\varphi)=\frac{(1+\cos\xi')\sec\theta_v'\sec\theta_s'}{\sec\theta_s'+\sec\theta_v'-O(\theta_s',\theta_v')}-2 \tag{5.32}$$

$$O(\theta_s',\theta_v',t)=\frac{1}{\pi}(t-\sin t \cdot \cos t)(\sec\theta_s'+\sec\theta_v') \tag{5.33}$$

$$\cos t=\frac{h}{b} \cdot \frac{\sqrt{D^2+(\tan\theta_s'\tan\theta_v'\sin\Delta\varphi)^2}}{\sec\theta_s'+\sec\theta_v'} \tag{5.34}$$

$$D=\sqrt{\tan^2\theta_s'+\tan^2\theta_v'-2\tan\theta_s'\tan\theta_v'\cos\Delta\varphi} \tag{5.35}$$

$$\cos\xi'=\cos\theta_s'\cos\theta_v'+\sin\theta_s'\sin\theta_v'\cos\Delta\varphi \tag{5.36}$$

$$\theta_s'=\tan^{-1}\left(\frac{b}{r}\tan\theta_s\right) \tag{5.37}$$

$$\theta_v'=\tan^{-1}\left(\frac{b}{r}\tan\theta_v\right) \tag{5.38}$$

$$\Delta\varphi=\varphi_s-\varphi_v \tag{5.39}$$

式中，$K_{LSF}(\theta_v)$ 和 $K_{LI}(\theta_s,\theta_v,\Delta\varphi)$ 分别为非同温方向发射率和热点效应核函数，其对应的核系数分别为 f_{LSF} 和 f_{LI}；f_{iso} 为各向同性核系数；θ_s，θ_v 和 $\Delta\varphi$ 为太阳和观测的天顶角与两者的相对方位角；φ_s 和 φ_v 分别为太阳和观测方向的方位角；h 和 b 分别为冠层等效高度和叶片等效尺度；r 为冠层水平半径。根据已有的研究，在 K_{LSF} 核中考虑了土壤-植被冠层系统中顶部和底部的温度差异。K_{LI} 核基于几何光学理论，通过计算光照区域和阴影区域之间的变化，以此来刻画温度梯度与太阳位置的关系。

2. 新框架

在中低尺度图像中，像元的温度角度效应一方面受到土壤和树叶之间的温度差异的影响，另一方面受到光照和阴影区域之间的温度差异的影响。这两个特征分别由方向性发射率和热点效应来表示。然而，在一个高分辨率图像中，温度角度效应也会受到相邻像元和所选像元之间温度差异的影响。在此，本书提出了一个适应高分辨率数据的修正核驱动模型（HKD），通过引入额外的临近像元核，使用逻辑函数来描述这样的现象（Hufkens et al.，2012），并利用二次函数来简化 LSF 模型的估计：

$$T(\theta_s,\theta_v,\Delta\varphi)=f_{LSF}\cdot K'_{LSF}(\theta_v)+f_{LI}\cdot K_{LI}(\theta_s,\theta_v,\Delta\varphi)+f_{iso}+f_{jump}\cdot K_{jump}(\theta_v) \tag{5.40}$$

$$K'_{LSF}(\theta_v)=a\cdot\cos^2\theta_v+b\cdot\cos\theta_v+c \tag{5.41}$$

$$K_{jump}(\theta_v)=\frac{f_{jump}}{1+e^{-(f_v\theta_v-f_\theta)}} \tag{5.42}$$

式中，a、b 和 c 为 K'_{LSF} 的拟合系数，分别为 0.069、−0.215 和 1.176；K_{jump} 为引入的临近效应核；f_{jump} 为控制 Sigmoid 函数的核系数；f_v 和 f_θ 分别为温度变化的速度和角度位置的两个系数。K_{jump} 允许在 0~1 变化。原公式中的内核 K_{LSF} 旨在模仿土壤–植被冠层系统中只有 θ_v 的发射率的角度变化。这里提出了一个简化版本 K'_{LSF}，它与 K_{LSF} 有很好的一致性，其决定系数约为 0.999，均方根误差和偏差都低于 0.0001，如图 5.25 所示。K'_{LSF} 的适用类型和条件与 K_{LSF} 的相同。通过使用不同的系数 f_{jump}、f_v 和 f_θ 可以描绘出温度变化的各种模式，如图 5.25（b）所示。

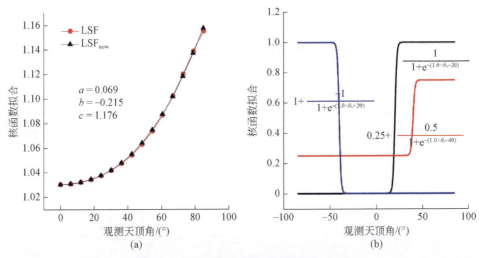

图 5.25 核函数随观测天顶角变化关系

（a）核函数随天顶角变化的方向各向异性；（b）临近像元核在不同系数的时候的变化模式

在引入临近效应核后，未知数的数量增加到五个。由于参数 f_θ 的引入，它不再是一个线性系统；新的模型至少需要五个观测数据，数据越多，模型的定标约束就越好。对于目前的情况，由于无人机搭载的传感器有一系列的观测数据，对于图像的大多数像元来说，这个标准很容易满足。本书使用 MATLAB 中的自动优化"fminsearch"程序来反演模型模拟和无人机测量的最佳核系数。

5.3.3　研究区与数据集

1. 模拟数据集

除了来自无人机的测量数据外，由三维计算机模拟模型（LESS 模型）产生的模拟数据集也被用于分析。在使用 LESS 模型的模拟数据集中，生成了四个典型的场景：有一棵孤立的树和多棵树的森林场景，以及有一排孤立的行和多排行种植场景，如图 5.26 所示。有一棵孤立的树和多棵树的树木场景分别被选为稀疏和密集的树冠。根据已有的研究（Li and Strahler，1992），这两种场景的区别主要在于树冠的相互阴影或相互遮挡效应。在图 5.26（b）中，树木是规则分布，这在果园和种植园中常见。玉米和棉花等作物类型通常是行种植模式。虽然只有一排的场景很罕见，但它可能代表了一排树木作为两个田地之间的边界的特定情况。在这些场景中，只假设了植被和土壤背景，没有考虑树干和树枝。叶子是用三角形的面来生成的。这些面的空间分布是随机的，它们的天顶角分布遵循球形叶倾角分布函数。底层土壤被假定为一个平坦的面元。图 5.26（b）中树木场景的叶面积指数为 4.5，而图 5.26（d）中作物场景的叶面积指数为 2.0。图 5.26（b）和图 5.26（d）中的叶片体密度分别与图 5.26（a）和图 5.26（c）中的相同。所有生成场景的面积为 10m×10m。这里考虑了四个组分，即光照和阴影土壤以及光照和阴影叶片，并假定每个组分的温度是相同的。根据热红外实验和无人机观测（Bian et al.，2016），光照土壤温度被设定为明显高于其他组分的温度，光照叶片的温度被设定为略高于阴影叶片的温度，而阴影土壤的温度被设定在光照和阴影叶片温度之间。叶片和土壤的发射率分别被设定为 0.985 和 0.960。此外，根据已有研究（Ermida et al.，2018b），土壤发射率的角度变化如下：

$$\varepsilon_{soil}(\theta_v) = \varepsilon_0 - 8.7 \cdot 10^{-9} \cdot \theta_v^{\alpha} \tag{5.43}$$

式中，ε_0 和 $\varepsilon_{soil}(\theta_v)$ 分别为星下点和天顶角 θ_v 处的土壤发射率；α 为反映土壤发射率对观测角度依赖性的参数，在本模拟数据集中被设置为 3.47。关于树冠结构和组分的特性的信息可以在表 5.9 中找到。

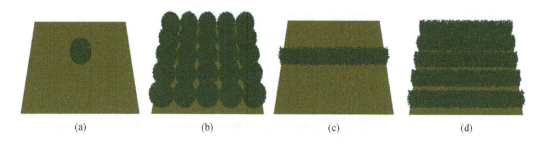

　　　(a)　　　　　　　　　(b)　　　　　　　　　(c)　　　　　　　　　(d)

图 5.26　用于生成模拟数据集的场景

(a) 具有孤立树的场景，(b) 具有中等密度覆盖的场景，(c) 具有单行的行种植场景，

(d) 具有多行的行种植场景；棕色和绿色分别代表林下土壤和树叶

表 5.9　模拟数据集的数据介绍

参数		单位	值或范围
场景参数	叶倾角分布函数	—	球型
	叶片发射率	—	0.985
	土壤发射率	—	0.960
	光照土壤温度	℃	40
	阴影土壤温度	℃	27
	光照叶片温度	℃	28
	阴影叶片温度	℃	25
	天空等效温度	℃	−20
	热点因子	—	0.1
光照和观测几何	太阳天顶角	°	25, 45
	太阳方位角	°	180
	观测天顶角	°	[0, 55]
	相对方位角	°	[0, 180]
垄行结构	叶面积指数	—	2.0
	行距	m	1.0
	行宽	m	1.0
	行高	m	1.5
	行向	°	90~270
森林结构	叶面积指数	—	4.5
	树冠宽度半径	m	1.0
	树冠高度半径	m	1.5
	树冠高度	m	3.0

在 LESS 模型中，可以在每个观测角度获得三维场景的热红外图像。在这个数据集中，太阳主平面被选中，这是由于它显示了最大的各向异性变化。观测天顶角为−55°~55°，步长为5°，太阳天顶角被设置为25°和45°，以代表不同的情况。值得注意的是，行方向被设定为与太阳方位角垂直。模拟热红外图像的中心波长和空间分辨率分别为 10.5 μm 和 0.01 m。

2. 怀来遥感数据集

本书在怀来开展了无人机热红外遥感实验，怀来位于中国北部（河北）的半干旱地区。空气温度和降水的年平均值分别为 9.6℃ 和 370mm。该地区是典型的大陆性气候，四季分明。地表在 1~4 月为裸地，5~10 月为玉米，11 月和 12 月偶尔有干玉米秸秆。怀来研究区（115.4705°N，40.2096°E）由中国科学院空天信息创新研究院运行［图5.27（a）］。这里有不同类型的植被冠层，包括玉米、杨树、常绿柏树和松树。杨树、柏树和松树的树冠呈规则的棋盘式分布，分别如图5.27（b）~图5.27（d）所示。在这个实验中，杨树、柏树和松树的平均高度分别为8.90m、3.87m和2.20m。杨树树冠的平均高度和宽度分别为5.50m和1.82m，柏树树冠为3.52m和1.70m，松树树冠为1.79m和1.65m。在这些树木场景中，两个树冠之间的水平距离为2.00m。在无人机飞行期间，玉米的叶子枯黄。此外，在研究区还包括几座普通建筑物，如图5.27（f）和图5.27（g）所示。

图5.27　研究区域图

（a）怀来遥感试验场，2019年9月17日。（b）在2019年10月15日的观测中，白杨、（c）柏树、（d）松树、（e）干玉米秸秆、（f）实验室和（g）职工建筑。黑色虚线表示无人机的飞行轨迹

3. 无人机试验

在无人机实验中，热红外图像是由安装在六旋翼无人机上的三台轻型FLIR Tau2相机获得，如图5.28（a）和图5.28（b）所示。FLIR Tau2相机可提供640像素×512像素的图像，对应的镜头视场角为45°×37°。光谱窗口为7.5~13.5μm。如图5.28（b）所示，各个相机的倾角分别为-35°、0°和35°，三台FLIR Tau2相机协同工作可获得较大的视场范围。基于这三台相机，在平行和垂直飞行方向上，观测天顶角可以分别达到57.5°和17.5°。为了使图像得到更好处理，在观测过程中，三台相机以及全球定位系统被同步触发，并获得和存储每张图像的相机位置。2019年10月15日获得的热红外观测数据被用来分析地表热辐射方向性，并评估LSF-LI模型及其修正模型的拟合结果。在无人机飞行期间，天空无云，风力很小。无人机的相对高度为100m，因此每个像元的等效分辨率约为

0.129m。无人机的飞行速度为 5m/s，图像的采样频率为 1.0Hz。观测是在北京时间 12：00 左右进行的，太阳天顶角和方位角分别为 48°和 180°。这里选择了两条飞行航带，分别对应于研究区的西部和东部区域。值得注意的是，这里研究的是地表的亮温而不是地表温度。三台相机使用黑体 Blackbody EOI CES100 进行了预处理定标，定标精度优于 0.16℃。为了防止三台相机在观测不同目标时出现性能上的变化，在飞行线方向上，星下点相机和斜向相机之间有约 10°的重叠区域，如图 5.28（c）所示。在飞行过程中，同一目标总是被三台相机中的两台所观测。

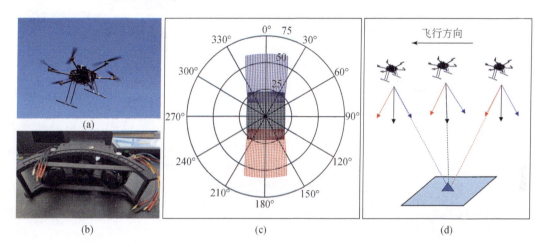

图 5.28　无人机实验示意图

（a）一架六旋翼无人机和（b）一个带三个 FLIR Tau2 相机的热红外观测系统；（c）三台相机在飞行方向上的视角为 0～180°，倾角分别为-35°、0°和 35°；（d）不同相机的多角度观测示意图

4. 无人机数据处理

在本书中，使用 Agisoft Photoscan 软件对无人机获取的热红外图像进行了数据处理，该软件结合了数字摄影测量和基于计算机视觉的算法，用于图像拼接和三维重建（Verhoeven，2011）。通过软件对每张图像进行校正，生成正射影像，为后续分析提供基础数据。

在飞行方向上，相邻图像的重叠率大于 0.85。飞行方向沿着太阳方位角，可以捕捉到热点效应。经过一系列的数据处理步骤，所有正射影像的空间分辨率被重新采样为 0.15m。如图 5.28（d）所示，当无人机飞过研究区域时，通过地物与相机的相对位置的改变来实现多角度观测。由于在无人机飞行过程中，每张图像都记录了相机的空间位置数据，可以用 Agisoft Photoscan 为每张正射图像分配地理和投影信息。同时，可以根据相机和像素的相对位置计算所有像素的观测天顶角和观测方位角。在本书中，采用了与之前类似的方法（Liu et al.，2012），利用三维阵列（X、Y、Z）处理研究区的多角度热红外信息，如图 5.29 所示，其中 X、Y 和 Z 分别对应图像坐标中的行和列以及观测天顶角。在 Z 方向上，有 25 层的观测天顶角大约在-60°～60°，步长为 5°。除了温度信息外，实际的观测角度，也被逐个像素存储。

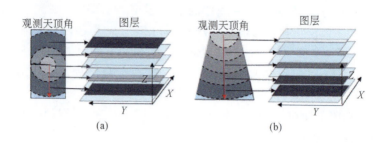

图 5.29　多角度热红外信息处理示意图

（a）星下点和（b）倾斜相机的多角度数据集示意图；红色箭头表示观测天顶角的增加方向

5.3.4　模型的验证与分析

在本节中，选择了两个指标来评估数据的不确定性和模型的性能：各向异性指数（DAI）和拟合结果的均方根误差。各向异性指数被定义为太阳主平面中方向性温度的标准偏差。需要说明的是，实测数据集中的各向异性指数是使用飞行轨迹中的多角度测量值计算的，尽管它们并不完全在太阳主平面内。在某种程度上，各向异性指数可以被看作是原始温度的误差水平，而均方根误差则反映了角度归一化后温度数据的误差水平。它们的差异表明了核驱动模型的角度归一化的效果。

1. 无人机数据

为了量化图像的角度误差水平，本书提取了温度的最大温差和温度的各向异性指数，如图 5.30 所示。在传感器星下点附近像元有 25 个观测值，但对于图像垂直飞行方向的两边区域，观测天顶角小的观测会有缺失。此外，观测次数也会随飞行姿态的微小变化而受到轻微影响。图 5.30 中所有像素的样本量都大于 12。各向异性指数的空间分布与最大温度的空间分布表现出很强的一致性。航带 1 和航带 2 的最大温差的平均值分别约为 4.16℃ 和 4.99℃。从统计学角度看，这意味着一个最大的误差水平。在这两个航带，温度各向异性指数的平均值分别为 1.30℃ 和 1.57℃。由于显著的三维结构影响，温差和各向异性指数的高值主要出现在植被和裸露土壤的边界以及建筑物和土壤的边界。在这些区域，温度各向异性指数和温差分别可达 4℃ 和 10℃。杨树树冠的温度各向异性指数和温差值显著高于松树和柏树树冠，这是由于干枯叶片的温度对热变化更敏感，干玉米秸秆的温度变异值比绿色树冠大。在玉米区，出现了一些温差和各向异性指数较大的条带，这是由于一些干玉米秸秆被砍伐，这些条带可以看作是行结构的特例。此外，同一植被类型的像元对应树冠的不同部分，出现的温度角度效应也有差异。需要说明的是，尽管处理后的正射影像组分之间的三维遮挡可以在处理过的图像中进行修正，但是还是出现了比较大的温度角度效应。

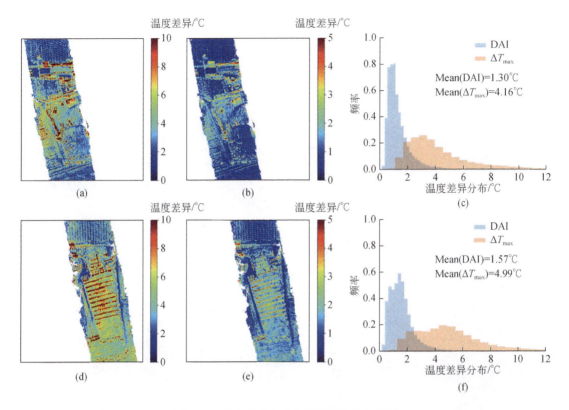

图 5.30　最大温差和各向异性指数统计结果

（a）航带 1 和（d）航带 2 的方向亮度温度的最大温差，（b）航带 1 和（e）航带 2 的方向
温度的角度效应，（c）和（f）分别是这两个轨道中的角度效应和温差的直方分布图

图 5.31（a）和图 5.31（b）显示了基于无人机测量数据不同模型拟合结果的比较。修改后模型的均方根误差分别为 0.63℃和 0.67℃。与相应的温度各向异性指数（1.30℃和 1.57℃）相比，拟合的结果是可以接受，在一定程度上表明模型消除了大约 0.60℃的角度误差。这两个航带的决定系数都不低于 0.96。图 5.31 中显示的结果证实，温度各向异性指数在不同的像元是不同的。图 5.31（c）和图 5.31（d）分别展示了航带 1 和航带 2 中各向异性指数和误差的空间分布差异。这些差异是针对不同的地表类型和结构逐个像元计算的，两幅图像中几乎没有出现负值。高度较大的杨树区的差异约为 1.0℃，柏树、松树和玉米干叶区域的对应值分别约为 0.5℃、0.5℃和 1.5℃。对于各向异性指数大于 4.0℃的像素，差值达到 2.5℃，代表了对方向性问题比较大的修正。这两个航带中的模拟结果分别如图 5.31（e）和图 5.31（f）所示。

2. 模拟数据拟合结果

基于模拟数据的分析中，每个场景都选择了六个研究样本点。对于有一个孤立的树和中等密度覆盖的森林场景，分别选择 A、B、C、D、G 和 H 点以及 A、B、C、D、E 和 F 点。对于行种植的场景，选择了 A、B、C、E、F 和 G 点。图 5.32（a）和图 5.32（b）

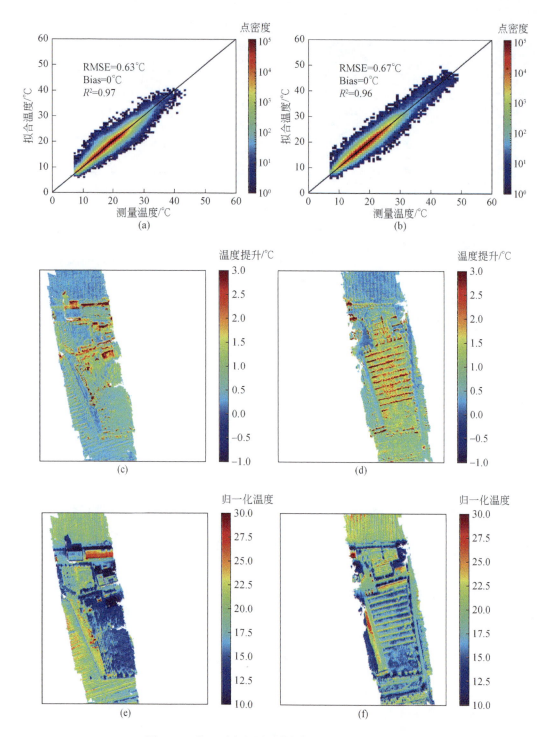

图 5.31　基于无人机测量数据不同模型拟合的结果

（a）航带 1 和（b）航带 2 的修正模型测量的亮温和拟合结果之间的散点图。（c）航带 1 和（d）航带 2 中的温度角度效应和均方根误差之间的差异，以及这两个航带对应的归一化温度（e，f）

中的矩形分别展示了当轴的原点位于图像中心时，所选点在树木和行植场景的天底线图像中的相对位置。所有研究点的面积为 0.25m×0.25m，这些点的温度是根据斯蒂藩–玻尔兹曼的理论，将相应像素（25×25）的温度聚集而得。由于生成场景的三维结构是已知的，可以计算出研究点在特定观测角度下的行和列的变化。因此，研究点的多角度观测数据是从 LESS 模型模拟的原始图像中提取的，而不是从 Agisoft Photoscan 处理的结果中提取的。

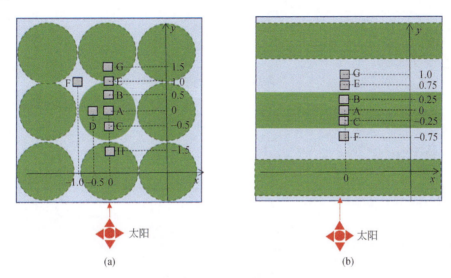

图 5.32　稀疏森林与垄行作物场景样本点选择的示意图

（a）和（b）分别展示了稀疏森林和垄行作物场景的样本点。

x 轴和 y 轴用于显示研究点的相对位置，单位是 m

在森林场景中，原有模型 LSF-LI 和改进模型 HKD 的模拟结果如图 5.33 所示。参考真值由 LESS 模型得到，其趋势表现为随观测天顶角增大而增大或者减小，同时随太阳角度变化而减小。需要指出的是，由于裸土区没有考虑热点效应，亮温结果仅呈现出随观测角度的变化，如图 5.33（f）所示。在图 5.33 中植被点位，亮温随着观测角度变化有很大的变化，如在图 5.33（a）和图 5.33（b）中亮温随着观测天顶角增大而减小，其可以通过随观测天顶角增大，临近温度较高的裸土像元的可视比例增大来解释。而在浓密的场景，由于临近像元也是温度较低的植被像元，该增大效果不明显。新模型模拟的结果如图 5.33 所示，统计信息如图 5.34 所示，在太阳天顶角为 45° 和 25° 时，虽然验证结果不同，但是修正后的结果都优于原有模型。在大部分区域，原有 LSF-LI 模型的模拟结果与优化后模型类似，但是在存在显著的增大或减小情况下，改进后模型有了明显的优化效果，如图 5.34（f）所示。原有的 LSF-LI 模型难以刻画这种遮挡造成的突变，而新提出的模型与参考真值具有很好的一致性。需要指出的是，由于空间分辨率较小，结果存在一定的随机性，模拟结果的变化存在一定的波动。

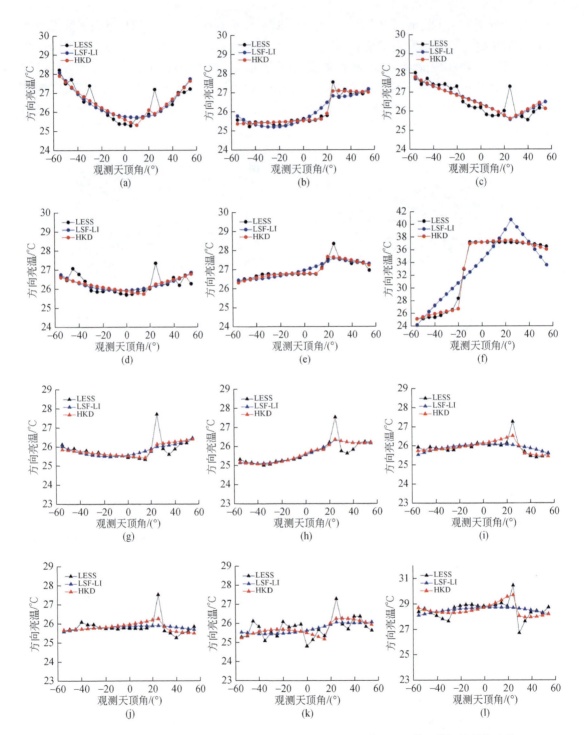

图 5.33 在森林场景中原有模型 LSF-LI 和改进模型 HKD 与 LESS 模型模拟结果的比较
对于 (a) ~ (f) 孤立树和 (g) ~ (l) 多覆盖树场景；
黑色、蓝色和红色分别表示 LESS 模型、LSF-LI 模型和 HKD 模型结果

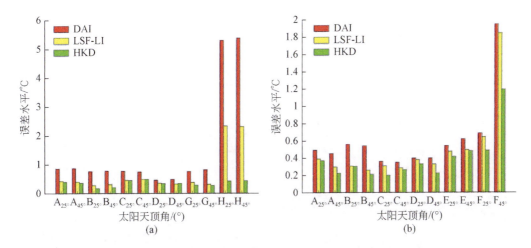

图 5.34　LESS 模拟结果的各向异性指数以及 LSF-LI 和 HKD 拟合结果的均方根误差

(a) 和 (b) 分别表示孤立树和树林场景结果，X 轴上的数字表示太阳天顶角

在垄行场景中，原有核驱动模型 LSF-LI 和优化后模型 HKD 的对比与森林场景的对比类似，如图 5.35 和图 5.36 所示。需要指出的是，在连续垄的场景，垄间的相互遮挡出现了亮温的双峰现象，这是由于传感器视线路径上垄的间隔排列。新模型对突变项有更好的表达，如图 5.35 (e) 和图 5.35 (f) 所示。另外由于模型中有更多的核，可以提供更多的模拟自由度以刻画亮温双峰的现象，如图 5.35 (g) 和图 5.35 (h) 所示。模型间的对比结果进一步凸显了优化后模型 HKD 的优势。与原有 LSF-LI 模型相比，HKD 模型在处理复杂垄行场景中的亮温分布时表现出更高的精度和更强的适应性。特别是在刻画由于遮挡和结构复杂性引起的亮温突变和双峰现象方面，新模型展现出了显著的改进。

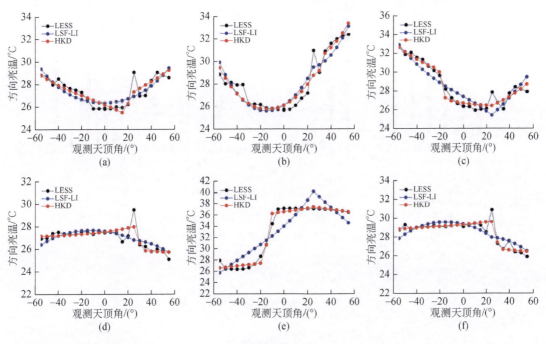

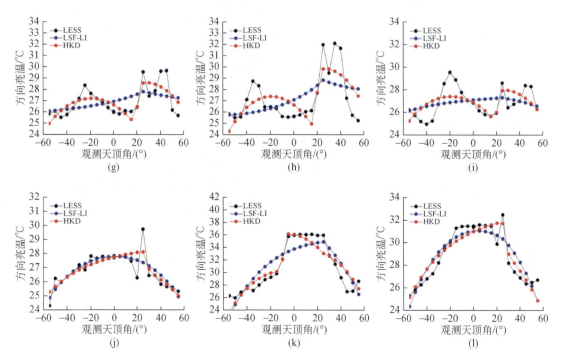

图 5.35　垄行场景中原有模型 LSF-LI 和改进模型 HKD 与 LESS 模型模拟结果的比较

（a）~（f）孤立行，（g）~（l）为多行作物种植场景；黑色、蓝色和红色分别表示 LESS 模型、
LSF-LI 模型和 HKD 模型结果

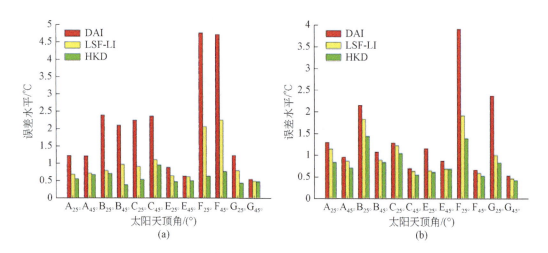

图 5.36　垄行场景中 LESS 模型模拟结果的角度效应与原始和修改模型拟合结果均方根误差

（a）为孤立行和（b）为多行作物种植场景；X 轴上的数字表示太阳天顶角

5.3.5　建模形式与拓展

1. 核组成形式

由于植被和土壤等的三维结构以及它们的光照/阴影情况都很复杂，很难准确总结高分辨率图像中一个像素温度受相邻地物的影响。因此，图 5.37 中提供了几个典型情况的分析，重点讨论了组分之间的三维遮挡问题。图 5.37（a）和图 5.37（b）、图 5.37（c）和图 5.37（d）分别展示了光照和阴影土壤的情况。当传感器到光照土壤的视线被树叶遮挡时，在观测天顶角增大的两侧，温度会急剧下降，分别如图 5.37（a）和图 5.37（b）所示。同样的情况也发生在阴影土壤中，温度变化将由阴影土壤和叶片之间的温度差确定，但温度的变化幅度可能明显低于光照土壤。图 5.37 中分别展示了树冠上的叶片和树下的土壤的影响。对于树冠上有浓密树叶的点，温度各向异性受林下土壤的影响较小。当视线被树叶阻挡时，树叶的光照比例可能会减少或增加，如图 5.37（e）和图 5.37（g）所示。在这些情况下，由于阳光下和阴影下的叶片之间的温度差异，温度各向异性增加。图 5.37（f）和图 5.37（h）显示，相邻树冠会导致大观测天顶角时候叶片光照比例波动。在图 5.37（i）和图 5.37（k）中，由于在大的观测天顶角时观察到土壤，在 X 轴的两边的温度会增加。临近树冠可能导致土壤的观测比例因遮挡效应而减少，温度的角度效应幅度也可能因光照和阴影叶片温差的减小而减小。需要注意的是，对于太阳天顶角较小的情况，由于各组分的可见比例的变化，温度可能呈现先增加后减少或先减少后增加的趋势，如图 5.37（j）和图 5.37（l）所示，其中灰色横线代表阴影。太阳角度和太阳辐射是影响温度各向异性的形状和幅度的两个重要因素。随着太阳辐射的增加，光照区和阴影区的温差增大，温度角度效应也相应增加。除了热点效应外，太阳角度会明显影响土壤的光照比例，温度各向异性也会受到影响。根据以前的研究，光照土壤的温度明显高于其他组分的温度。当太阳天顶角较小时，观察到的土壤主要对应于其光照区域。相反，当太阳天顶角大时，土壤的光照部分很小。在这种情况下，即使受到相邻像素的影响，由于被遮挡的土壤和阳光/阴影下的树叶之间的温差很低，温度变化也较小。

2. 尺度问题

原有核驱动模型与改进新模型的对比结果与研究区域空间分辨率相关，随着无人机观测空间分辨率的改变，无人机数据的角度变化量也会变化。空间分辨率从 0.15m 变化到 45.00m，亮温的角度变化的等效结果有微弱减少，主要出现在航带 1，而最大的变化出现在了角度效应最大变化量，从 10℃ 左右快速下降到了 1℃ 左右，这是由于元变大使得像元内组分可视比例的变化区间显著变小。随着空间分辨率的增大，亮温角度效应的方差也有所减小，如图 5.38（c）所示。

3. 不足和未来发展

研究结果表明，修改后的模型能够在高分辨率图像中模拟太阳主平面温度的各向异

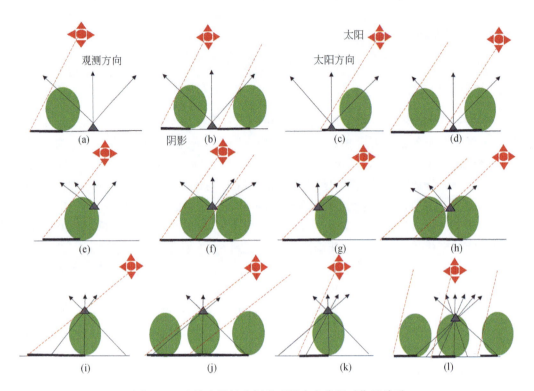

图 5.37　土壤和植被之间典型样本点位相对位置关系

（a）、（c）、（e）、（g）、（i）和（k）对应单个树冠，（b）、（d）、（f）、（h）、（j）和（l）对应多个树冠的场景，（a）和（b）用于光照土壤，（c）和（d）用于阴影土壤，（e）和（f）用于树林光照叶片，（g）和（h）用于树林阴影叶片，（i）和（j）对应大太阳角度叶片，以及（k）和（l）对应太阳角度小的叶片；红色符号代表太阳，黑线和红线分别表示观测和太阳方向

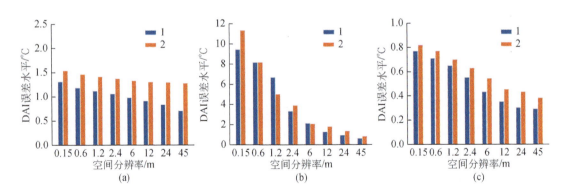

图 5.38　研究区域内无人机数据在不同空间分辨率下各向异性指数的统计信息

性。但对于拟合的结果和验证，仍然存在一些不足：

（1）在低空间分辨率时候，存在视场角变化的问题。随着空间分辨率的提高，除了这个问题外，温度各向异性对应的三维遮挡效应也变得显著。本书针对三维遮挡问题进行了讨论，将变化的足迹效应视为临近像元的影响，但本书提出的模型并没有具体解决这种渐变的温度变化。

（2）修改后的模型仍有改进空间。目前，在某些情况下不能很好地模拟热点效应。因此，需要进一步的工作来探索使用其他热点核函数的可能性，如 RL 模型可以调整热点的宽度和振幅。此外，修改后的模型对估计上行辐射的适用性是存在不足的。如果需要确定临近像元遮挡，需要从不同的观测方向进行模拟，从而更好地刻画整个半球空间的温度变化情况，此时遮挡的位置和幅度可以认为是等效的临近像元效应，类似于空间可视因子的功能。

（3）三台相机一起工作，在测量的数据集中获得了大范围的观测角度。三台相机的归一化是利用正射图像进行的。然而，经过一系列的数据处理步骤，某些像素的温度差值仍然超过了 0.50℃。其主要原因可能有两个：一个是 FLIR 相机的不稳定，另一个可能是，在正射的过程中，为了消除三维结构效应，对同一表面物体的像素存在空间上的不匹配。这是在分析和验证中使用由三维模型生成的模拟数据集的原因之一。从硬件的角度来看，未来可以使用更稳定的热红外相机，并且安装一个便携式的轻型黑体进行实时校准。

5.3.6　小结

由于实际应用的需要，高空间分辨率的红外遥感观测受到越来越多的关注。卫星平台的高空间和时间分辨率难以兼具，使用无人机平台是探索地表温度高时空变化特征的一个有效工具。由于温度各向异性影响，在精细尺度上提取地表温度仍然是一项具有挑战性的任务。由于相邻的组分遮挡，精细尺度量化方向性的困难在于复杂多样的几何关系。因此，除了像元内的影响，传感器接收到的辐射也受临近像元的影响。

本章节首先明确了临近像元对高分辨率观测数据角度效应的影响，其比中低分辨率要大得多。同时，这种影响显示出较大的空间差异，介于 0.5～5.0℃，表明对测量的地表温度进行角度归一化确实是必要的。本书提出并评估了一个改良的核驱动模型。结果表明，基于三维模型的模拟数据集和无人机的测量数据集，在模拟温度各向异性方面具有良好的表现。根据上述分析和评价结果，所提出的模型可以填补现有高分辨率遥感数据温度各向异性研究的空白，并将新提出的算法嵌入无人机高时空温度获取处理系统中。

5.4　像元异质性核函数建模

热辐射方向性问题，除了像元内规则变化因子影响，像元内非规则的异质性特征也起到重要作用，如地形影响、植被的垄行分布等，对于温度的角度校正问题，迫切需要一个简单、有效的参数化方法，能以自适应的方式弥补这些异值性特征对热辐射方向性的影响。

5.4.1　像元异质性特征研究背景

地表温度是地表能量平衡重要的数据支撑，遥感的方法能够大范围地获取地表温度状况。如前文所述，由于地表结构、温度和发射率的非均质特性，地表热辐射存在较大的方向性特性，通过机载的观测发现，该差异在城市区域最大可达 5.0K，在自然地表也可达 2.5K（Lagouarde et al.，2000；Lagouarde and Irvine，2008）。由于受到传感器观测几何和太阳角度的影响，遥感技术只能获取特定角度的地表温度，这使得地表温度遥感产品不可避免地受到地表热辐射方向性的影响（Coll et al.，2019）。

通过辐射传输建模的方式可以解释地表地物的温度状况和传感器观测红外信号间的联系，如辐射传输模型、几何光学模型和辐射传输–几何光学混合模型（Verhoef et al.，2007）。这些模型均从辐射传输的过程出发，通过寻找地表结构特征的分布规律，能够有效揭示地表热辐射方向特性的主要矛盾。从应用的角度出发，核驱动模型的方法为解决地表热辐射方向性问题提供了更优的解决方案。

目前，核驱动参数化方法已经取得了一些进展，如 Vinnikov 核函数组合、Vinnikov-hotspot 核函数组合、Roujean-Loguarde 核函数组合、LSF-LI 核函数组合、Visible-Thermal 核函数组合（Bian et al.，2021a；Duffour et al.，2016a；Ermida et al.，2017；Ermida et al.，2018b；Su et al.，2002）。尽管核函数有一些发展，但是更多地体现在对光学核驱动方法的适应性改造，特别是针对观测天顶角变化和太阳热点变化两个维度的角度变化特征进行建模。虽然这种方式解决了大部分地表热辐射方向性问题，在光学的反照率等研究中已经得到了证实，是有效的策略，但是随着研究的深入，发现除了上述提到的两个维度的热辐射方向特性外，还有一些其他的变化特征。例如，在垄行植被中会因条带效应导致热分布不均匀，地形影响则可能导致显著的侧向减小效应等。在上个章节，对导致热辐射方向的问题进行了归纳：①像元中规则分布因素；②像元中非规则分布因素；③临近像元影响。以往的研究多针对因素 1 建模，而上个章节开展了针对临近像元的建模。目前，很少研究开展针对像元中非规则分布因素的建模，这是由于对于非规则分布的规律难以刻画。但是随着研究的深入，特别是在高分辨率的研究和山区研究中，像元非规则分布因素所占比重增大（Yan G et al.，2020；Zheng et al.，2019），寻找一个可以描述异质性特征的核函数显得尤为重要。

因此，本书旨在提出一个可以有效描述非均质的热辐射方向性特征，以一个垄行的场景作为研究对象。通过热辐射方向特性的规律，提出了一个异质性核函数。通过三维辐射传输–能量平衡耦合模型生成的模拟数据集和有人机获取的垄行葡萄园测量数据集进行模型的验证。整个研究其余部分包括以下几个内容：5.4.2 节对新提出的异质性核函数进行了描述；5.4.3 节介绍了研究用的数据集；5.4.4 节介绍了模型基于测量和模拟数据集的验证结果；5.4.5 节进行了一些讨论；5.4.6 节总结了整个研究。

5.4.2　像元异质性核驱动方法

1. 行结构场景

为了获取更多的光照条件，现有的多种粮食作物和经济作物的种植方式均采用垄行种植方式，如图 5.39 所示，其中图 5.39（a）~图 5.39（f）分别为玉米、小麦、水稻、葡萄、大豆、棉花。这些作物在生长的过程中，其植被结构状况可以通过垄行的几何体代替。由于垄行结构的特殊性，热辐射方向特性表现出条带现象。已有的辐射传输模型可以对其进行建模，其建模的方式如图 5.39 （g） 所示，这些模型可以模拟出热辐射的条带问题，但这些模型在描述条带效应方面的能力尚未被纳入核驱动模型的框架中。

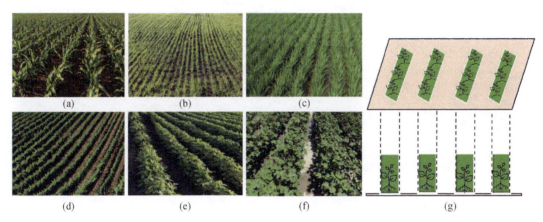

图 5.39　典型垄行种植的作物类型

（a） ~ （f） 分别为玉米、小麦、水稻、葡萄、大豆和棉花，（g） 为现有辐射传输模型对行结构的抽象方式

2. 已有的核驱动方法

根据已有的研究，地表的温度方向特性可以通过以下核驱动方法进行参数化：

$$T(\theta_s, \theta_v, \Delta\varphi) = f_{vol} \cdot K_{vol}(\theta_v) + f_{geo} \cdot K_{geo}(\theta_s, \theta_v, \Delta\varphi) + f_{iso} \tag{5.44}$$

式中，K_{vol} 和 K_{geo} 分别为多次散射核和几何光学核；f_{vol} 和 f_{geo} 分别为多次散射核和几何光学核的核系数；f_{iso} 为各向同性核的核系数；T 为方向温度值；θ_s，θ_v，$\Delta\varphi$ 分别为太阳天顶角、观测天顶角和相对方位角。对于多次散射核和几何光学核以前有很多研究，在该研究中，多次散射核选择 Vinnikov 核 （Vinnikov et al., 2012），热点核选择 LiSparse 核 （Wanner et al., 1995），其在不同观测天顶角和方位角下的表现分别如图 5.40 （a） 和图 5.40 （b）

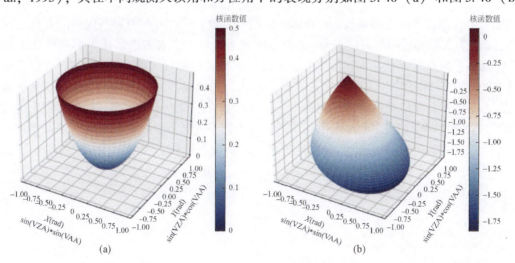

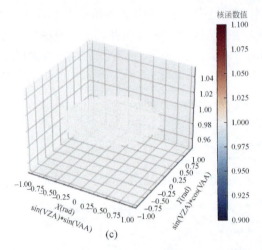

图 5.40　多次散射核、几何光学核和各向同性核在不同观测角度下表现

所示。各向同性核在不同角度都等于1。

3. 像元异质性核

对于垄行作物，除了以上三个核，还提出了一个各向异性核，整个核驱动模型如下：

$$T(\theta_s,\theta_v,\Delta\varphi_{vs})=f_{vol}K_{vol}(\theta_v)+f_{geo}K_{geo}(\theta_s,\theta_v,\Delta\varphi_{vs})+f_hK_h(\theta_s,\theta_v,\Delta\varphi_{vo})+f_{iso} \tag{5.45}$$

$$K_h=\exp(-\sin(\theta_v')\cdot\cos(\beta)\cdot k) \tag{5.46}$$

$$\beta=\begin{cases} \alpha,\alpha<90 \\ 180-\alpha,\alpha>90 \end{cases} \tag{5.47}$$

$$\alpha=\mathrm{mod}(\Delta\varphi_{vo}',180) \tag{5.48}$$

$$\begin{bmatrix} \sin\theta_v'\cos\Delta\varphi_{vo}' \\ \sin\theta_v'\sin\Delta\varphi_{vo}' \\ \cos\theta_v' \end{bmatrix}=\begin{bmatrix} \cos\theta_s' & 0 & -\sin\theta_s' \\ 0 & 1 & 0 \\ \sin\theta_s' & 0 & \cos\theta_s' \end{bmatrix}\begin{bmatrix} \sin\theta_v\cos\Delta\varphi_{vo} \\ \sin\theta_v\sin\Delta\varphi_{vo} \\ \cos\theta_v \end{bmatrix} \tag{5.49}$$

$$\theta_v'=\arcsin(\sin\theta_s\cdot\sin\Delta\varphi_{so}) \tag{5.50}$$

式中，K_h 为像元异质性核函数；f_h 为其对应的核系数；$\Delta\varphi_{vo}$ 为观测和垄向间的方位方向夹角；$\Delta\varphi_{so}$ 为太阳和垄向间方位夹角；k 为宽度调节系数，在本书中默认为1。图 5.41 展示了不同的系数条件下 K_h 在不同角度下的表现。这里太阳和行向的夹角为90°，太阳天顶角分别为0°、30°和50°。从图 5.41 中可以看出来，如果没有太阳的影响，垄行只会导致穿过圆心的条带在垂直垄的方向快速变小，而在沿垄行方向的变化较小。在有太阳影响的情况下，会导致一个在太阳角度附近的条带，从太阳位置处沿垂直垄的方向逐渐减小；对于一个大的太阳角度（如50°），函数会变成一个斜坡的形状。当然对于一个纯的斜坡，还可以通过一个新的函数进行表达 $\beta=\mathrm{mod}(\varphi_v+\varphi_o,360)$。

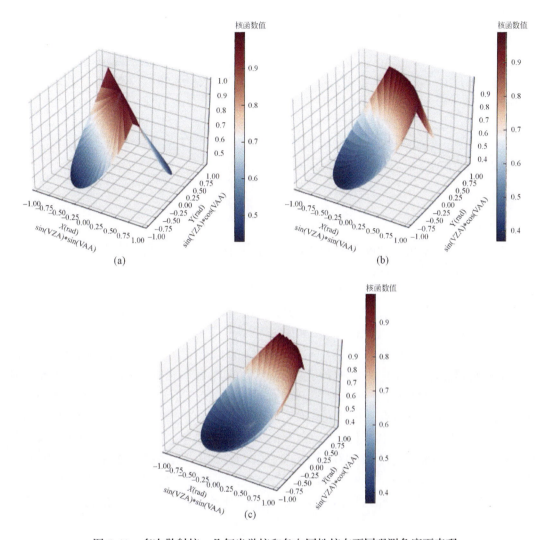

图 5.41　多次散射核、几何光学核和各向同性核在不同观测角度下表现

5.4.3　测量和模拟数据集

1. 测量数据集

本书用的测量数据集来自法国葡萄园的机载观测数据，其通过搭载在直升机上的热像仪获得，该数据集在前文中已经介绍过了，这里只是进行简要的介绍。该数据对应着一个葡萄园场景，葡萄沿行种植，垄间有较大的空地，在飞行过程中空地为裸土，葡萄的生长状况较为稳定，叶面积指数约为2.4。研究区的葡萄园分为不同的地块，主要以南北和东西方向的垄行种植方式，在后续的数据处理中，不同垄向的地块分开统计（Lagouarde et al.，2014）。

有人机以十字交叉的方式飞过目标，通过传感器与目标间的相对位置的变化可以得到连续角度的观测结果，而且传感器倾斜放置且配备 80°×60° 的宽视场镜头，可以得到更大的观测天顶角。飞机的飞行高度是 500m，飞行的速度是 50m/s，传感器的采样频率大概是 1Hz，遥感图像的分辨率大概是 2.5m。每次飞行的时间大概持续 30~45min。在遥感观测期间进行了五次观测。其中，在 1996 年 8 月 3 日进行了两次飞行，时间为 12：29~13：06 和 12：15~13：06；1996 年 9 月 7 日进行了三次飞行，时间分别为 9：55~10：41、13：05~14：02 和 15：13~15：48。数据获取后，还进行了辐射校正和几何校正，大气校正是基于 LOWTRAN 7 和实时气象数据进行的。

2. 模拟数据集

本书用的模拟数据集通过一个三维辐射传输-能量平衡耦合模型 TRGM-EB 模拟得到，该模型通过辐射度方法获取每个面元的辐射，并通过能量平衡方法优化迭代得到每个面元的温度。TRGM-EB 模型可以模拟给定场景不同时刻的方向亮温，经过有人机数据验证和其他模型的相对检验，确保了结果的可靠性（Bian et al.，2017）。

本书选择了垄行玉米场景作为研究对象，通过地面测量的结构参数作为输入，通过 L 系统生成了三种生长状态的玉米结构，如图 5.42 所示，叶面积指数分别为 1~3。随着植被的生长，垄行情况逐渐减弱，在叶面积指数为 3 的时候行结构情况变小。植被的反射率和透过率通过 PROSPECT 模型模拟得到，土壤的反射率通过地面的实验测量得到（Baldridge et al.，2009；Jacquemoud and Baret，1990）。TRGM-EB 模型可以模拟不同时间的结果，本书用的驱动数据（风速、气温、湿度、压强、大气下行长、短波辐射）通过怀来气象站测量得到。一天中，太阳天顶角大概从 60° 变到 20°，然后再变大到 60°，模型每半小时间隔进行模拟，通过 12：00、13：00、14：00 的模拟结果进行分析。在每个时刻，观测方向为整个半球方向，观测天顶角最大为 55°，间隔为 5°，观测方位角为 0°~360°，间隔为 30°。模拟的热红外的观测结果以 10.5μm 为中心。整个模拟数据集包括九种情况。

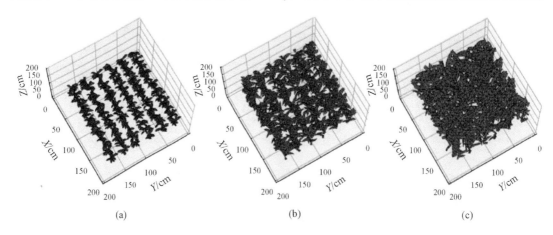

(a)　　　　　　　　　　　(b)　　　　　　　　　　　(c)

图 5.42　通过 L 系统生成的不同的生长阶段的垄行玉米场景

（a）~（c）分别为叶面积指数为 1~3 的情况

5.4.4　基于机载和测量的验证结果

1. 基于机载测量数据集的验证

图 5.43 通过极坐标图展示了有人机观测数据和新提出模型及原有驱动模型拟合结果的对比。表 5.10 展示了此次验证的统计结果。图 5.43（a）~图 5.43（c）展示了东西垄向的葡萄园场景，图 5.43（d）~图 5.43（o）展示了南北垄向的葡萄园场景。不管是南北还是东西垄向，都能看到比较明显的热条带特征。方向温度间的差异可达 7.5K。通过对比，发现新提出模型的模拟结果与观测数据比较一致，在场景 A 和场景 B 原有模型的均方根误差分别为 2.03K 和 1.92K，新模型明显优于原有模型的模拟结果，均方根误差为 1.55K 和 1.16K。新模型的优化优于 0.50K。同时，新模型的模拟结果与观测结果间的决定系数为 0.74 和 0.88，优于原有模型（0.56 和 0.68）。而在 9 月 7 日，除了场景 E，观测结果中温度角度效应也可达 5.00K。通过对比，也发现了新提出模型的模拟结果优于原有模型，均方根误差间的差异也大于 0.50K，决定系数也有明显的提升。对于场景 E，两个模型的均方根误差和决定系数类似。

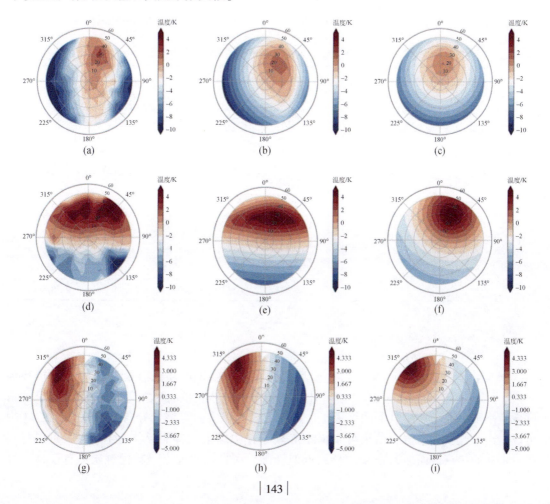

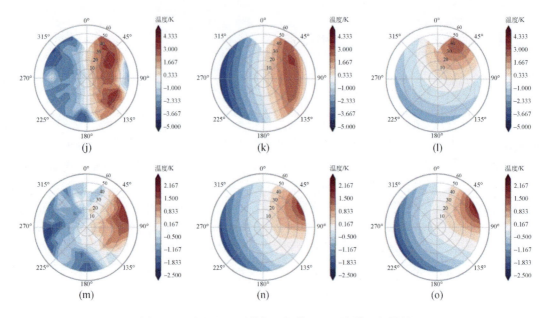

图 5.43　有人机观测数据、新模型和原有模型的结果

（a）、（d）、（g）、（j）、（m）分别为场景 A～场景 E 的观测结果，（b）、（e）、（h）、（k）、（n）为对应数据的新模型拟合结果，（c）、（f）、（i）、（l）、（o）为对应数据的原有模型拟合结果

表 5.10　基于观测数据的新模型和原有模型的拟合结果

场景	数据量	模型	RMSE/K	R^2
A	18 218	原有模型	2.03	0.56
		新模型	1.55	0.74
B	19 365	原有模型	1.92	0.68
		新模型	1.16	0.88
C	19 069	原有模型	1.28	0.61
		新模型	0.72	0.76
D	18 038	原有模型	1.65	0.28
		新模型	1.01	0.73
E	17 067	原有模型	0.41	0.73
		新模型	0.37	0.78

2. 基于模拟数据集的验证

图 5.44 展示了基于 TRGM-EB 模型模拟数据，新模型和原有模型在叶面积指数为 2.0、当地时间为 11∶00 的拟合结果对比。从图 5.44 中可以看出，垄向为 90°～270°的角度效应小于垄向为 0°～180°的结果。这可能由于太阳方向与垄行方向相向。从图 5.44 中可以看出来，新模型拟合结果与 TRGMEB 模型模拟结果在特征形状上更相近，可以得到条带形状的热点，而原有模型的热点近似椭圆。而且在幅度上，新模型比原有模型更接

近，两个模型都有不同程度的低估现象，但是新模型低估的幅度小一些。通过统计结果的对比，对于 0°~180° 垄向情况，新模型和原有模型的均方根误差为 0.55K 和 0.63K，决定系数分别为 0.69 和 0.58。对于 90°~270° 垄向情况，新模型的提升更加显著，新模型和原有模型的均方根误差为 0.70K 和 1.16K，决定系数分别为 0.75 和 0.31。两个场景总体来说，新旧模型的均方根误差分别为 0.63 和 0.94，决定系数为 0.78 和 0.53。

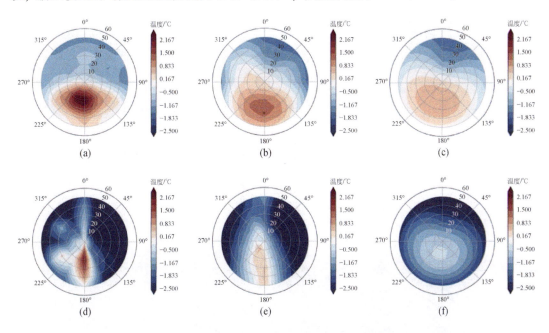

图 5.44　基于 TRGM-EB 模拟数据的新模型与原有模型的拟合结果

(a)~(c) 和 (d)~(f) 分别为垄行为 90°~270° 和 0°~180° 的结果

图 5.45 展示了基于所有场景的 TRGM-EB 模拟数据，新模型与原有模型的拟合结果。从图 5.45 中可以看出新模型的拟合结果主要集中在 1∶1 线，而原有模型数据在低值区出现低估。从统计结果上看，新模型的均方根误差为 0.51K，小于原有模型结果 0.67K，同时决定系数也是新模型的值（0.86）要高于原有模型（0.75）。对于不同情况下的统计如图 5.46 所示。可以看出随着叶面积指数的增大，均方根误差逐渐减小。随着垄向从 0° 变化 90°，均方根误差增加。不管是哪种情况，新模型的表现都是优于原有模型的。从决定系数上来说也是类似的结论，新模型的决定系数约为 0.8，而原有模型的决定系数约为 0.6。

5.4.5　小结

辐射传输模型是遥感定量反演的理论支撑，但在实际业务化应用中，核驱动参数化的方式更有实际应用价值。三维模型或者准三维模型能比较详尽地模拟地表的热辐射方向或者波段特性，而二维或者解析模型通过引入一些必要的假设可以更好地应用，核驱动参数化方法侧重抓住热辐射方向性特征的主要矛盾。而随着研究的深入，特别是高空间分辨率

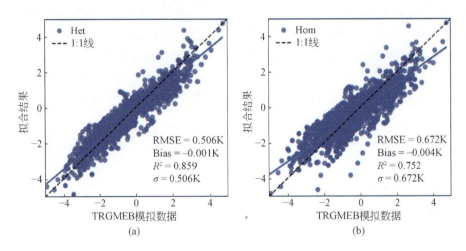

图 5.45　基于 TRGM-EB 模型所有模拟数据的新模型与原有模型的拟合结果的散点图

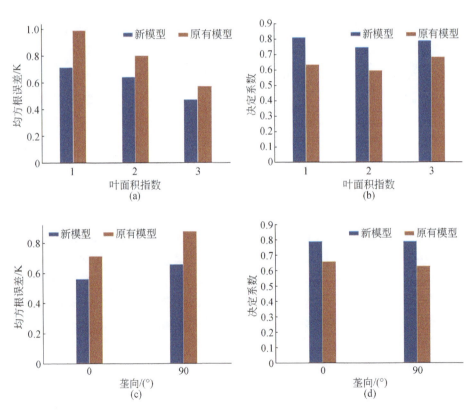

图 5.46　不同 LAI 和垄行方向的新模型和原有模型的拟合结果情况

（a）和（b）分别为不同叶面积指数
时候的均方根误差和决定系数，（c）和（d）分别为不同垄向时候的均方根误差和决定系数

数据的应用，像元内非规则因素起到更大的作用，因此热辐射方向性呈现出更多的特性。本书提出了一个像元异质性核，旨在捕捉地表的特异性规律。通过有人机观测数据和模拟

数据的验证，表明新提出的异质性核函数能够有效承载垄行植被场景热辐射方向性特征，是对现有核驱动建模体系的重要补充。

5.5 干旱指数的角度归一化方法

5.5.1 干旱指数研究背景

在农业上的干旱问题通常由自然灾害引起，会严重影响作物产量，危害全球的粮食安全。直观地说，当作物用水的需求超过降水或灌溉的可用水量时，就会发生农业干旱。这些干旱事件难以预测，甚至难以量化，这是由于其受到多个干扰因素的共同影响，如降水量、地表水供应、蒸发量以及人类活动。目前，人们已经提出了许多方法来监测和分析农业干旱，基于遥感观测是其中的重要内容（Hu et al., 2020; West et al., 2019）。

卫星方法可以提供多种空间和时间尺度上的观测信息，在干旱监测上具有显著优势，可以替代或补充地面站的常规测量能力。基于卫星遥感数据已经提出了多个干旱指数，特别是归一化水指数（NDWI）（Gao, 1996）、植被状况指数（VCI）（Kogan, 1995b）、温度状况指数（TCI）（Kogan, 1995a）。这些干旱指数已经被用来单独或组合预测干旱的空间分布和强度（Hao et al., 2015）。同时，使用可见光、近红外以及热红外数据的方法已被证明可以提供更好的农业干旱信息。归一化植被指数（NDVI）和地表温度（LST）可分别用于量化植被生长和辐射收支状况。温度植被干旱指数（TVDI）和植被温度条件指数（VTCI）是基于 LST-NDVI 空间的两个代表性干旱指数（Sandholt et al., 2002; Wang et al., 2001）。目前，已经有多种卫星数据开展了类似的研究，如 MODIS 和 SLSTR。

然而，红外热辐射观测在估计地表温度时受到传感器的制约和各向异性的影响。对机载和卫星数据的分析表明，在不同的林冠结构和气象条件下，温度的角度效应差异大（Coll et al., 2019; Lagouarde et al., 2014; Lagouarde and Irvine, 2008）。基于 LST-NDVI 空间的干旱指数（即 TVDI 或 VTCI）也会受到这种温度各向异性的影响。目前，尽管基于辐射传输和几何光学理论对温度角度效应进行了分析（Bian et al., 2018a; Verhoef et al., 2007），并且核驱动参数化模型在消除地表温度各向异性展现了重要作用（Bian et al., 2021b; Duffour et al., 2016b; Ermida et al., 2018b; Vinnikov et al., 2012）。但关于地表温度各向异性对干旱指数的影响的研究仍然很少，更缺乏从干旱指数中去除各向异性影响的有效方法。因为使用多传感器数据联合进行干旱监测可以提高空间覆盖率和时间频率，所以该方法已成为一种有效的策略（Hao et al., 2015）。综上所示，消除不同传感器间的角度依赖，进行干旱指数的角度归一化是干旱监测重要环节之一。

因此，该章节的目的是分析干旱指数受到地表温度各向异性的影响情况，以及如何能对其进行提升。这里通过使用温度模拟模型（SCOPE）对不同的干旱和植被条件进行模拟，生成的模拟数据集来评估干旱指数，即 TVDI。另外，机载和卫星平台获得的测量数据集也用于分析和验证。该研究其余部分如下：5.5.2 节描述了 LST-NDVI 干旱指数和核驱动的角度归一化方法；5.5.3 节描述了一个模拟数据集和两个测量数据集；5.5.4 节描述了分析结果；5.5.5 节讨论了 LST-NDVI 关系和核驱动方法的问题；5.5.6 节总结了整个研究并对未来发展进行了展望。

5.5.2 干旱指数的归一化方法

1. LST-NDVI 空间

地表温度和植被指数空间是构建干旱指数 TVDI 和 VTCI 的基础，这是由于它展示了植被和土壤含水量如何影响地表温度。在土壤–植被系统中，光照土壤的温度通常高于植被的温度，这意味着随着植被指数的增加，在传感器的视场中该组分会减少，从而导致整个冠层的地表温度下降。尽管如此，地表温度对土壤含水量的变化比植被指数的变化更敏感（Zhu et al.，2017）。在植被稀疏或贫瘠的地表，当土壤含水量减少时，土壤蒸发也会减少。因此，更多的能量被分配到显热通量，从而导致观测到的地表温度增加。在植被茂密的地区，观测到的地表温度主要由植被决定。地表温度和植被指数之间的关系可以用一个三角形的梯形来表示（图 5.47），其中暖、干和冷、湿的边缘分别代表地表温度的上界和下界。沿着暖边的数据被看作是没有土壤蒸发和植被蒸腾的极度干旱，而沿着冷边的数据被看作是饱和土壤含水量的极度潮湿。

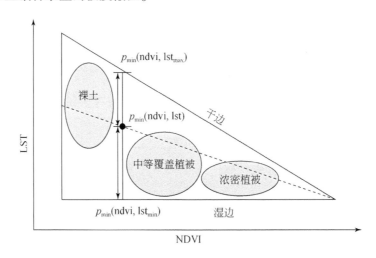

图 5.47　不同植被和水分条件下地表温度 LST 和植被指数 NDVI 之间关系的示意图

2. 干旱指数

地表温度与植被指数和土壤含水量几乎呈线性变化。由此可见，一旦确定了冷暖边界，利用观测的温度和植被指数可以区分不同的干旱等级。干旱指数 TVDI 的计算方法如下（Sandholt et al.，2002）：

$$\text{TVDI} = \frac{\text{LST}_{\text{ndvi}} - \text{LST}_{\text{ndvi,min}}}{\text{LST}_{\text{ndvi,max}} - \text{LST}_{\text{ndvi,min}}} \tag{5.51}$$

$$\text{LST}_{ndvi,max} = a\text{NDVI} + b \tag{5.52}$$

$$\text{LST}_{ndvi,min} = a'\text{NDVI} + b' \tag{5.53}$$

式中，LST_{ndvi} 为当前像元的地表温度；$\text{LST}_{ndvi,max}$ 和 $\text{LST}_{ndvi,min}$ 分别为特定植被指数水平下的最大和最小温度。$\text{LST}_{ndvi,max}$ 可以用两个统计系数（a，b）线性表示。$\text{LST}_{ndvi,min}$ 在许多研究中被假定为常数，但这里采用了线性公式表达（a'，b'）。根据（Wang et al., 2004），TVDI 为 0~1，可分为五个等级：非常湿润（0<TVDI≤0.2）、湿润（0.2<TVDI≤0.4）、水量平衡（0.4<TVDI≤0.6）、干旱（0.6<TVDI≤0.8）和非常干旱（0.8<TVDI≤1.0）。

本书采用之前提出的方法提取 LST-NDVI 空间的暖边缘和冷边缘（Hu et al., 2019; Tang et al., 2010）。具体步骤如下：首先，将研究区的植被指数值分为 M 个不同的区间，每个区间又分为 N 个不同的子区间。在本书中，M 和 N 分别被设定为 20 和 5，如果值超过平均值的正负 5 倍标准差，去除异常的地表温度。然后，提取每个子区间的最大地表温度，采用迭代策略，直到建立一个稳定的关系。通过使用每个子区间的最小地表温度，以类似的方式提取冷边。

地表温度和植被指数都会影响干旱指数的精度。目前，许多研究已经通过使用热红外和光学参数/核驱动模型分别研究了地表温度和植被指数的角度问题。准确估计干旱指数的一个可能策略是使用角度归一化的地表温度和植被指数，这也将消除干旱指数的角度效应。然而，与植被指数相比，地表温度的角度归一化是相当困难的，这是由于热辐射是动态变化的。因此，本书探索了一种实用、可行的适用于干旱指数的角度归一化方法。

3. 角度归一化方法

核驱动的方法最初是为光学双向反射分布函数提出的。因此，在描述归一化方法之前，首先对干旱指数的角度效应进行刻画，以检查这个问题是否可以通过使用核驱动策略来解决。选择一个简单的几何光学测试，利用像元内组分的干旱指数和它们的观察比例来探索像素中干旱指数的分解。在确定冷边缘和暖边缘时，干旱指数可以通过对每个像素公式来计算。本书考虑了四个组成部分，如图 5.48 所示。因此，在理论上应得到四个组分级的干旱指数值。干旱指数的值由这些组分干旱指数与它们的权重按观测比例计算确定，如下所示：

$$\text{TVDI}(\theta, \varphi, \Delta\varphi) = \sum p_i(\theta, \varphi, \Delta\varphi) \cdot \text{TVDI}_i + \Delta\text{TVDI} \tag{5.54}$$

式中，TVDI_i 和 p_i 为一个分量的干旱指数和观测比例。干旱指数的角度效应与它们的组成部分的观测比例有关。考虑到其成分的光谱和温度值，可以根据任意倾斜叶片散射（4SAIL）模型的热红外拓展来模拟冠层顶部的方向反射率和温度（Verhoef et al., 2007）。红色波段的叶片反射率和叶片透射率分别被设定为 0.08 和 0.06，对于近红外波段，它们被设定为 0.42 和 0.40。土壤的红光和近红外反射率分别被设定为 0.20 和 0.23。光照和阴影下的叶片温度分别被设定为 304.65K 和 301.65K，光照和阴影土壤温度分别被设定为 320.65K 和 305.65K。然后，可以计算不同角度下的干旱指数值。组分的有效反射率和温度确定后，可以计算出组分的干旱指数 TVDI，通过使用它们的可视比例可以得到像元累计的干旱指数。图 5.49（a）展示了模型直接模拟的 TVDI 和使用组分 TVDI 合成的结果。尽管在叶面积指数为 1.0 和 3.0 的情况下出现了轻微的低估，偏差分别为 −0.021 和 −0.026，但指数的角度效应可以被很好地捕捉，决定系数分别大于 0.94 和 0.93。

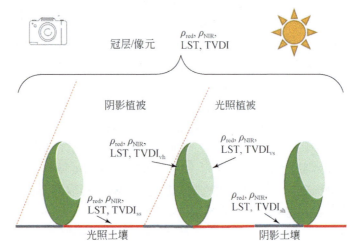

图 5.48　土壤–植被系统的组成示意图

下标 ss、sh、vs、vh 分别代表光照和阴影土壤，以及光照和阴影植被

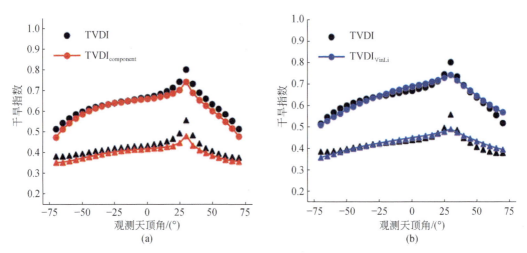

图 5.49　模拟 TVDI 与组分合成及核驱动拟合 TVDI 的比较结果

（a）4SAIL 模型模拟 TVDI 和使用组分 TVDI 的合成值，（b）4SAIL 模型模拟的 TVDI 和 VinLi 拟合值

　　根据上述分析，本书提出了一种基于核驱动模型的参数化方法，用于干旱指数的角度归一化，具体如下：

$$\mathrm{TVDI}(\theta_s, \theta_v, \Delta\varphi) = f_{\mathrm{vol}} \cdot K_{\mathrm{vol}}(\theta_s, \theta_v, \Delta\varphi) + f_{\mathrm{geo}} \cdot K_{\mathrm{geo}}(\theta_s, \theta_v, \Delta\varphi) + f_{\mathrm{iso}} \tag{5.55}$$

式中，K_{vol} 和 K_{geo} 分别为体散射核和几何光学核，有相应的核系数 f_{vol} 和 f_{geo}；f_{iso} 为各向同性散射核系数；θ_s，θ_v，$\Delta\varphi$ 分别为太阳和观测方向天顶角，及两者的相对方位角。目前，已经提出了许多内核，它们的组合已经被广泛应用。在这项研究中，为了干旱指数角度归一化，选择了 Vinnikov 辐射率核（Vinnikov et al., 2012）和 Li 核（Wanner et al., 1995）的组合（即 VinLi）作为推荐的解决方案。与光学核驱动的模型相比，热红外核驱动的模型通常只限于短时间内，地表温度随着太阳辐射和大气条件的变化而变化。然而，尽管包含地表温度，干旱指数可以被看作是一个与时间无关的值，这是由于它是在 LST- NDVI 空间的最大和最小温度之间归一化的结果，干旱指数的时间变化可以归因于不同的太阳角度。鉴于核驱动模型包含三个未知数，至少需要三个观测值来解决这个问题。但为了获得更稳健的性能，根据光学研究这里采用了至少七个可用的观测数据。

角度效应会导致对干旱监测的误解，这是由于它导致干旱指数的不确定性。当核系数被拟合后，可以采用归一化的干旱指数指标，如下所示：

$$\text{TVDI}_e = \text{TVDI}_{\text{KD}}(\theta_s = \theta_s', \theta_v = \theta_v', \Delta\varphi = \Delta\varphi') \tag{5.56}$$

在本书中推荐采用星下点方向的干旱指数作为参考，TVDI_{KD} 和 TVDI_e 分别为干旱指数的归一化结果和等效结果。

5.5.3 机载和卫星数据

1. WIDAS 测量数据

机载数据由 WIDAS 传感器获得，该传感器结合了两台 Quest Condor-1000 MS5 光学相机和一台 FLIR A655sc 热像仪，以同步获得光学和红外观测。红光、近红外和红外波段的波长范围分别为 590 ~ 670nm、850 ~ 1000nm 和 7.5 ~ 14.0μm。由于 FLIR A655sc 相机搭载宽视场镜头和倾斜观测，可以获得大倾角的红外观测信息，在飞行方向上观测天顶角可达后向 10°到前向 45°，而在垂直飞行方向上为 15°。两台近红外相机同步提供类似的观测天顶角范围。

在这项研究中，本书选择了 2012 年 8 月 3 日在 HiWATER 测量的 WIDAS 红外和光学数据。在这个时期，LAI-2000 测量的叶面积指数的平均值为 3.4。WIDAS 的角度配置是在特定的太阳角度和不同的观测角度。飞行试验时间大约为 10：30 ~ 14：30（北京时间）。本书设计了不同的航带来覆盖整个研究区域，飞行方向相同，方位角为 120° ~ 300°。在这个方向上，本书得到的观测天顶角范围为 0° ~ 45°。每张图像的近红外反射率和近红亮度温度被重新拼接，作为一个航道的新图像，观测天顶角区间内划分多层。建筑物和道路等像元也被去除。每条航带，机载测量的采集时间小于 15min。

干旱指数的数据处理程序如图 5.50 所示。处理工作流程包括两个部分：①干旱指数的计算；②干旱指数的角度效应拟合。以下是对干旱指数估计的简要描述。处理过程从机载多角度数据集开始，其包括红光和近红外反射率、热红外数据以及相应的观测和太阳角度。在这个分析中，光学和热红外图像的空间分辨率被重新取样到 5.0m。光学和热红外波段的大气效应使用 MODTRAN 模型结合同步测量的大气廓线来消除。大气校正后，使用红光和近红外反射率计算植被指数。采用单通道算法反演地表温度，其中像素平均发射率采用基于植被指数的算法计算，具体算法如下：

$$\varepsilon_p = \text{FVC} \cdot \varepsilon_v + (1 - \text{FVC}) \cdot \varepsilon_s \tag{5.57}$$

$$\text{FVC} = \frac{\text{NDVI} - \text{NDVI}_{\min}}{\text{NDVI}_{\max} - \text{NDVI}_{\min}} \tag{5.58}$$

式中，FVC 为植被比例；ε_v 和 ε_s 分别为植被和土壤发射率，在该研究通过 ABB BOMEM MR304 傅里叶变换红外光谱仪测量得到，数值分别为 0.975 和 0.954（Bian et al.，2016）。基于反演到的温度和植被指数，可以根据上文提到的方法计算出不同观测角度和太阳角度下的干旱指数。然后，分析干旱指数随视角和太阳角度的变化，采用核驱动模型来拟合干旱指数角度效应。

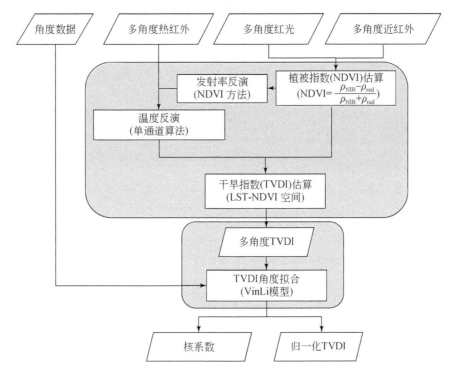

图 5.50   TVDI 的多角度和多时间观测数据的处理过程

2. SLSTR 观测数据

除了近地面机载数据外，本书还选择了哨兵-3A/3B 卫星（分别于 2016 年 2 月和 2018 年 4 月发射）上的 SLSTR 遥感数据，以评估干旱指数在估计农业干旱中的角度归一化方法。

SLSTR 的波长范围包括可见光和近红外（VNIR，0.555μm、0.659μm 和 0.865μm），短波红外（SWIR，1.375μm、1.61μm 和 2.25μm）、热红外（TIR，3.74μm、10.85μm 和 12.00μm）和火灾（TIRf，3.74μm 和 10.85μm）波段。在 SLSTR 产品中，光学和热红外数据的空间分辨率分别被重新采样为 500m 和 1000m。需要注意的是，SLSTR 传感器可以提供准同步的星下点和倾斜（55°）观测，其是 AATSR 的后续卫星。

本书选择了四个研究区域，如图 5.51（a）、图 5.51（b）、图 5.51（c）和图 5.51（e）所示，它们分别位于黑河流域、怀来、太平山和闪电河流域。在这些地区，收集了 30 个站点的土壤含水量测量数据（黑河流域 2 个，即 DM 和 HZZ；怀来 2 个，即 HL；太平山 1 个，即 TPS；闪电河流域 26 个，即 S1 ~ S26）进行评价。在书中植被指数和土壤温度数据从 SLSTR 光学和热红外数据中获得。考虑到植被的生长时期，数据大约从 2019 年的第 150 ~ 第 300 天。使用前后 9 天连续反演的干旱指数结果，在这个期间逐天拟合核函数系数。

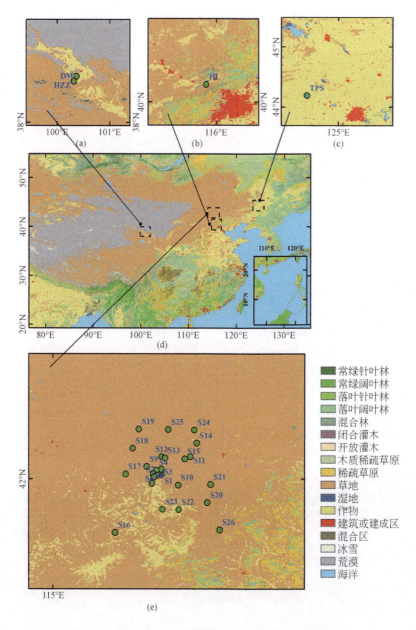

图 5.51　基于 SLSTR 数据的研究区域的土地覆盖图像
（a）、（b）、（c）和（e）分别代表黑河流域、怀来、太平山和闪电河流域研究区

3. SCOPE 模型模拟数据

由于可用于土壤含水量反演研究的光学和热红外测量数据有限，为建立 LST-NDVI 空间，需包括从干旱到潮湿情况的整个土壤含水量范围以及从裸土到完全植被区的整个植被范围的数据。因此，本节通过使用 SCOPE 模型为不同的湿润和植被条件生成了一个模拟数据集，以覆盖不同的湿润和植被条件。SCOPE 模型提供了冠层顶的光学反射率和热红外地表温度。在这项研究中，按照之前的研究生成了一个模拟数据集。其中，叶面积指数为 $0.3 \sim 4.9$，步长为 0.2；土壤含水量为 $0.05 \sim 0.41 \text{m}^3/\text{m}^3$，步长为 $0.02 \text{m}^3/\text{m}^3$；热点形状通过 0.05 的热点参数（q）确定，它代表叶子直径除以树冠高度；单子叶植物和双子叶植物类型的叶片厚度参数（N）分别设置为 1.46 和 2.07。

在 SCOPE 模型中，土壤含水量会影响地表辐射传输和能量收支过程，这是由于潮湿的土壤会吸收更多的太阳辐射，并增强蒸发的通量。图 5.52（a）和图 5.52（b）展示了不同土壤含水量的光学反射率和发射率。土壤光学反射率（$0.4 \sim 2.5 \mu\text{m}$）是通过使用 BSM 模型模拟的（Verhoef et al., 2018）。随着土壤含水量的增加，土壤光学反射率明显下降，特别是在短波红外波段。在本书中，根据不同土壤含水量水平下的土壤发射率（$2.5 \sim 50.0 \mu\text{m}$）通过对数表达式计算（Mira et al., 2010）。随着土壤含水量从 $0.05 \text{m}^3/\text{m}^3$ 变化到 $0.41 \text{m}^3/\text{m}^3$，土壤发射率约从 0.945 增加到 0.970。土壤表面阻抗是影响土壤显热和潜热通量的一个关键因素，可以影响土壤温度。在本书中，根据 Duffour 等（2015）的研究计算土壤表面阻抗，结果如图 5.52（c）所示。

SCOPE 模型使用大满超级站（$100.372\ 20°\text{E}$，$38.855\ 58°\text{N}$）的气象参数（空气温度、空气湿度、空气压力、风速、下行短波和长波辐射）驱动。在 HiWATER 实验期间，该站对应玉米种植区域。所有气象变量的测量间隔为 10min，并存储在 Campbell CR1000 中。一个晴朗少风的日子（2012 年 8 月 3 日，1 年的第 215 天）的数据被用来生成模拟数据集。在北京时间 $10:00 \sim 18:00$ 选择了九个时间节点，时间步长为 1h。与北京时间相比，当地时间大约晚了 90min。太阳天顶角约为 $60° \sim 20°$。在模拟数据集中，植被指数是用 SCOPE 模型模拟的 665nm 和 865nm 波段的红光和近红外反射率值计算得到的，热红外温度是用 SCOPE 模型模拟的基于普朗克函数的 $10.5 \mu\text{m}$ 热红外辐射计算得到的。在每个时间节点，植被指数和温度的观测天顶角范围为 $0° \sim 50°$，步长为 $5°$，相对方位角范围为 $0° \sim$

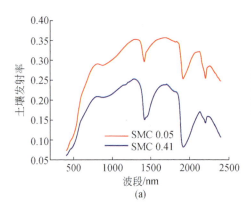

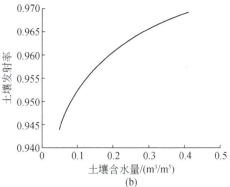

(a)   (b)

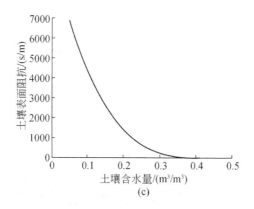

(c)

图 5.52　土壤的反射、辐射特性和土壤表面阻抗信息

（a）可见光和近红外（VNIR）范围内的土壤反射率，不同土壤含水量的（b）

土壤发射率和（c）土壤表面阻抗

359°，步长为 5°。这里选择北京时间 13:00 的模拟结果，分析干旱指数的角度影响，其中太阳天顶角和太阳方位角分别约为 22° 和 164°（表 5.11）。

表 5.11　模拟数据集输入介绍

	模型输入	值或范围
冠层结构	叶面积指数	[0.3, 4.9]，步长为 0.2
	叶倾角分布函数	球型、喜直、喜平、极端
气象驱动	日期	215
	数据源	大满超级站
	太阳天顶角/(°)	[60, 20]
	观测天顶角/(°)	[0, 50] at a 5 step
	相对方位角/(°)	[0, 359] at a 5 step
组分属性	叶绿素含量/(μg/cm²)	[10, 90]
	干物质含量/(g/cm²)	0.01
	含水量/(cm⁻¹)	0.015
	叶片厚度参数	1.46（单子叶），2.07（双子叶）
	叶片发射率(>2.5μm)	0.97
	土壤反射率	BSM 模型（Verhoef et al., 2018）
	土壤发射率(>2.5μm)	（Mira et al., 2010）
	叶片最大光合作用速率	35
	土壤表面阻抗	500（Duffour et al., 2015）
干旱水平	土壤含水量/(m³/m³)	[0.05, 0.41]

5.5.4 角度归一化结果与分析

1. SCOPE TVDI 结果

LST-NDVI 空间是根据 SCOPE 模型在光学和热红外波段模拟的一系列方向观测建立的。在这个三角形中，土壤含水量水平从红色到蓝色分别对应于从极端潮湿到极端干旱的情况。从 LST-NDVI 空间可以看出干旱情况的特点。图 5.53（b）和图 5.53（c）展示了相应的地表温度和植被指数的极坐标图，分别为大于 2.0K 和 0.07 的角度效应。随观测方向远离太阳方向，地表温度逐渐下降。植被指数的变化是由观测天顶角和太阳距离的变化引起的，最低值出现在太阳方向附件。SCOPE 模型模拟的干旱指数的角度效应可以在图 5.53（d）中找到。干旱指数在热点效应附近达到峰值，然后随着观测远离太阳方向而逐渐减少，其梯度与地表温度的梯度相当。干旱指数的差异可以达到 0.15，这意味着相同的土壤含水量值可能对应于不同的干旱指数。反过来，在这个 LST-NDVI 空间中，不同土壤含水量相关的干旱指数可能会重叠，这为干旱监测带来很大的不确定性。一致性分析结果表明，VinLi 拟合的干旱指数与 SCOPE 模型模拟结果具有良好的一致性，均方根误差为 0.007，决定系数为 0.963。模拟和拟合的干旱指数之间的差异发生在太阳热点周围，如图 5.53（f）所示，模型低估了热点效应的幅度。

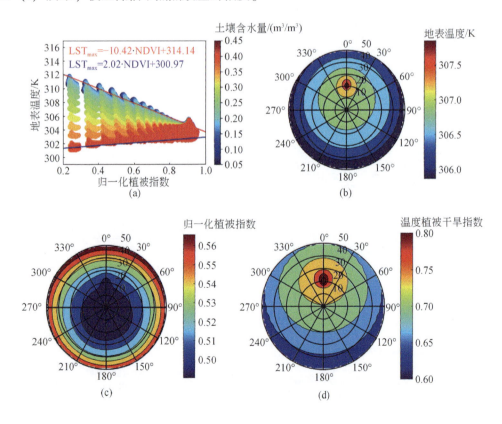

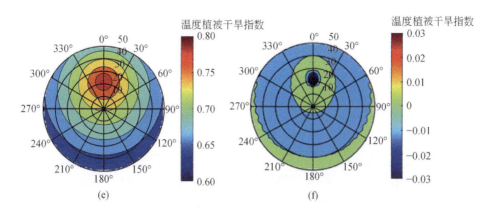

图 5.53　SCOPE 模拟和 VinLi 拟合 TVDI 的比较结果

（a）使用 SCOPE 模型模拟的结果生成的 LST-NDVI 三角形，（b）为 LST、（c）为 NDVI、（d）为 SCOPE 模型模拟和（e）VinLi 拟合的 TVDI 干旱指数的极坐标图。（f）为 SCOPE 模型模拟结果和 VinLi 拟合结果之间的差异

　　地表温度的角度效应与冠层结构和土壤含水量密切相关（Bian et al.，2017），这表明干旱指数的角度效应可能也受到类似影响。干旱指数角度效应随叶面积指数和土壤含水量的变化而变化，如图 5.54 所示，其中干旱指数的标准偏差（STD）表示干旱指数的角度效应的大小。随着土壤含水量的增加，干旱指数的标准偏差略有增加，但其差值小于 0.03。然而，偏差随着植被指数的增加而明显增加。在植被指数低于 1.5 的情况下，偏差低于 0.10，而当叶面积指数值大于 3.0 时，其值增加到 0.20 以上。这可能是由于观测到

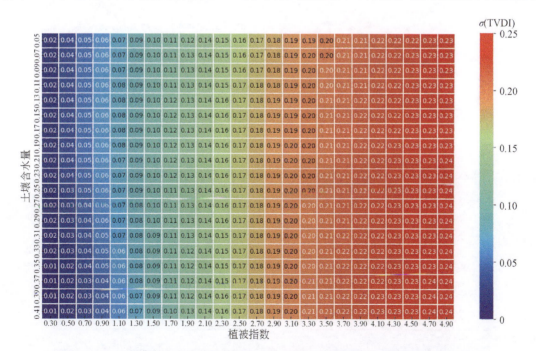

图 5.54　SCOPE 模型生成的太阳主平面 TVDI 标准差随植被指数和土壤含水量的变化

的温度主要来自于树冠底部而不是土壤。因此,从干旱指数中去除方向性影响是很重要的。

图5.55(a)~图5.55(c)分别展示了北京时间11:00、13:00和15:00,SCOPE模型模拟和VinLi拟合的不同土壤含水量的干旱指数在太阳主平面的变化。黑色三角形展示了观测角太阳方向之间的角度距离。当观测角远离太阳角时,干旱指数大约减少了0.7。土壤含水量为0.19m³/m³的干旱指数比土壤含水量为0.29m³/m³的干旱指数大,它们的角度特征相似。尽管热点附近出现了低估,但VinLi拟合的结果显示出与SCOPE模型模拟结果的良好一致性。图5.55(d)~图5.55(f)分别展示了北京时间11:00、13:00和15:00不同植被指数的结果。在热点周围,植被指数为1.5时的干旱指数与植被指数为2.5时的干旱指数相似。然而,随着角度距离的增加,植被指数为2.5的干旱指数比植被指数为1.5的结果下降得更多。尽管拟合存在差异,VinLi方法仍然很好地捕捉到了干旱指数的方向性。

图5.56显示了双子叶植物类型($N=2.07$)在四种叶倾角类型下的表现。对于球形,图5.56(a)显示了北京时间13:00所有SCOPE模型模拟的和VinLi拟合的TVDI在太阳主平面上结果散点图。评估结果表明,VinLi方法在模拟TVDI方向性方面表现良好,均方根误差为0.034,决定系数为0.985。对于每种类型,这里计算了太阳主平面内干旱指数

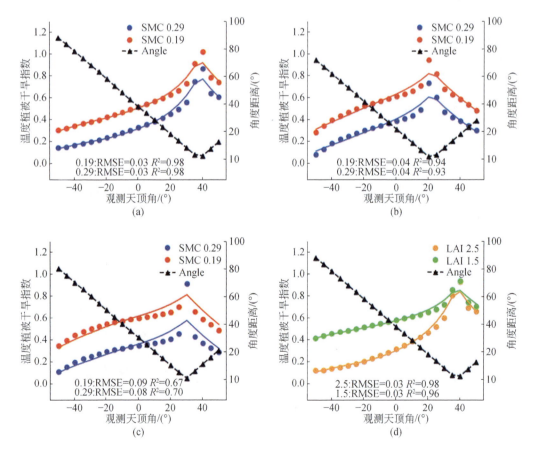

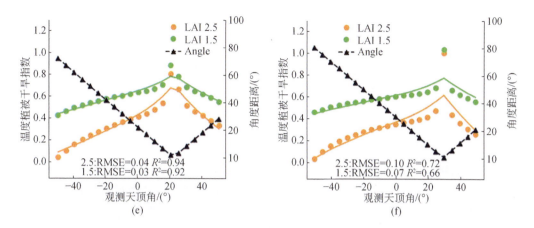

图 5.55　不同时间 SCOPE 模型模拟和 VinLi 拟合的不同土壤含水量的干旱指数在太阳主平面的变化

（a）、（d）对应北京时间 11：00，（b）、（e）对应 13：00，（c）、（f）为 15：00；（a）~（c）对应不同土壤含水量结果，（d）~（f）对应不同叶面积指数结果；圆和线分别对应于 SCOPE 模型模拟结果和 VinLi 拟合结果

的标准差和 VinLI 拟合结果的误差。图 5.56（b）展示了模拟数据集所有情况下的数据标准差和模型误差的柱状图。干旱指数的标准差在许多情况下大于 0.20。均方根误差的平均值为 0.032，明显低于太阳主平面内数据的标准差 0.152。数据本身的标准差与模型的误差间大的差值表明了模型的可用性。单子叶植物类型（$N=1.46$）的情况也是类似的结果。

2. WIDAS TVDI 结果

基于 WIDAS 航带 11 和航带 5 数据建立的 LST-NDVI 三角图分别如图 5.57（a）和图 5.57（d）所示。随着时间的推移，航带 5 的地表温度比航带 11 的地表温度略高。尽管航带 5 和航带 11 数据的 LST-NDVI 三角形相似，但暖边和冷边的斜率略有不同。图 5.57（b）和图 5.57（e）分别展示了航带 11 和航带 5 的星下点方向的干旱指数，图 5.57（c）和图 5.57（f）分别对比了倾斜 45°与星下点方向之间的干旱指数差异。航带 11 的干旱指数差异可达 0.15，而航带 5 的干旱指数主要在 -0.05~0.05。这种显著差异可以归因于太阳热点效应：在航带 11 的观测中，倾斜 45°的观测角更接近太阳角。随着图 5.57（c）中观测方向和太阳方向之间的角度距离从左到右逐渐减小，干旱指数的差异明显增加。相反，由于航带 5 中的观测角远离太阳角，图 5.49（f）中干旱指数的角度效应较小。

通过使用 WIDAS 的地表温度数据进行核函数系数拟合，可以进一步计算归一化的干旱指数结果。如图 5.57 所示，在数据预处理后，可以得到特定的干旱指数结果。值得注意的是在飞行期间，即使是相同的观测角度，由于太阳角度的变化，观察和太阳几何也会有很大的变化。当北京时间为 10：40~14：00，太阳天顶角大约从 45°减小到 22°，然后再增大到 25°，太阳方位角大约从 110°变化到 210°。因此，WIDAS 干旱指数的归一化处理主要是为了消除太阳热点效应。通过使用 VinLi 方法对干旱指数进行拟合和归一化，以增强结果的稳定性和可靠性。图 5.58（a）展示了归一化干旱指数和土壤含水量之间的散点

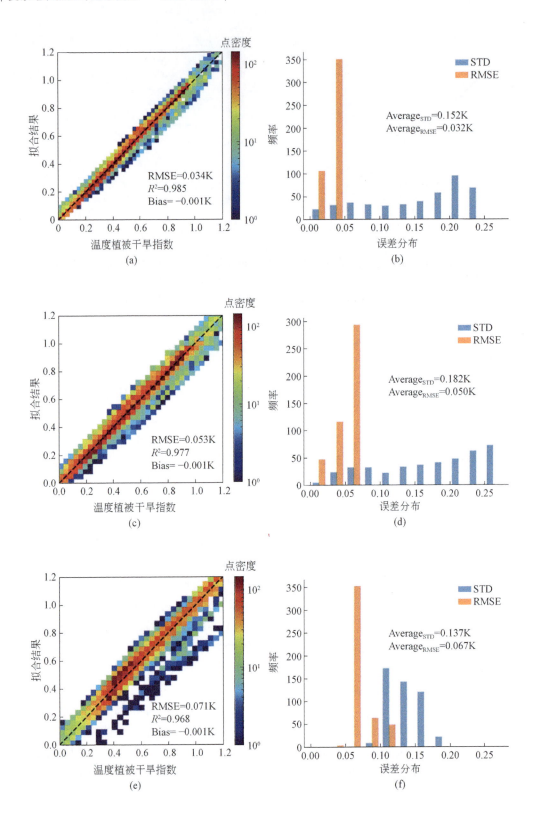

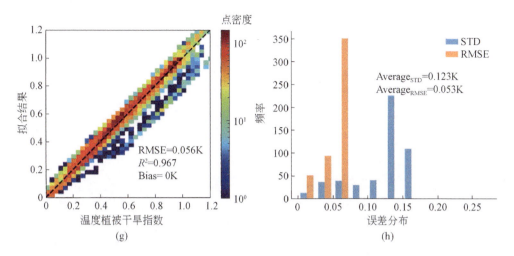

图 5.56　双子叶植物在不同叶倾角类型的表现和 SCOPE 模型在太阳主平面
模拟结果和 VinLi 拟合结果之间的散点图与误差分布柱状图

（a）和（b）为球型的，（c）和（d）为喜直的，（e）和（f）为喜平的，（g）和（h）为极端的

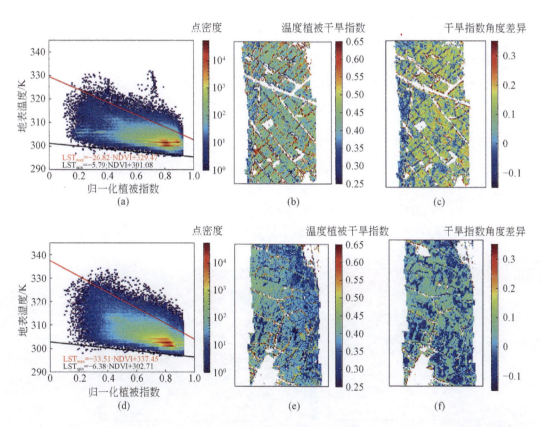

图 5.57　基于 WIDAS 航带 11 和航带 5 数据建立的 LST-NDVI 三角形及星下点 TVDI 和 TVDI 角度差异

（a）和（d）分别为航带 11 和航带 5 中的 WIDAS 测量数据来构建 LST-NDVI 三角形，（b）和（e）分别是航带 11 和
航带 5 的星下点 TVDI，（c）和（f）是星下点方向和 45°倾斜方向之间的 TVDI 差异

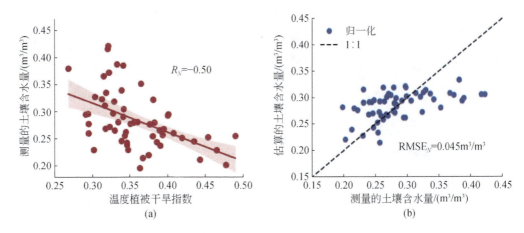

图 5.58　归一化 TVDI 与土壤含水量关系及使用归一化 TVDI 估算的土壤含水量与实测的对比结果

（a）归一化 WIDASTVDI 和土壤含水量之间的散点图，以及（b）测量和 TVDI 估计的土壤含水量之间的散点图

图，两者之间的相关系数为-0.50，表明干旱指数与土壤含水量之间存在显著的负相关关系。相比之下，未经归一化处理的、受到太阳角度影响的结果，其相关系数为-0.18，表明太阳热点效应对干旱指数的可靠性产生了显著干扰。通过对比方向干旱指数和归一化干旱指数的结果，进一步验证了 VinLi 方法在农业干旱监测中的有效性，其能够显著降低角度效应对监测结果的影响。图 5.58（b）显示了实测土壤含水量与基于归一化干旱指数估计的土壤含水量之间的散点图。归一化结果的估计误差为 0.045m³/m³，低于原始结果（0.050m³/m³），表明该方法能够更准确地反演土壤含水量信息。

3. SLSTR TVDI 结果

图 5.59（a）~图 5.59（d）分别显示了黑河、太平山、怀来和闪电河研究区的干旱指数结果。这些研究区的干旱指数变化较大，数值在 0.30 ~ 0.90 变化。对于耕地（DM、TPS、HL），干旱指数较小，但对于草地（HZZ 和 S1 ~ S26），干旱指数较大。通过对比，倾斜方向干旱指数明显低于星下点方向的干旱指数，最大的差异可以达到 0.20。

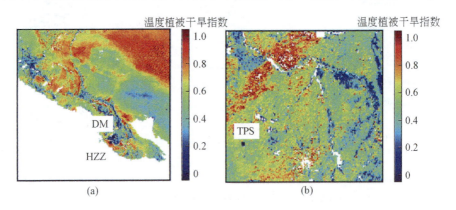

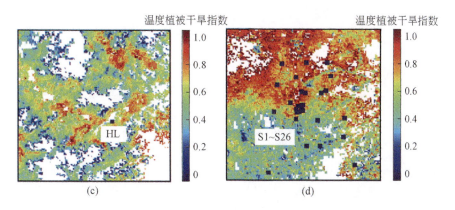

图 5.59 基于 SLSTR 观测反演的站点 TVDI 值

(a) ~ (d) 分别对应黑河流域（第 229 天）、太平山（第 244 天）、
怀来（第 220 天）和闪电河流域（第 270 天）；深蓝色矩形表示站点

基于逐日的哨兵-3A/3B 方向性干旱指数，可以拟合 VinLi 的核系数，得到相应的归一化结果。图 5.60 显示了原始和归一化干旱指数与土壤含水量之间的散点图，统计结果见表 5.12。图 5.60（a）和图 5.60（b）分别显示了哨兵-3A/3B 干旱指数在 DM 站点的回归结果。原始哨兵-3A/3B 结果与土壤含水量的相关系数分别为–0.150 和–0.012，而归一化结果具有更好的相关性。类似的结果也出现在 TPS 和 HL 站点，分别如图 5.60（e）、图 5.60（f）和图 5.60（g）、图 5.60（h）所示。HZZ 站点的回归结果明显优于其他站点，这可能是由于该区域的植被覆盖率较低。基于测量结果，可以认为用干旱指数估计的土壤含水量是有效的。归一化干旱指数对应的土壤含水量的均方根误差低于原始干旱指数的结果。对于三个耕地（DM、HL 和 TPS 站点），归一化和原始干旱指数的总体均方根误差分别约为 0.030m³/m³ 和 0.036m³/m³。图 5.61 显示了闪电河流域原始和归一化干旱指数估计土壤含水量的均方根误差。对于哨兵-3A/3B 数据，原始干旱指数的总体均方根误差分别为 0.032m³/m³ 和 0.033m³/m³，而归一化干旱指数的均方根误差为 0.029m³/m³ 和 0.028m³/m³。均方根误差变小表明对干旱指数进行角度归一化是有效的。

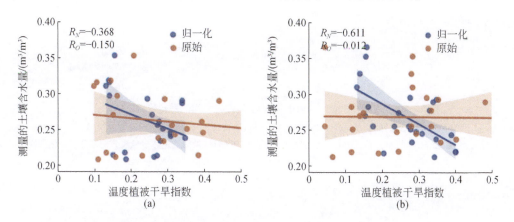

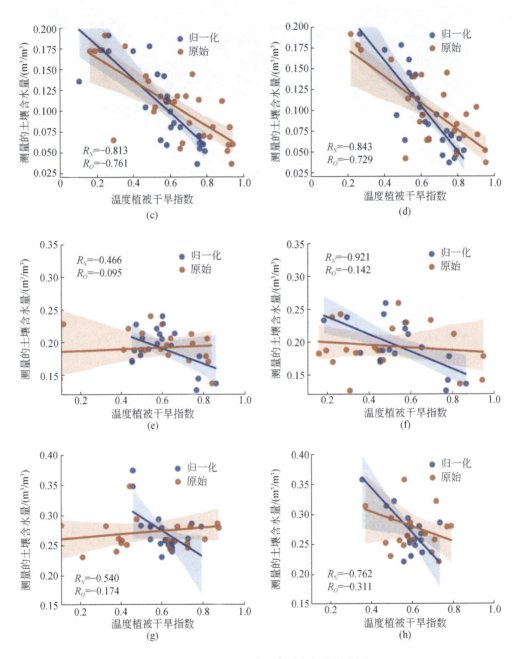

图 5.60 TVDI 和土壤含水量之间的散点图

（a）和（b）为 DM、（c）和（d）为 HZZ,（e）和（f）为 TPS,（g）和（h）为 HL 站点,（a）、（c）、（e）、（g）为哨兵-3A 的结果和（b）、（d）、（f）、（h）为哨兵-3B 的结果；回归结果的蓝色和橙色线分别来自归一化和原始 TVDI

表 5.12　基于测量数据的原始和归一化 TVDI 结果的统计结果

数据	方法	结果	DM	HZZ	TPS	HL
		最大/最小含水量/（m³/m³）	0.208/0.365	0.037/0.191	0.139/0.269	0.218/0.409
哨兵-3A	新方法	R	−0.368	−0.813	−0.466	−0.540
		P	0.092	<0.001	0.011	0.007
		RMSE/（m³/m³）	0.037	0.026	0.026	0.028
	原有方法	R	−0.150	−0.761	0.095	0.174
		P	0.500	<0.001	0.142	0.009
		RMSE/（m³/m³）	0.039	0.029	0.029	0.033
哨兵-3B	新方法	R	−0.611	−0.843	−0.621	−0.762
		P	0.001	<0.001	0.007	<0.001
		RMSE/（m³/m³）	0.032	0.024	0.028	0.03
	原有方法	R	−0.012	−0.729	−0.142	−0.311
		P	0.950	<0.001	0.728	0.745
		RMSE/（m³/m³）	0.040	0.030	0.035	0.043

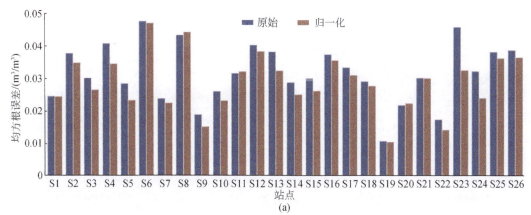

(a)

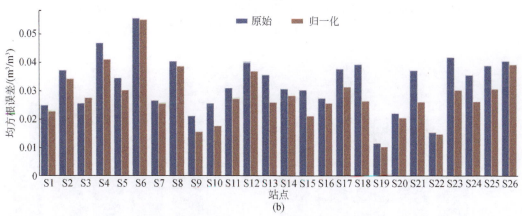

(b)

图 5.61　闪电河流域原始和归一化 TVDI 估计土壤含水量的均方根误差

（a）对应 SLSTR3A 结果，（b）对应 SLSTR3B 结果

5.5.5　方法的敏感性分析

1. 太阳角度影响

地表温度的角度效应与观测和太阳观测几何有关。通过分析特定的观测角度和不同的太阳角下的地表温度变化，可以深入研究不同测量时间引起的干旱指数变化。地表温度的时间变化（暖线和冷线）并不完全一致，会出现估计误差。针对这种情况，本书增加了一个敏感性分析，在暖线和冷线中引入了一些拟合噪声，具体如下：

$$\text{LST}_{\text{ndvi,max}} = (a + \Delta U_a)\text{NDVI} + (b + \Delta U_b) \tag{5.59}$$

$$\text{LST}_{\text{ndvi,min}} = (a' + \Delta U_{a'})\text{NDVI} + (b' + \Delta U_{b'}) \tag{5.60}$$

$$\Delta U = N_l \cdot A_s \cdot R \tag{5.61}$$

式中，ΔU_a、ΔU_b、$\Delta U_{a'}$ 和 $\Delta U_{b'}$ 分别为 a、b、a'、b' 的拟合噪声。它们的拟合噪声按式（5.61）计算，其中 N_l、A_s、R 分别为噪声水平、拟合精度和随机值。在本书中，N_l 的值为 $1 \sim 5$，A_s 的值分别为 0.02 和 0.20，斜率（a，a'）和截距（b，b'）项。R 遵循正态分布，标准差和平均值分别为 1 和 0。如图 5.62 所示，随着噪声水平从 1 增加到 5，如果只对湿边缘或干边缘引入噪声，拟合均方根误差大约从 0.10 增加到 0.15。如果把这些噪声放在一起考虑，均方根误差将增加到大约 0.18。为了对比，图 5.62 中还提供了原始干旱指数的误差情况，其随着噪声水平的提高而略有增加。拟合的模型均方根误差都比数据标准差低。

2. 与其他方法对比

在这项研究中，Vinnikov 核与 Li-dense 几何核相结合被提出作为角度归一化的解决方案。另外的核函数组合也被选择用于对比分析，即 RossLi 和 VinS。从 SCOPE 模型模拟来看，VinLi 方法的均方根误差低于其他方法，如表 5.13 所示。在使用 SLSTR 数据估计土壤含水量时，VinLi 方法也出现了较好的性能。对于哨兵-3A/3B 数据，VinLi 方法在土壤含

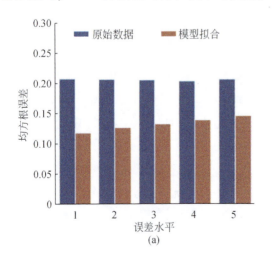
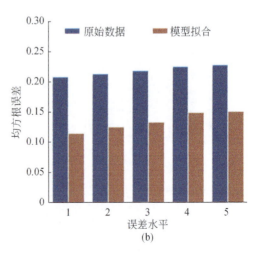

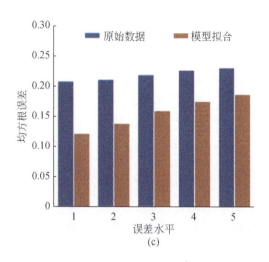

图 5.62　引入误差时 TVDI 的角标准偏差和拟合的均方根误差结果

(a) 为当噪声被引入到仅湿边，(b) 为仅干边，(c) 为湿边和干边

水量估计叶展现了较高的精度，其总体误差分别为 $0.029\mathrm{m}^3/\mathrm{m}^3$ 和 $0.028\mathrm{m}^3/\mathrm{m}^3$。RossLi 方法的相应误差为 $0.031\mathrm{m}^3/\mathrm{m}^3$ 和 $0.029\mathrm{m}^3/\mathrm{m}^3$，Vinnikov 方法为 $0.032\mathrm{m}^3/\mathrm{m}^3$ 和 $0.030\mathrm{m}^3/\mathrm{m}^3$。基于这些结果的比较表明 VinLi 组合的优越性。

表 5.13　基于 SCOPE 模型模拟数据的不同核函数组合对比

案例			误差			角度不确定性			
			VinLi	RossLi	Vinnikov	Original	VinLi	RossLi	Vinnikov
$N=2.07$	1	球型	0.034	0.048	0.071	0.152	0.032	0.045	0.066
	2	喜直型	0.053	0.065	0.083	0.182	0.050	0.061	0.077
	3	喜平型	0.071	0.086	0.102	0.137	0.067	0.083	0.105
	4	极端型	0.056	0.058	0.086	0.123	0.053	0.054	0.080
$N=1.46$	5	球型	0.037	0.048	0.073	0.164	0.035	0.044	0.067
	6	喜直型	0.040	0.052	0.065	0.139	0.038	0.052	0.062
	7	喜平型	0.062	0.076	0.097	0.123	0.060	0.074	0.095
	8	极端型	0.053	0.054	0.082	0.123	0.051	0.051	0.077

3. 方法不足与发展

基于模拟和测量数据的验证结果表明，所提出的角度归一化方法可以提升干旱指数的精度，进而改善农业干旱监测。尽管如此，该研究仍然存在一些局限性：

在反演地表温度时，该研究采用了基于植被指数的方法来估计地表发射率。在这种情况下，由于植被指数本身存在角度效应，地表发射率的角度效应也会出现，进而反演的地表温度也会受到影响。为分析这一影响,本书使用了SCOPE模型模拟数据对不同条件下的地表温度不确定性进行了评估。例如,在叶面积指数为1.5、土壤含水量为0.25、叶片发射率为0.975、土壤发射率为0.954的情况下,发射率从0.974变化到0.978,地表温度在300K水平上的不确定性为0.26K。在叶面积指数为0.5、2.5、3.5和4.5时,地表温度的不确定度分别为0.15K、0.23K、0.16K和0.13K。通过与地表温度的角度效应相比较,这种不确定性不会对分析和验证结果产生很大影响。

尽管VinLi方法可以捕捉到干旱指数角度效应,但在热点周围仍然出现了明显的低估。经过进一步分析,使用RossLi和Vinnikov方法也不能避免该问题。为了更好地刻画干旱指数的角度特征,后续还需要进行更多的讨论和改进。

本书专注于干旱指数的角度效应,并提出了一种核驱动的方法来消除角度效应的影响。目前,在使用干旱指数监测农业干旱方面已经取得了实质性的改进(Zhu et al.,2017),但本书只采用了原始的干旱指数方法。因此,未来的研究可探索将这种角度归一化方法应用于其他干旱指数估计方法,或与其他改进的方法相结合,以进一步提升干旱监测的精度和适用性。

5.5.6 小结

基于卫星数据的干旱监测在农业、林业和人类活动中有着重要的应用,但这些干旱指数往往受到其他因素的影响导致监测结果存在一定的不确定性。在这项研究中,分析了干旱指数的角度效应,并提出了一种角度归一化方法,以消除角度效应对干旱监测结果的影响。基于模拟和测量数据集,发现干旱指数具有角度依赖性,特别是受到太阳热点效应影响,干旱指数的角度效应可能超过15%,这可能导致干旱监测的不确定性。

像元的干旱指数可以通过组分的干旱指数进行分析,其权重可通过观测比例进行估算。因此,在本书中,采用核驱动方法VinLi来模拟和消除干旱指数的角度效应。基于SCOPE模型生成的模拟数据集,对太阳主平面内干旱指数的标准差和VinLi结果的均方根误差的对比表明,所提出的方法在减少干旱指数的角度效应方面具有良好的性能,变化幅度超过了50%。此外,基于WIDAS和SLSTR测量数据集,发现干旱指数和土壤含水量之间的相关系数在角度归一化后有明显改善,通过干旱指数进行的土壤含水量估算均方根误差下降了10%~17%,这表明所提出的方法在实际应用中也是十分有效的。由于干旱指数的角度效应可以被估算,在未来的研究和应用中,建议采用角度不相关的干旱监测结果。研究还指出,干旱指数的角度效应可以通过核驱动方法进行量化,从而为未来干旱监测提供更准确的结果。由于角度效应被有效消除,干旱监测结果变得更加可靠,特别是在复杂地表条件下,其精度和鲁棒性得到了显著提升。因此,建议在未来的研究和应用中,采用角度不相关的干旱监测结果,以提高干旱监测的整体质量。

5.6 本章小结

热辐射方向性问题是地表温度遥感产品面临的重要问题之一。在过往30年的研究后,核函数的形式和认识已经相对成熟，因此本书针对的问题有两个：①如何构建新的核函数以适应更多的应用需求；②如何应用核驱动模型解决地表温度产品的问题。因此，面向异质性场景进行了一些辐射传输过程上的改进，同时从信息协同学的角度针对热红外信息量少的问题提供了几个解决思路，为后续分析奠定了基础。基于对核驱动机制的梳理，本书提出了两个新的核函数：临近像元核和异质性核，分别应对像元内和像元间的异质性影响，这也是对前文辐射传输建模的响应。另外，从光学–热红外辐射传输的差异和共同出发，寻求协同光学和热红外一起解决问题的可能性，这也与后续的 TVDI 干旱指数是相关的。就目前的物理驱动、数据驱动等研究和应用看，简单地采用核驱动的方法并不是一个最优的解决方案，物理约束下的深度学习被认为是潜在的改进方向。然而，发展更好的解决思路，仍旧是需要一些机制上的认识以构建适合的深度学习模型，同时核驱动的结题进展也可以用于深度学习的输入，为模型优化提供支持。

第6章 地表温度组分温度反演

6.1 耦合角度和空间信息的组分温度反演方法

组分温度反演作为一个典型的病态问题，其解的唯一性和稳定性一直是研究难点。尽管多角度观测能为反演提供多源信息，但单一依赖观测数据仍难以满足稳定性需求。因此，本章基于贝叶斯方法，创新性地提出了一种融合多角度观测数据和空间信息的组分温度反演方法。该方法通过耦合空间信息获得更多的有效约束条件，从而显著提升反演结果的可靠性和稳定性。

6.1.1 组分温度多方法集成反演的研究背景

地表温度是能量收支和水循环等地表物理过程中的关键参数，在天气预报、干旱监测和农业产量估算等领域中发挥着至关重要的作用。过去30年来，基于卫星数据的地表温度反演技术取得了显著进展，包括单通道、双通道、分裂窗、日夜算法以及温度与发射率分离算法等多种方法。此外，很多组织机构和学者已在局地和全球范围内生产和发布了多种地表温度产品。然而，这些产品的一个主要局限性在于反演所得的地表温度通常反映的是特定尺度下像元的平均温度，而非地表的真实温度状态或其分布信息。由于地球静止轨道和极地轨道卫星的空间分辨率通常在 1~5km，像元往往由多种组分构成，如植被像元包含土壤和植被的混合。对于中低空间分辨率的卫星数据，像元内各组分的温度比其平均温度更能准确地反映地表的温度状况。此外，已有大量研究表明，地表组分温度在后续研究中具有重要应用价值，如通过双源能量平衡模型提高蒸发量估算的准确性，利用修正的温度植被干旱指数进行干旱监测，以及使用作物水分胁迫指数监测植被生长状况等。

目前，学界已提出了一些辐射传输模型来解释地表组分温度与热红外观测之间的物理关系，这是地表组分温度反演的理论基础。基于这些模型，早期的研究主要集中在通过引入更复杂的模型来提高反演精度。然而，近期的研究则表明，实用且稳健的算法可能在从卫星数据中反演组分温度时更为有效。大量文献已针对不同类型的热辐射观测，提出了相关算法。Zhan 等（2013）回顾了这些文献，并将地表组分温度反演算法分为四大类：多角度、多波段、多时间和多像元/多分辨率算法。尽管如此，目前仍缺乏成熟且稳定的算法能以较高置信度从卫星数据反演组分温度。迄今为止，多通道算法的应用普遍受到观测数据间高度相关性的限制，这主要是由于土壤和植被在热红外波段的发射率差异较小。对于相对均匀的地表，多像元/多分辨率算法也面临反演精度受限的问题。相比之下，多角度算法得到了更多的关注，且被广泛认为是一条有效途径。例如，Li Z L 等（2001）和 Jia

等（2003）通过双角度 ATSR 系列热红外观测，成功反演了土壤和植被的温度。地表组分温度反演的难点不仅在于准确的大气校正和植被覆盖的精确估算，还在于异质地表上垂直与倾斜方向观测所涉及的空间分辨率差异问题。

考虑到不同算法的特点，集成多种算法的应用将有助于提升组分温度的反演精度，尤其是在解决垂直与倾斜观测方向之间空间分辨率差异的问题方面。此外，近年来卫星数据的可用性也取得了显著进展。哨兵-3A/3B 卫星上的 SLSTR，分别于 2016 年 2 月和 2018 年4 月发射，为反演提供了宝贵的数据支持。借助这一新的数据源，基于多角度和多像元算法的地表组分温度反演已变得相当可行。因此，充分利用 SLSTR 的观测数据，并探索将多角度和多像元算法相结合的策略，将有助于获得更加稳健的地表组分温度反演结果。

本章节提出了一种集成的地表组分温度反演方法，该方法结合了多角度和多像元的策略，利用 SLSTR 的多角度和多像元观测数据进行反演并加以验证。本书提出的算法通过两处地面站点的实测数据进行验证，地表类型分别为草地和稀疏森林。同时，利用黑河流域的模拟数据集对集成算法进行了性能分析，并与单一的多角度算法进行了对比评估。本章节的其余结构如下：6.1.2 节介绍了研究区域和数据来源，包括卫星数据和地面测量数据的详细描述；6.1.3 节重点介绍了多角度和多像元算法的原理和实现；6.1.4 节提供了基于模拟数据集的敏感性分析结果；6.1.5 节讨论了反演方法的优势与现有验证工作的不足；6.1.6 节对本章节进行了简要总结并提出了结论。

6.1.2 数据集

本书所使用的卫星数据来自哨兵-3A 卫星上的 SLSTR 传感器，能够提供准实时的垂直和倾斜 55°的双角度观测。哨兵-3A 卫星运行于约 800km 的轨道高度，设计寿命超过 20年。SLSTR 传感器能够提供多波段观测数据，包括可见光、近红外和热红外波段。经过处理后，SLSTR 传感器在可见光/近红外波段的空间分辨率为 500m，而在热红外波段的空间分辨率为 1000m。传感器的时间分辨率为 1d，但由于倾斜观测的摆扫范围为 740km，远小于星下点方向 1400km 的摆扫宽度，双角度数据的过境周期约为 4d。本书选择了 2017 年植被生长季作为研究阶段，重点分析了白天的数据。由于夜晚组分温度差异较小，夜间数据未被纳入分析与验证。

地表温度和组分温度反演过程中需要组分的发射率信息。土壤发射率来自 ASTER GED v3 波谱产品，叶片发射率基于 MODIS IGBP 产品地表分类数据，对每一类进行了赋值。整个冠层的发射率可以通过以下公式进行计算：

$$\varepsilon_i = f_s \cdot \varepsilon_{s,i} + f_v \cdot \varepsilon_{v,i} + d\varepsilon \tag{6.1}$$

$$f_v = \frac{\text{NDVI} - \text{NDVI}_s}{\text{NDVI}_v - \text{NDVI}_s} \tag{6.2}$$

$$f_s = 1 - f_v \tag{6.3}$$

式中，$\varepsilon_{s,i}$、$\varepsilon_{v,i}$ 和 ε_i 分别为土壤、叶片和整个冠层的发射率；f_s 和 f_v 为土壤和植被的可视比例；$d\varepsilon$ 为组分的多次散射项；NDVI 为归一化植被指数，NDVI_s 和 NDVI_v 分别为裸土和浓密植被的归一化植被指数，本书中设定为 0.061 和 0.947。

在本书中，使用中国黑河流域的阿柔站点和葡萄牙的埃武拉站点实测数据对反演结果进行了验证。这两个站点的详细信息如表 6.1 所示，站点的位置和地表类型如图 6.1 所示。

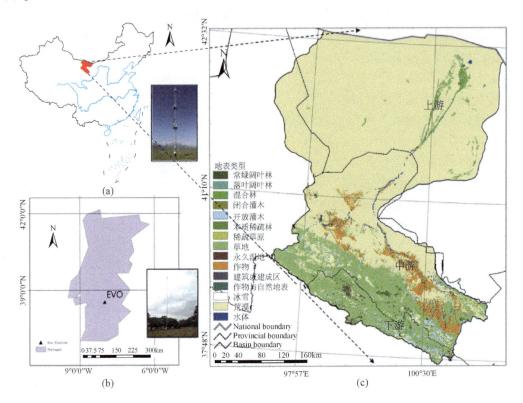

图 6.1　研究区和站点位置

（a）中国阿柔　（b）葡萄牙埃武拉　（c）黑河区域（用于生成模拟数据集）

表 6.1　用于地面验证的 AROU 和 EVO 站点信息

站点	经纬度	高程	设备	架设高度	地表覆盖
阿柔（A'rou）	38.0565°N, 100.4643°E	3033m	SI-111	5m	高寒草甸（alpine meadow）
埃武拉（EVO）	38.5403°N, 8.0033°W	227m	KT-15.85IIP	25m	疏林草原（woody savannas）

阿柔站点（38.0565°N, 100.4643°E）位于中国西北的黑河流域。该站点的地面数据来自 HiWATER 期间通过地面气象站获取的观测数据。在 HiWATER 项目中，研究团队选择了三个关键实验区进行长期的密集观测：上游山区的寒区实验区、中游的人工绿洲实验区和下游的天然绿洲实验区。阿柔站点隶属于寒区实验区，高程为 3033m，气象站所在区域的植被为低矮草地，主要为高寒草甸。

在阿柔站点，气象设备安装于 5m 处，负责监测空气温度、湿度、土壤温度和湿度、风速、下行短波和长波辐射以及地表亮度温度等多种气象参数。本书选择了 0cm 深度的土壤温度数据作为验证反演土壤温度的参考值。在以往的许多研究中，反演的植被温度通常通过地面空气温度进行验证。这一做法在植被覆盖密集的森林区域可能是合理的，但对于本书所选择的区域并不适用。因此，本书中用于验证植被温度的地面参考值，是通过站点观测的土壤温度测量数据进行计算和推导的。具体计算方法如下：

$$R'_{v,m} = \frac{R_m - (1-\varepsilon) \cdot R_{a,m}^{\downarrow} - f_s \cdot \varepsilon_s \cdot R'_{s,m}}{f_v \cdot \varepsilon_v} \tag{6.4}$$

式中，$R'_{v,m}$ 和 $R'_{s,m}$ 分别为植被和土壤对应的测量热辐射；$R_{a,m}^{\downarrow}$ 为大气等效的下行的热辐射；R_m 为离地热辐射；ε_s、ε_v 和 ε 分别为土壤叶片和整个冠层的发射率。在阿柔站点，有两台 Apogee SI-111 热红外辐射计同时运行，彼此间的测量结果可用于相互检验。SI-111 辐射计的测量不确定性约为 0.2K。两台辐射计均在垂直方向观测地表辐射，光谱范围为 8 ~ 14μm，视场角为 22°，覆盖的观测面积为 12.82m²。地表辐射数据由 Kipp & Zonen CNR1 四分量辐射表提供。地表温度和气象条件每 10 分钟自动测量一次，并通过 Campbell CR1000 数据记录器进行记录。在反演过程中，土壤和植被的发射率分别设定为 0.965 和 0.985。根据前文 6.1 节的方法，使用基于归一化植被指数来计算像元的发射率，以提高对地表温度的准确估算。

葡萄牙埃武拉（EVO）站位于埃武拉镇西南约 12km 处（38.5403°N，8.0033°W），其地表主要由疏林草原组成。该站点过去已广泛用于地表温度产品的验证。EVO 站采用独立的 Heitronics KT-15.85 IIP 红外辐射计测量地表的相关组分温度，包括背景（草地和地面）和树冠温度，以及 53°天顶角的天空辐射。这些测量的时间分辨率为 1min。KT-15.85 IIP 辐射计的光谱范围为 9.6 ~ 11.5μm，温度分辨率为 0.03 K，在其工作范围内的不确定性为 ±0.3 K。地面和树冠的温度测量是在大约 30°的观测角度下进行的，在此角度下，土壤和草地的角度发射率变化可以忽略不计。辐射计安装于 25m，其对应的观测视场面积约为 14m²。通过测量 53°天顶角的天空辐射，可估计下行大气辐射，并结合已知的组分辐射数据和去除反射的辐射后，地表组分温度的测量结果可用于验证地表组分温度的反演精度。在 EVO 站，地面和植被冠层的发射率分别设定为 0.968 和 0.993。地表组分温度则依据这些测得的组分亮温进行计算。值得注意的是，由于夏季该地区草地干燥且植被稀疏，背景温度的测量可用于验证土壤温度反演结果。

由于地面组分温度测量数据有限，本书构建了一个模拟数据集进行敏感性分析，并将黑河流域作为研究区域。黑河流域是典型的内陆河流域，其生态系统和气候类型随着流域地貌的变化而显著不同。因此，对该区域的地表温度、植被温度、蒸散量估算以及干旱预测的研究具有重要的实际应用价值。作为研究生态水文系统过程和机制的理想地区，黑河流域已经开展了多个大型综合遥感实验，包括黑河流域野外实验、流域联合遥测实验和 HiWATER 项目。该流域由典型的干旱和半干旱地貌构成。上游寒冷地区的主要植被类型包括高山草场、高山草甸、山谷灌木和桧柏。中游地区以人工灌溉绿洲为主，主要种植玉米、小麦和蔬菜。而下游则是荒漠和稀疏植被占据主导地位，但沿河小区域内仍存在天然绿洲，种有胡杨和柽柳等植物。这些丰富多样的生态环境，使得黑河流域成为研究水文和生态过程的重要案例。

在敏感性分析中，其目标是研究在大气校正过程保持一致的前提下，综合策略相较于单一多角度算法的相对性能表现。因此，在合成数据集中，本书生成了冠层顶部的植被覆盖率和地表亮温的 SLSTR 模拟数据，而非生成大气顶部的数据。此外，数据的不确定性通过引入误差来考虑。基于这种方法，本书使用反演得到的归一化植被指数底图来设定垂直和倾斜观测图中的土壤和植被的相对比例。随后，利用参考温度以及各组分的可视比例和发射率，逐像元地生成垂直和倾斜视角下的 SLSTR 大气顶部的热辐射值。具体操作步骤如下：

$$B_i(T_{j,r}) = (f_{v,j}\varepsilon_v + d\varepsilon)B_i(T_{v,r}) + f_{s,j}\varepsilon_s B_i(T_{s,r}) \quad j = n,o \tag{6.5}$$

式中，$B_i(T_{j,r})$ 为生成的 SLSTR 亮温对应的辐射；$T_{s,r}$ 和 $T_{v,r}$ 分别为地面和植被的参考温度；B_i 为通道 i 的普朗克函数，它将表面温度转换为辐射度；j 为观测方向；n、o 分别为垂直和倾斜方向。地表组分温度反演在波长 $10.85\mu m$ 处进行；下标 j 为垂直或倾斜观测方向。用式（6.5）中的植被项（$d\varepsilon$）来考虑组分间的多重散射效应。值得一提的是，由于相邻像元点之间的空间关系会影响到多像元算法，因此选择了 2017 年 7 月 15 日在垂直视角下获取的研究区域的 LST 来提供参考温度。对于每个像元，植被温度被假定为参考 LST −5K，土壤温度被假定为参考 LST+5K。使用式（6.2）和式（6.3）计算各组分的可见比例。图 6.2（a）和图 6.2（b）分别显示了合成数据集中使用的参考 LST 和 NDVI 地图的空间分布情况。为了避免纯像元的影响，只选取了植被覆盖值大于 0.10 的像元点以及垂直和倾斜下植被覆盖的差异大于 0.03 的像元进行分析。

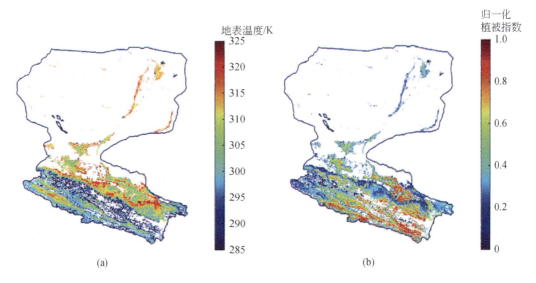

图 6.2 2017 年 7 月 15 日黑河区域 LST 和 NDVI 的空间分布

(a) 为 LST，(b) 为 NDVI

在这项研究中，反演噪声被分为空间和角度误差。空间误差是需要考虑到垂直和倾斜之间的不同空间分辨率，只有倾斜观测添加了噪声。添加空间误差的辐射度（$B_{i,e}$）和植被覆盖（$f_{o,v,e}$）可以用加权平均法计算，如下：

$$B_{i,e} = \sum_{\xi,\eta} B_i(T_{o,r,\xi,\eta}) \cdot p_{\xi,\eta} \tag{6.6}$$

$$f_{o,v,e} = e^{-\mathrm{LAI}_e \cdot G/u_o} \tag{6.7}$$

$$\mathrm{LAI}_e = \sum_{\xi,\eta} \mathrm{LAI}_{\xi,\eta} \cdot p_{\xi,\eta} \tag{6.8}$$

式中，$T_{o,r,\xi,\eta}$ 和 $\mathrm{LAI}_{\xi,\eta}$ 分别为一个像元倾斜观测的亮温和叶面积指数；ξ 和 η 分别为列号和行号；$p_{\xi,\eta}$ 为每个像元的权重 LAI_e 为有效 LAI；G 和 u_o 分别为叶片在太阳方向或观测方向的投影比例和观测天顶角的余弦。根据 SLSTR 的观测角度，采用 3×3 的窗口，中心像元和周围像元的权重分别为 1.000 和 0.375。每个像元的叶面积指数是根据垂直方向植被覆盖度利用透过率计算的，每个像元的叶面积指数是根据垂直 f_s 的指数公式和像元叶子的同质性假设进行反演的。此外，根据辐射传输理论，地表组分温度的反演也会受到大气校正、可见比例和组分发射率的不确定性的影响。与组分发射率不同，大气校正和植被覆盖更容易受到不同视角的影响。因此，由这两个因素引起的角度误差被包括在敏感性分析中。大气校正引起的误差被考虑在冠层顶部亮温中。基于上述考虑，将具有正态分布的角度误差加入到斜面 BT（ΔT）和植被覆盖（Δf）中，在地表组分温度反演中使用的 SLSTR 数据计算如下

$$T'_{o,r} = B_{i,e}^{-1} + \Delta T(\mu_{\mathrm{BT}}, \sigma_{\mathrm{BT}}) \tag{6.9}$$

$$f'_{o,v} = f_{o,v,e} + \Delta f(\mu_{\mathrm{FVC}}, \sigma_{\mathrm{FVC}}) \tag{6.10}$$

式中，$T'_{o,r}$ 和 $f'_{o,v}$ 分别为生成的 BT 和植被覆盖；μ 和 σ 分别为平均值和标准差；$B_{i,e}^{-1}$ 为普朗克函数从热辐射度到 BT 的逆过程。在考虑 LST 反演中与角度变化相关的不确定性时，将 σ_{BT} 设为 0.25K 和 0.75K，μ_{BT} 为 0，将植被覆盖的角度误差 μ_{FVC} 设为 0，σ_{FVC} 为 0.03 和 0.09。

6.1.3 组分温度反演方法

图 6.3 展示了地表组分温度反演的流程。在进行联合反演算法（红框）之前，需要对热红外输入数据进行大气校正（蓝框）。SLSTR 卫星在两个视角下通过两个热红外通道（通道 8 和通道 9）观测地球，这使得可以使用分裂窗算法对两个观测角度分别进行地表温度反演。在本书中，虽然进行了地表温度反演，但在地表组分温度反演过程中使用的是地表实际辐射，该辐射由一个像元的黑体辐射乘以其发射率计算得到。因此，地表温度反演过程被称为大气校正，并采用了分裂窗算法。本节的其余部分将主要描述使用多角度和多像元观测的算法策略。

在本书中，大气校正包括在地表温度反演中，采用广义分裂窗算法，在垂直和倾斜进行校正，具体如下：

$$\mathrm{LST}_j = b_0 + \left(b_1 + b_2 \frac{1-\bar{\varepsilon}}{\bar{\varepsilon}} + b_3 \frac{\Delta\varepsilon}{\bar{\varepsilon}^2}\right) \frac{T_8 + T_9}{2} + \left(b_4 + b_5 \frac{1-\bar{\varepsilon}}{\bar{\varepsilon}} + b_6 \frac{\Delta\varepsilon}{\bar{\varepsilon}^2}\right) \frac{T_8 - T_9}{2} + b_7(T_8 - T_9)^2 \tag{6.11}$$

式中，$b_0 \sim b_7$ 为 SW 系数；T_8 和 T_9 分别为 SLSTR 通道 8（10.85μm）和通道 9（12.0μm）的大气顶部 BT；$\bar{\varepsilon}$ 和 $\Delta\varepsilon$ 分别为 SLSTR 通道 8 和通道 9 的发射率 ε_{8j} 和 ε_{9j} 的平均值和差异。SW 系数是通过对来自 ASTER 光谱库和 Seebor V5.2 大气剖面库的数据用 MODTRAN 5.2

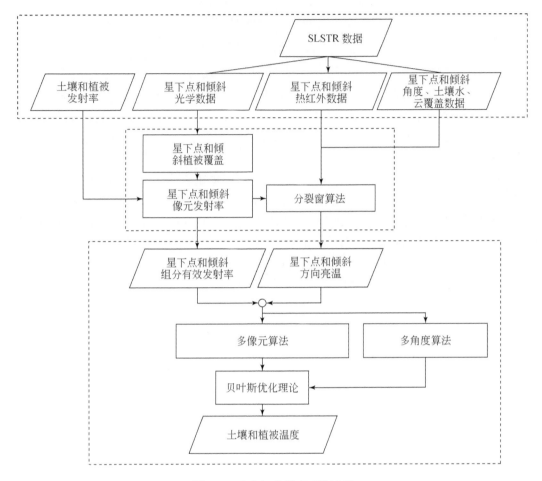

图 6.3　地表组分温度反演流程

黑框为输入数据，蓝框为大气矫正部分，红框为地表组分温度反演

获得的合成数据集进行拟合来确定的：这里使用了 81 个发射率光谱，包括植被、水、冰、雪、岩石、沙和土壤的自然样本，以及 4948 个日间大气剖面，以获得全球代表性的数据集。考虑到广泛的表面温度，在寒冷（$T_0 \leq 280K$）和温暖（$T_0 > 280K$）条件下，数值分别为 $T_0 - 20K \sim T_0 + 4K$，在 5K 步长下为 $T_0 - 5K \sim T_0 + 29K$，其中 T_0 是大气剖面的最底层温度。此外，系数是针对不同的观察天顶角和大气水汽值确定的：观测天顶角为 3.0°、14.9°、38.6°、44.5°、51.2°、58.0° 和 65.0°，而大气水汽被细分为六个等级，即 [0, 1.5]、[1.0, 2.5]、[2.0, 3.5]、[3.0, 4.5]、[4.0, 5.5] 和 [5.0, 7.8] 根据照明和观察的几何形状，相同的 SW 系数被用于垂直和倾斜的反演。因为地表组分温度反演需要垂直和倾斜的冠层顶部热辐射，所以像元平均辐量需乘以相应的像元发射率

$$L_{i,j} = B_i(\mathrm{LST}_j) \cdot \varepsilon_{i,j} \tag{6.12}$$

式中，$L_{i,j}$ 和 $\varepsilon_{i,j}$ 为冠层顶部的热辐射度和发射率，下标 i 和 j 分别指波段和观测方向。

　　经过大气校正后，可以得到一个像元在垂直和倾斜观测的冠顶平均热辐射度。一个像

元的平均热辐射度$L_{i,j}$可以用其子像元组分的贡献来表示，具体如下：

$$L_{i,j} = \sum_{k=1}^{N} f_{j,k}\, \varepsilon_{i,j,k}\, B_i(\mathrm{LST}_k) \tag{6.13}$$

式中，LST_k和f_k分别为组分 k 的温度和可见比例；下标 i 为某个波段；下标 j 为对应于算法使用的不同观测（图6.4）；$f_{j,k}\varepsilon_{i,j,k}$为有效发射率，它代表一个组分对冠层顶部辐射的贡献。应该提到的是，虽然式（6.13）中没有明确表达多重散射效应，但对于植被来说，采用了简单估计。在组合算法中，地表组分温度反演是针对每次卫星过轨时 SLSTR 通道 8 的观测数据进行的。应该注意的是，由于观测数据的数量有限，只能反演土壤和植被的平均温度，而不考虑阳光下和阴影下的温度差异。

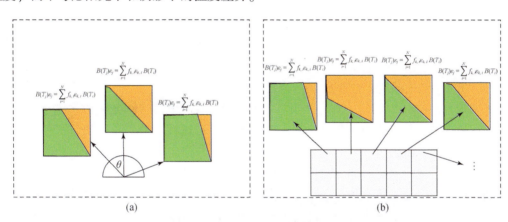

图6.4　植被–土壤冠层多角度多像元算法观测示意
（a）为多角度算法，（b）为多像元算法

基于式（6.13），多角度算法可以用矩阵形式表示：

$$\vec{L}_a = \boldsymbol{W} \cdot \vec{m}_a \tag{6.14}$$

式中，$\vec{L}_a$为不同视角下的观测值矢量；$\boldsymbol{W}$为包含各组分有效发射率的矩阵；$\vec{m}_a$为各组分的黑体热辐射值矢量。每个组分的方向性发射特性由矩阵 $\boldsymbol{W}$ 中的列向量描述，而它的每个行向量都描述了组分在某个观测方向的辐射贡献。由于各组分的可见比例和发射率是已知的，多角度反演算法可以被看作是一个简单的线性求解问题。对于 SLSTR 来说，每个时刻的观测次数，即垂直或倾斜两次观测，与未知数组分温度的数量相等。因此，组分的黑体热辐射可以被反演为

$$\vec{m}_a = \boldsymbol{W}^{-1} \cdot \vec{L}_a \tag{6.15}$$

本书选择了 Zhan 等（2011）提出的多像元算法用于地表组分温度反演，该算法将一个窗口内的组分的热辐射的空间分布表示为行号和列号的二次函数。然后，式（6.13）可以改写为

$$L_{i,j} = \sum_{k=1}^{N} f_{j,k} \cdot \varepsilon_{i,j,k}\big(a_{k,0} + a_{k,1} \cdot \xi_j + a_{k,2} \cdot \eta_j + a_{k,3} \cdot \xi_j^2 + a_{k,4} \cdot \eta_j^2 + a_{k,5} \cdot \xi_j \cdot \eta_j\big)$$

$$\tag{6.16}$$

式中，$a_{k,0} \sim a_{k,5}$ 为多像元算法中分量 k 的未知系数；ξ_j 和 η_j 分别为像元 j 的列数和行数；N 为分量的数量。所选窗口中的一组 TIR 观测方程也可以用矩阵形式重写：

$$\vec{L_p} = \boldsymbol{H} \cdot \vec{X} \tag{6.17}$$

式中，$\vec{L_p}$ 为不同像元的 TIR 观测值矢量；$\boldsymbol{H}$ 为与 ξ_j 和 η_j 相关的系数矩阵；$\vec{X}$ 为包含未知系数的矢量（$a_{k,0} \sim a_{k,5}$）。因为假设组分的可见比例和发射率是已知的，所以当所选窗口的可用像元数大于未知系数（$6 \times N$）时，式（6.17）可解。一旦得到系数，就可以用高斯函数的加权平均法计算每个组分 k 的热辐射度，具体如下：

$$m_{p,k} = \sum_{j=1}^{M} F_{j,n}(a_{k,0} + a_{k,1}\xi_j + a_{k,2}\eta_j + a_{k,3}\xi_j^2 + a_{k,4}\eta_j^2 + a_{k,5}\xi_j\eta_j) \tag{6.18}$$

$$F_j = \frac{1}{2\pi\sigma^2} e^{-(\xi_j^2+\eta_j^2)/2\sigma^2} \tag{6.19}$$

式中，M 为所选窗口中的像元数。应该提到的是，由高斯函数计算的权重系数（F_j）已被归一化；σ 为对应标准差。根据公式，可以对每个像元进行多角度地表组分温度反演。在本书中，式（6.17）中使用了垂直和倾斜中的多像元观测值，这使得在使用二次函数的假设下可以对多像元信息进行多角度反演。在本书中，通过使用最小二乘法，选择了一个 5 ×5 的窗口来反演系数 $\vec{X}$。

在上述简单的组合算法中，多角度反演是在一个窗口中使用观测值进行的。一个像元的反演结果将不可避免地受到周围像元的影响。为了减少这种影响，再次使用一个像元的观测值进行多角度反演，并采用贝叶斯策略来结合窗口和像元的反演结果。组分黑体热辐射的最大后验概率可以用式（6.20）计算，其中传感器噪声和组分辐射被假定为具有高斯分布。

$$\vec{m} = (\boldsymbol{W}^T \cdot \boldsymbol{C}_D^{-1} \cdot \boldsymbol{W} + \boldsymbol{C}_M^{-1})^{-1}(\boldsymbol{W}^T \cdot \boldsymbol{C}_D^{-1} \cdot \vec{L_a} + \boldsymbol{C}_M^{-1} \cdot \vec{m_p}) \tag{6.20}$$

式中，$\vec{m}$ 为包含贝叶斯组合算法结果的向量；$\boldsymbol{C}_D$ 为与测量和建模观测值相关的协方差矩阵；$\boldsymbol{C}_M$ 为与测量和组分的先验热辐射值相关的协方差矩阵；$\vec{m_p}$ 为包含用简单组合算法确定的组分热辐射的矢量；$\vec{L_a}$ 和 $\boldsymbol{W}$ 的含义与上述多角度算法相同上标 T 为转置。在本书中，贝叶斯策略确定先验信息 $\vec{m_p}$ 和多角度信息的权重，从一个像元到结果 $\vec{m}$，确定标准主要是基于像元角度效应的强度。当像元角度效应较弱时，从 $\vec{L_a}$ 反演结果的可靠性会降低，结果 $\vec{m}$ 主要由 $\vec{m_p}$ 决定。

6.1.4 反演结果

各种输入数据存在一定的不确定性，因此必须分析这种不确定性对地表组分温度反演算法的影响。由于地表温度分布的实际测量数据有限，这里使用了黑河流域的合成数据集来进行敏感性分析。本书分析了不同空间和角度误差对结果的影响，并评估了在不同植被类型和植被覆盖差异下的反演结果。在这项敏感性分析中，比较了多角度算法、简单组合算法和贝叶斯组合算法的反演结果，以了解它们在不同条件下的性能表现。

图 6.5 展示了三种算法在不同空间和角度误差条件下的评价结果。在图 6.5（a）和图 6.5（b）中，反演结果受到垂直和倾斜观测空间分辨率差异的影响，这种空间误差可能达到 4.5K。随着误差的增大，多角度算法的性能显著下降，误差超过 10.0K。简单组合算法虽然表现较好，但仍存在较大的误差，特别是受周围像元影响显著。在贝叶斯组合算法中，均方根误差的差异可以解释为不同植被覆盖对结果的显著影响，这是由于光照和阴影区域的温度差异很大。在图 6.5（c）~图 6.5（f）中，当亮温和植被覆盖的角度误差增大时，三种算法的误差也随之增加，尤其是在空间误差较小时更为明显。空间误差较大时的误差略低于图 6.5（a）和图 6.5（b），这可能是数据量较少导致反演结果的不稳定。表 6.2 总结了图 6.5 中总误差的变化 T_s 和 T_v 分别为土壤和植被温度；下标 ma、simple 和 Bayesain 分别为观测多角度算法、简单组合算法和贝叶斯组合算法。随着空间误差的增加，贝叶斯组合算法表现最好，土壤的误差从 1.22K 增至 1.70K，而植被的误差从 1.95K 增至 3.06K。通过比较多角度算法和简单组合算法的结果，发现多像元信息有助于减少由于垂直和倾斜观测之间空间分辨率差异带来的影响。而简单组合算法与贝叶斯组合算法的比较则表明，从单个像元的多角度观测中获取的结果能够改善反演效果，但这种改善在角度误差增大时会减弱。

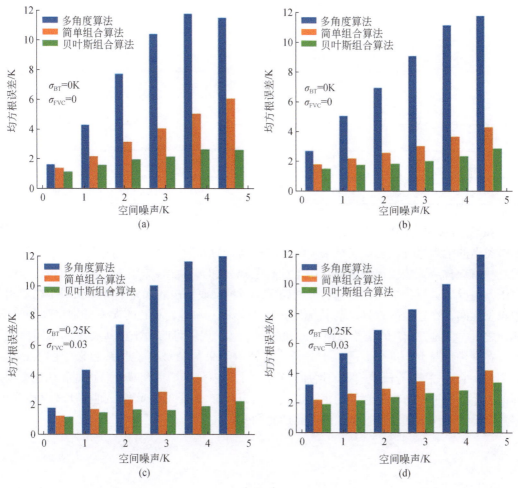

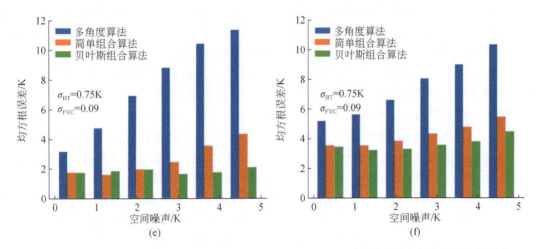

图 6.5 多角度算法、简单组合算法与贝叶斯组合算法由于不同分辨率带来的空间误差的影响

（a）和（b）对应 $\sigma_{BT}=0K$ 和 $\sigma_{FVC}=0$，（c）和（d）对应 $\sigma_{BT}=0.25K$ 和 $\sigma_{FVC}=0.03$，

（e）和（f）对应 $\sigma_{BT}=0.75K$ 和 $\sigma_{FVC}=0.09$

表 6.2　不同反演误差下三种反演算法的统计信息

项目	$\sigma_{BT}=0K$, $\sigma_{FVC}=0$	$\sigma_{BT}=0.25K$, $\sigma_{FVC}=0.03$	$\sigma_{BT}=0.75K$, $\sigma_{FVC}=0.09$
$T_{s,ma}/K$	3.34	3.91	4.16
$T_{s,simple}/K$	1.72	1.67	2.14
$T_{s,Bayesain}/K$	1.22	1.23	1.70
$T_{v,ma}/K$	4.25	5.29	5.72
$T_{v,simple}/K$	2.49	2.44	3.24
$T_{v,Bayesain}/K$	1.95	2.03	3.06

在研究区域内存在几个复杂多样的生态系统。图 6.6（a）和图 6.6（b）提供了不同植被类型的地表组分温度反演结果。研究区被划分为五个主要的土地覆盖类型：草原、耕地、稀疏森林、荒地或稀疏植被（以下简称荒地）和其他。在未引入亮温和植被覆盖的角度误差情况下进行分析。无论植被类型如何，三种反演算法的误差趋势都相似。耕地和荒地类型之间存在轻微的差异。与其他四种类型相比，耕地 T_s 和 T_v 的误差分别略高和略低。相比之下，荒地 T_s 和 T_v 的误差分别略低和略高。这一现象可归因于这些类型的不同树冠结构。在这种情况下，进行了进一步分析，将评价结果与植被覆盖联系起来［图 6.6（c）和图 6.6（d）］。随着植被覆盖的增加，T_s 和 T_v 的误差分别增加和减少。耕地和荒地类型之间的误差差异可以解释为它们的植被覆盖分别为 0.55 和 0.31。此外，通过比较三种算法，多角度算法的误差随着植被覆盖的变化而急剧变化。

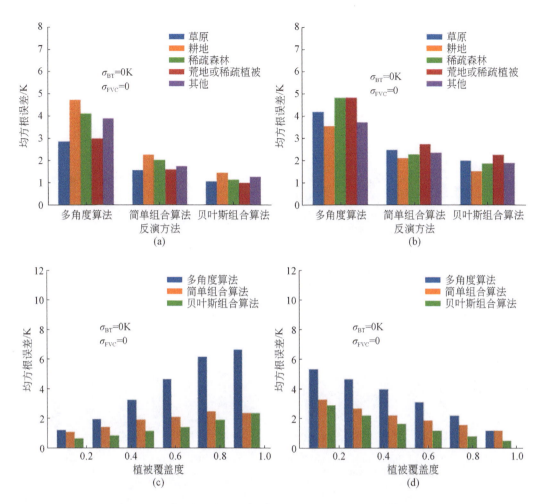

图 6.6 三种方法在不同地表类型和植被覆盖度下反演精度比较

（a）和（b）对应三种方法不同地表类型土壤和植被温度误差，（c）和（d）对应不同植被覆盖度

除了植被覆盖，地表组分温度的反演精度，特别是多角度算法，也会受到植被覆盖差异的影响。图 6.7 显示了三种算法在植被覆盖差异下的评价结果。随着植被覆盖差异的增加，多角度算法的反演结果的误差下降，但由于空间效应较大，下降并不明显。简单组合算法的误差略有变化，在某些情况下有所增加。需要注意的是，随着植被覆盖差异的增加，简单组合算法和贝叶斯组合算法的误差差异增加，这部分得益于多角度算法的改进。此外，根据贝叶斯理论，像元多角度算法的权重也有所增加。然而，随着角度误差的增加，简单组合算法和贝叶斯组合算法之间的差异减少。

在本书中，通过对 SLSTR 数据进行反演，得到的地表组分温度结果与 TIR 辐射计的地面测量结果进行了验证。根据敏感性分析，组合算法反演的地表组分温度结果的误差被发现优于 3.0K。除了除去被云层污染的数据，还根据 3-sigma 标准去除了反演的地表组分温度和测量地表组分温度之间差异大于 9.0K 的数据。图 6.8（a）和图 6.8（b）分别展示了 AR 站点和 EVO 站点的地面测量和反演的组分温度以及像元平均温度。红色和蓝色折

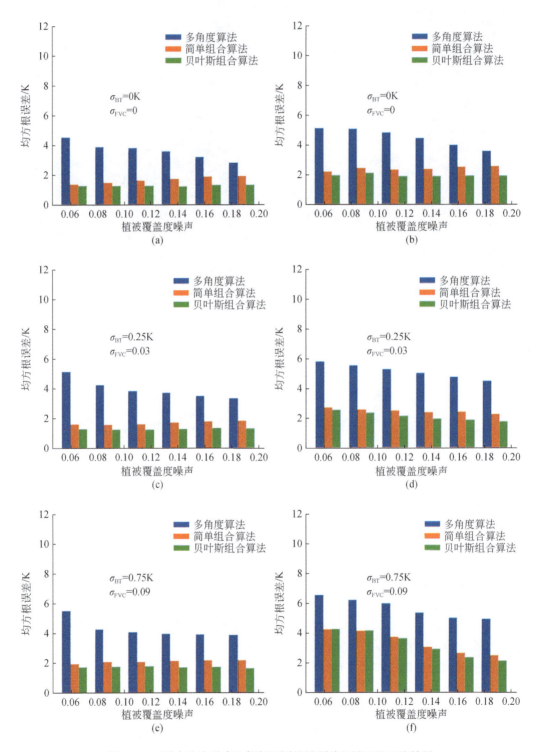

图 6.7　三种方法在垂直和倾斜不同植被覆盖差异下的反演结果

（a）和（b）对应没有角度误差影响，（c）和（d）对应$\sigma_{BT}=0.25$K 和$\sigma_{FVC}=0.03$，（e）和

（f）对应$\sigma_{BT}=0.75$K 和$\sigma_{FVC}=0.09$

线代表加权平均和单个土壤/植被组分之间的温度差异。由于气候不同，AR 站点的温度在观测期间大幅下降，而 EVO 站点的温度略有上升。在两个站点，组分温度和像元平均温度的变化是一致的，土壤温度明显高于植被温度。在 AR 站点，土壤和植被之间的大多数温度差异小于 10K，而在 EVO 站点则达 20K。这种差异可能是由于 EVO 站点的植被部分由密集的树冠组成，而 AR 站点的植被部分由草组成。

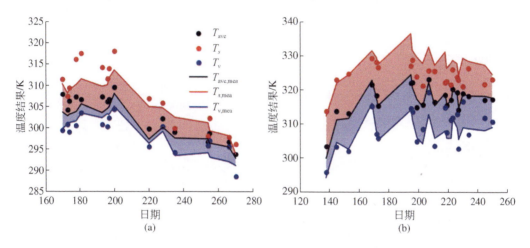

图 6.8 AR 站点和 EVO 站点测量和反演的组分温度与平均温度的时间变化图

(a) 为 AR 站点，(b) 为 EVO 站点

图 6.9 (a) 和图 6.9 (d) 分别展示了 AR 站点和 EVO 站点的测量地表组分温度与用组合算法反演的地表组分温度。在 AR 站点，T_v 的误差比 T_s 低，分别为 1.91K 和 3.09K。对 T_s 的严重高估（偏差为 1.68K）主要是由于高温下的几个点。在 EVO 站点，T_s 和 T_v 的误差分别为 3.71K 和 3.42K，比 AR 站点的误差略大。图 6.9 (b)、图 6.9 (c)、图 6.9 (e) 和图 6.9 (f) 展示了多角度算法和简单组合算法在这两个站点反演到的结果，分别存在对 T_s 和 T_v 的低估和高估，相应的偏差值为 –1.83K 和 1.64K。多角度算法和简单组合算法的误差比贝叶斯组合算法的误差大。在 AR 站点，多角度算法的 T_s 和 T_v 误差分别为 3.50K 和 1.94K，而在 EVO 站点的相应数值分别为 3.71K 和 3.75K。对于简单组合算法，AR 站点的 T_s 和 T_v 误差分别为 3.89K 和 2.45K，而 EVO 站点的相应值分别为 3.83K 和 3.62K。贝叶斯组合算法的决定系数大于多角度算法和简单组合算法的相应值。此外，用多角度算法和简单组合算法反演到的结果中，满足阈值条件（<9K）的有效数据点比贝叶斯组合算法少：在 AR 站点和 EVO 站点，贝叶斯组合算法的有效数据点数量为 38 个，而多角度和简单组合算法分别为 28 个和 36 个。数据点的数量普遍较少，这也可以部分解释算法之间的性能差异相对较小。

6.1.5 反演方法的问题与潜在发展

近年来，LSCT（地表组分温度）反演受到了越来越多的关注，这是由于许多应用需要更详细的亚像元温度信息。以往的研究通常采用单独的算法进行地表组分温度反演，这

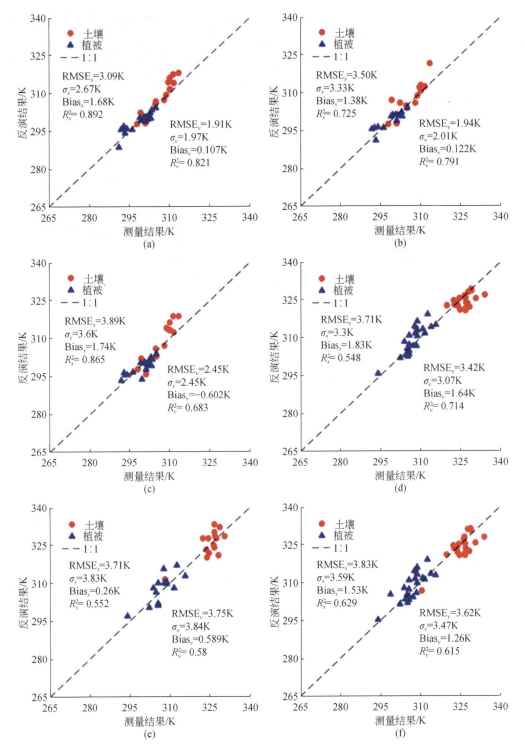

图 6.9　三种方法在 AR 站点和 EVO 站点的散点图

(a) ~ (c) 为 AR 站点，(d) ~ (f) 为 EVO 站点；(a) 和 (d) 为贝叶斯组合算法，
(b) 和 (e) 为多角度算法，(c) 和 (f) 为简单组合算法

常导致反演结果之间存在巨大差异。本书提出了一种简单的组合算法，在一个窗口中共同利用多像元和多角度观测，并通过贝叶斯组合算法将像元的多角度观测结果引入。结果表明，相对于多角度算法和简单组合算法，贝叶斯组合算法具有更稳健的性能，这是因为它利用了更多可用数据来降低均方根误差。然而，对反演算法的评估和验证受到地面测量的限制。未来的验证工作将大大受益于额外的地面测量地表组分温度数据。此外，反演算法的评估和验证还受使用合成数据集的限制。由于缺乏实测地表组分温度的不确定性信息，本书根据以前研究中的典型不确定性假设了空间和角度误差的组合。此外，本书忽略了土壤发射率的各向异性，这是由于这种组分信息通常不用于地表温度和地表组分温度反演算法中。然而，土壤发射率的方向各向异性在过去的研究中已经被报道，这会降低 SLSTR 倾斜视角的亮度温度。为了研究这个问题，本书使用了一个土壤发射率的经验模型来生成合成的 SLSTR 亮温，如式（6.21）所示：

$$\varepsilon_{s,o}(\theta_v) = \varepsilon_{s,n} - 8.7 \times 10^{-9} \times \theta_v^{\alpha} \qquad (6.21)$$

式中，$\varepsilon_{s,n}$ 和 $\varepsilon_{s,o}(\theta_v)$ 分别为垂直和 VZA $=\theta_v$ 处的土壤比发射率；α 为描述土壤发射率对观察角度依赖性的参数，这里设置为 3.3。当 $\varepsilon_{s,n} = 0.955$ 时，从垂直到斜向 55° 视角，土壤发射率下降到 0.950。评估结果见图 6.10，其中没有加入角度误差。然而，尽管所有结果都有所变差，贝叶斯组合算法仍然表现最好。值得一提的是，土壤发射率的各向异性也会影响地表温度的反演，低估土壤发射率可能会导致地表温度的高估。由于在地表组分温度反演中使用了地表亮度温度，即通过像元平均黑体辐射乘以相应的发射率来计算，如式（6.12）所示，地表温度的高估将在一定程度上得到纠正。因此，本书没有讨论其影响。

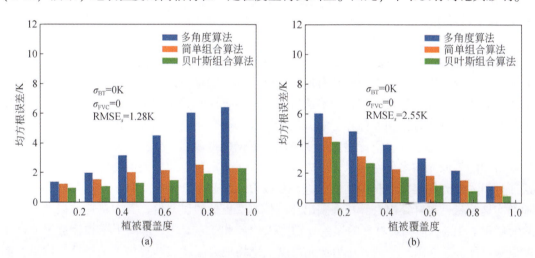

图 6.10　考虑土壤发射率方向异性的三种方法反演结果
（a）为 T_s，（b）为 T_v

地表组分温度误差较大的一个可能原因是，垂直观测地表温度的误差分别为 2.11K 和 1.81K，对应 AR 站点和 EVO 站点。倾斜地表温度的反演精度可能更差。此外，地表组分温度的反演结果也会受到其他输入参数不确定性的影响。组合算法的初衷是为了避免多角度算法由于垂直和倾斜观测的空间分辨率不同而产生的缺陷。除了地表温度反演之外，提出的组合算法也会受到单独多像元和单独多角度算法的影响。以下是对单个算法的一些缺点的简要介绍：

（1）多角度算法：除了植被覆盖，热辐射方向性也是一个重要因素。多角度算法的较大误差主要出现在垂直和倾斜观测之间植被覆盖度差异低于 0.10 的像元上，这种情况发生在叶面积指数低于 0.5 或高于 4.0 的同质树冠中。当只考虑植被覆盖度差异大于 0.10 的像元时，相应的误差值下降到 1.06K 和 1.37K。

（2）多像元算法：表现差异可以归因于 SLSTR 的地表温度反演精度。

（3）多角度和多像元算法的假设：这些算法假设温度差异主要与土地覆盖差异（如土壤和植被）有关。然而，当存在光照和阴影区域时，这一假设可能不成立。在山区，由于山体阴影的存在，通常会表现出随高程变化的温度差异，以及光照下和阴影下的温度差异。如果仅假设平均土壤和植被之间的温度差异，地表组分温度反演的差异在这些情况下是不可避免的。

尽管存在这些局限，使用多角度和多像元观测的组合算法展现了优异的性能，因此它成为实际反演任务一个很好的选择。虽然本书专注于多种算法的组合，但组合算法将受益于单个算法和地表温度反演的持续优化。考虑到单个算法存在不同的弱点，对其性能的评价可以通过更全面的现场实验来实现。此外，其他策略，如贝叶斯模型平均、支持向量机和人工神经网络等新兴方法同样适用于地表组分温度反演研究，这为进一步优化反演精度提供了新的技术路径。

6.1.6　小结

地表组分温度反演方法旨在获取更详细的温度信息，尤其是在异质性地表条件下。研究表明，组分温度在许多应用中具有重要价值，如蒸发量估计和植被监测。基于不同类型的 TIR 观测，学界已提出了多种地表组分温度反演算法，并对比了它们的性能差异。近年来，融合多传感器数据和多种算法的方法逐渐成为研究热点。本书提出了一种利用多角度和多像元观测的稳健地表组分温度反演方法。根据模拟数据的分析，简单组合算法通过使用窗口中的多像元和多角度信息，可以显著减少倾斜观测空间误差的影响。贝叶斯组合算法通过引入像元的多角度观测结果，进一步改善了地表组分温度结果。对于草地和稀疏林地的实地测量，贝叶斯组合算法表现出比其他算法更低的误差值，其中草地的误差分别为 3.09K 和 1.91K，而稀疏林地的误差分别为 3.71K 和 3.42K。考虑到土壤和植被组分之间的温差可能高达 20K，这种方法为像元尺度上平均地表温度反演提供了关键补充信息。随着地表温度反演和单个地表组分温度反演算法的发展，组合算法的地表组分温度反演结果也将得到进一步改善。

6.2　基于贝叶斯优化理论的光照、阴影组分温度反演

多角度方法是组分温度反演最重要的方法之一。然而，现有的多角度方法往往局限于

获取植被和土壤的平均温度，而未考虑到热点的影响。为此，本书提出了一种考虑热点影响的组分温度反演方法，利用无人机多角度观测数据反演三个组分的温度。为后续利用极轨卫星 SLSTR 的两个角度和静止卫星 AHI 的一个角度进行协同卫星反演组分温度提供基础。

6.2.1 组分温度反演

地表温度（LST）是区域和全球物理过程中至关重要的一个变量，对地表能量收支和全球水循环起着关键作用。遥感方法被广泛用于反演不同空间和时间尺度下的地表温度。然而，由于像元的平均温度无法准确反映其中各个组分的实际温度，越来越多的人意识到在异质和非等温像元中考虑组分温度的重要性。

学者们对组分温度及其在热红外各向异性和蒸散发估算中的重要性进行了深入研究。通过地面测量，发现多种植被冠层，如小麦、大豆、棉花和玉米，均表现出显著的方向亮度温度（DBT）差异。Norman 等（1995）提出了实用的双源蒸散发（TSEB）模型，该模型充分考虑了背景土壤与冠层温度的显著差异，因此能够分别计算组分的能量通量。此后，TSEB 模型经过多次修订，进一步提高了其在估算冠层和土壤表面净辐射、土壤表面阻抗、聚集效应以及垄行作物中时间变化等方面的精确性。TSEB 模型还被用于观测冠层和土壤的辐射温度，从而避免了对 Priestley-Taylor 假设的依赖，该假设在有限灌溉区和旱地的应用中受到了一定限制。因此，为了准确估算蒸散量，一个稳健的组分温度计算方法至关重要。同时，为了解释方向亮温分布并减少地表温度反演中的角度依赖性，研究者们提出了多种模型。这些模型可以分为几何光学模型、辐射传输模型、混合模型以及计算机模拟模型四大类。

热辐射方向性被认为是反演组分温度的最佳工具。Kimes（1983）提出了针对垄行冠层的几何光学模型，用于反演冠层结构、冠层温度和底层土壤的温度。基于 Kimes 等（1980）提出的间隙概率，Francois 等（1997，2002）发展了两个用于反演叶面和土壤温度的分析模型。Liu 等（2002）和 Verhoef 等（2007）将任意倾斜树叶散射（SAIL）模型扩展到热红外领域，Timmermans 等（2009）在此基础上利用地面多角度观测反演了四个组分的温度。Li 等（2001）和 Jia 等（2003）通过第二代沿轨扫描辐射计（ATSR-2）的多角度观测，成功反演了卫星像元尺度的叶片和土壤温度。

虽然学界提出了许多分离组分温度的方法，但大多数方法局限于土壤和叶片两组分，缺乏考虑更多的多角度观测数据。尽管亮温模型已经取得了显著进展，但由于目前只有 ATSR 和其升级版 AATSR 可以获得准实时的多角度观测数据，而且观测角度有限，组分温度反演面临诸多挑战。此外，两个视角的空间分辨率不同，可能导致反演组分温度出现较大的不确定性。相比之下，机载平台提供了更多角度观测的可能性，尽管很少有研究将其用于组分温度的反演和验证，这是由于其涉及复杂的数据处理。在早期研究中，假设植被土壤混合像元可分为四个组分：光照叶片、阴影叶片、光照土壤和阴影土壤，但后续实验发现光照和阴影叶片之间的温度差异较小，因此大多数学者仅考虑三个组分：叶片、光照土壤和阴影土壤。尽管有研究致力于分离两个组分的温度，但从多角度观测中反演三个组分温度的问题仍未得到充分探讨。为此，本书提出了一种新的三组分温度反演方法，旨在减少反演结果与实际温度分布之间的偏差。该方法基于 Francois 等（1997）提出的 FR97 分析模型，利用贝叶斯组合算法解决反演问题，并将土壤部分细分为光照和阴影两组分。反演方案通过 4SAIL 模型生成的模拟数据进行了评估，并使用机载多角度热红外数据对密集作物区域（如玉米地）的反演结果进行了验证。

　　本章节的结构安排如下：6.2.1 节介绍了组分温度反演的背景和目的；6.2.2 节描述了基于改进 FR97 模型的三组分温度反演方案；6.2.3 节评估了该反演方案的精度，并利用 4SAIL 模型模拟数据进行了敏感性分析；6.2.4 节通过机载多角度热红外数据和地面测量数据验证了该方案的可靠性；6.2.5 节讨论了反演问题；6.2.6 节对本章节进行了简要总结。

6.2.2　反演理论方法

1. 组分温度反演框架

　　传感器观测到的热红外信号包括冠层顶出射辐射和大气上行辐射两部分。冠层顶出射辐射包括冠层内各组分的发射项和大气下行辐射的反射，如式（6.22）所示。

$$L_s(\theta, \varphi) = \sum \varepsilon_{e,i}(\theta, \varphi) B(T_i) + (1 - \varepsilon_{e,c}) L_a^{\downarrow} \tag{6.22}$$

式中，L_s 为冠层顶出射辐射；T_i 为组分的温度；$\varepsilon_{e,i}$ 为组分的有效发射率；$\varepsilon_{e,c}$ 为冠层有效发射率；θ 和 φ 分别为观测的天顶角和方位角；$L_a^{\downarrow}$ 为大气的等效下行辐射；$B(T_i)$ 为普朗克函数。在植被冠层，通常将组分假设为光照和阴影叶片，光照和阴影土壤。每种组分假设具有唯一的温度，其对冠层辐射的贡献通过组分有效发射率表征。对于宽波段红外传感器，其通道等效热辐射可以认为是各个波段的热辐射与光谱响应函数的加权平均。假设大气影响可以通过大气校正完全消除，地表组分温度可以通过下式反演：

$$L_{\text{obs}} = WP \tag{6.23}$$

$$L_{\text{obs}} = \begin{bmatrix} L(\theta_1) \\ L(\theta_2) \\ \vdots \\ L(\theta_m) \end{bmatrix} \quad P = \begin{bmatrix} B(T_1) \\ B(T_2) \\ \vdots \\ B(T_n) \end{bmatrix}$$

$$W = \begin{bmatrix} \varepsilon_{e,1}(\theta_1) & \varepsilon_{e,2}(\theta_1) & \cdots & \varepsilon_{e,n}(\theta_1) \\ \varepsilon_{e,1}(\theta_2) & \varepsilon_{e,2}(\theta_2) & \cdots & \varepsilon_{e,n}(\theta_2) \\ \vdots & \vdots & \ddots & \vdots \\ \varepsilon_{e,1}(\theta_m) & \varepsilon_{e,2}(\theta_m) & \cdots & \varepsilon_{e,n}(\theta_m) \end{bmatrix}$$

式中，L_{obs} 为传感器观测到的热辐射方向向量；P 为组分的黑体辐射向量，可以通过组分温度和普朗克函数计算；W 为组分有效发射率矩阵；下标 m 和 n 分别为观测角度的数目和组分的数目。有效发射率矩阵的行向量表示在某个角度下，各个组分对冠层总辐射的贡献情况，列向量可以认为是某个组分在不同观测角度下，对冠层总辐射的贡献情况。当多角度观测向量 L_{obs} 已知，组分有效发射率矩阵 W 通过模型模拟得到，则可以计算组分的黑体辐射向量，以及通过普朗克函数逆变换可以得到组分温度。

2. 组分有效发射率

组分有效发射率矩阵是组分温度反演的核心。本书以 Francois 等（1997）提出的热辐射方向性模型 FR97 为基础，计算组分有效发射率。这里选择 FR97 模型的原因在于其结构简单，且物理意义明确。以往的研究表明 FR97 模型模拟结果准确，在叶片和土壤的发射率分别为 0.98 和 0.94 时，FR97 模拟的观测天顶角小于 50°，冠层发射率与 Monte Carlo 模拟结果小于 0.006。FR97 模型如下所示：

$$L(\theta) = \tau_{to}(\theta)\varepsilon_s B(T_s) + \omega_{to}(\theta)B(T_v) + [1 - \varepsilon_{e,c}(\theta)]L_a^{\downarrow} \qquad (6.24)$$

$$\tau_{to}(\theta) = b(\theta)$$

$$\omega_{to}(\theta) = [1 - b(\theta)]\varepsilon_v + (1-M)b(\theta)(1-\varepsilon_s)\varepsilon_v + (1-\alpha)[1 - b(\theta)M][1 - b(\theta)](1-\varepsilon_v)\varepsilon_v$$

$$\varepsilon_c(\theta) = 1 - b(\theta)M(1-\varepsilon_s) - \alpha[1 - b(\theta)M](1-\varepsilon_v)$$

式中，T_s 和 T_v 分别为土壤和叶片的温度；ε_s 和 ε_v 分别为土壤和叶片的发射率；$b(\theta)$ 为冠层的透过率；M 为冠层的半球平均透过率；α 为孔穴效应因子，其代表冠层内部叶片的多次散射强度，可以经过辐射传输模型 SAIL 等模拟。在 FR97 模型中，传感器接收到的叶片发射项包括：①叶片发射直接到达传感器；②叶片发射经过土壤反射间接到达传感器；③叶片发射被其他叶片反射间接到达传感器。其中，$\tau_{to}(\theta)\varepsilon_s$，$\omega_{to}(\theta)$ 和 $\varepsilon_{e,c}(\theta)$ 分别为土壤、叶片和冠层的有效发射率。

因为 FR97 模型只考虑了叶片和土壤组分的温度差异，如果要进行叶片、光照土壤和阴影土壤的温度反演，需要对 FR97 模型进行修改。FR97 模型计算的组分发射率可以认为是 "R-发射率"，因此可以通过土壤的光照和阴影的可视比例计算其组分有效发射率。土壤的光照可视和阴影可视比例可通过下式计算（Yan et al.，2012），三个组分的 FR97 模型最终如式（6.27）所示。

$$k_g = \frac{\exp\left[-\left(\frac{G_i}{\mu_i} + \frac{G_v}{\mu_v} - w\sqrt{(G_i/\mu_i)(G_v/\mu_v)}\right)\text{LAI}\right]}{\exp\left[-\frac{G_v\text{LAI}}{\mu_v}\right]} \qquad (6.25)$$

$$w = d/(H\delta) \cdot (1 - e^{-H\delta/d})$$

$$\delta = \sqrt{1/\mu_i^2 + 1/\mu_v^2 - 2\cos\varphi/(\mu_i\mu_v)}$$

$$k_z = 1 - k_g \qquad (6.26)$$

$$L(\theta) = k_g\tau_{to}(\theta)\varepsilon_s B(T_{ss}) + k_z\tau_{to}(\theta)\varepsilon_s B(T_{sh}) + \omega_{to}(\theta)B(T_v) + [1 - \varepsilon_c(\theta)]L_a \qquad (6.27)$$

式中，φ 为太阳和观测方向夹角；G 为叶片在太阳方向或观测方向的投影比例，对于叶倾角球分布的冠层 $G = 0.5$；μ 为某个角度的余弦值；下标 i 和 v 分别为太阳和观测方向；d 为叶片的等效直径；H 为植被冠层高度；T_{ss} 和 T_{sh} 分别为光照和阴影土壤的温度；$k_g\tau_{to}(\theta)\varepsilon_s$ 和 $k_z\tau_{to}(\theta)\varepsilon_s$ 为光照土壤和阴影土壤的有效发射率；k_g 和 k_z 分别为光照土壤的比例。

3. 贝叶斯反演策略

基于贝叶斯推论的贝叶斯优化算法，已经广泛应用于地学领域的反演问题。刘强（2002）、Timmermans 等（2009）和 Zhan 等（2011）分别开展了基于贝叶斯算法的组分温度反演研究，取得了较好的反演结果。因此，本书选择贝叶斯算法进行叶片、光照土壤和阴影土壤的温度反演，反演的代价函数如式（6.28）所示，当地表的组分温度和传感器误差的分布认为是高斯分布时，组分出射辐射 P 的最大后验概率对应式（6.29）。

$$S(P) = [(WP-L_{obs})^T C_D^{-1}(WP-L_{obs}) + (P-P_p)^T C_M^{-1}(P-P_p)]/2 \qquad (6.28)$$

$$P = (W^T C_D^{-1} W + C_M^{-1})^{-1}(W^T C_D^{-1} L_{obs} + C_M^{-1} P_p) \qquad (6.29)$$

式中，C_D 为地表观测的热辐射向量 $\boldsymbol{L}_{obs}$ 和模型模拟结果 WP 间差异的协方差；C_M 为组分的真实黑体辐射 P 与先验组分黑体辐射 P_p 间差异的协方差；T 为转置。通常来说，C_D 可以通过传感器误差进行估算，P_p 和 C_M 可以通过对先验知识或者地表测量进行统计得到。当没有先验知识时，P_p 和 C_M 就可以通过最小二乘方法进行估算。但在这种情况下，贝叶斯方法将等同于最小二乘方法。

6.2.3 敏感性分析

组分温度反演的不确定性主要来自两个方面：热辐射方向性正向模型和反演中所输入的参数。为了明确反演的不确定性，在该部分进行了敏感性分析。因为 4SAIL 模型经过了很好的验证并广泛应用于模拟和反演研究，所以基于 4SAIL 模型进行数据集的生成。

1. 数据集

在自然界，地表的组分温度是冠层结构、组分属性和气象状况共同确定的。在这里，假定组分温度独立于冠层结构、组分属性和气象状况。为了评估正向模型和反演方法，模拟数据集主要考虑了 5 种变量：冠层结构、组分发射率、组分温度、光照和观测条件以及传感器误差，共模拟了 180 种情景，包括 4 组太阳天顶角、9 组组分发射率和 5 组冠层结构。随后，与 24 组温度分布组成参考数据集，其涵盖情况如表 6.3 所示。

冠层结构是地表辐射传输过程中重要的影响因素之一。随着地表叶面积指数的增大，传感器视场中组分的比例会产生显著变化。因此，模拟的数据集涵盖了不同叶面积指数值，以 1 为间隔，从 1 到 5。叶倾角分布类型均被认为是球型。组分的发射率决定其反射和发射辐射的能力，该数据集共考虑了九组叶片和土壤发射率，通过将叶片发射率（0.95、0.97、0.99）和土壤发射率（0.90、0.93、0.95）交叉组合得到。太阳辐射是地表辐射收支过程重要的能量来源，太阳角度则是影响组分温度和热点的重要因素，因此该数据集中包含四种太阳天顶角情况，即 0°、10°、20° 和 30°。组分的温度由叶片和土壤间温度差异，光照和阴影叶片间温度差异和光照和阴影土壤间温度差异共同生成。模拟的四组分温度可以直接用于四组分的 4SAIL 模型。TFR 模型和 FR97 模型中的等效叶片（土壤）温度，是将叶片（土壤）光照和阴影部分的温度与其在冠层内的比例计算得到的，该温度不随观测角度变化。光照和阴影叶片的温度差异分别设为 0℃、1℃、3℃和 5℃；光照和阴影土壤的温度差异为 5℃和 10℃；土壤和叶片的温度差异为 5℃、10℃和 15℃；叶片的温度设为 25℃。

表 6.3　模拟数据集结构

参数	单位	值或者范围
叶面积指数	—	1, 2, 3, 4, 5
叶倾角分布类型	—	球型
叶片发射率	—	0.95, 0.97, 0.99
土壤发射率	—	0.90, 0.93, 0.95
太阳天顶角	°	0, 10, 20, 30
光照和阴影叶片温差	℃	0, 1, 3, 5
光照和阴影土壤温差	℃	5, 10
叶片和土壤温差	℃	5, 10, 15

在反演过程中传感器的误差难以避免，本书选择 Timmermans 等（2009）提出的方法生成反演误差，如式（6.30）所示。其中，N_l、A_s 和 $\Re$ 分别为误差的噪声水平、传感器误差和随机数项。本书中误差水平设为 1 和 2，传感器误差设为 0.03℃，随机数项为标准差和均值分别为 1 和 0 的高斯分布。

$$dT = N_l \cdot A_s \cdot \Re \tag{6.30}$$

2. 模型对比

正向模型的精度是影响组分温度反演的重要因素。本书基于 4SAIL 模型对 TFR 模型进行了评估。图 6.11 展示了 FR97 模型、TFR97 模型和 4SAIL 模型模拟的太阳主平面上植被冠层方向亮温结果。尽管 TFR 模型与 4SAIL 模型间仍存在差异，但相对于 FR97 模型，TFR 模型模拟的结果更接近于 4SAIL 模型的模拟结果，特别是对热点的刻画有了明显提升。

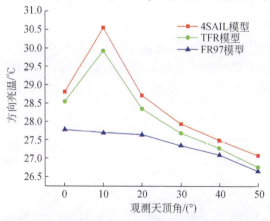

图 6.11　FR97 模型、TFR 模型和 4SAIL 模型模拟的植被冠层太阳主平面的多角度观测
其中叶面积指数为 2，太阳天顶角为 10°

相比 FR97 模型，TFR 模型与 4SAIL 模型间的差异明显更小。当不考虑光照和阴影叶片间温度差异时，TFR 模型与 4SAIL 模型间的均方根差异小于 0.1℃ （图 6.12）。当然，随着光照和阴影叶片间温差的增大，三组分的 TFR 模型与四组分的 4SAIL 模型间的差异增大。

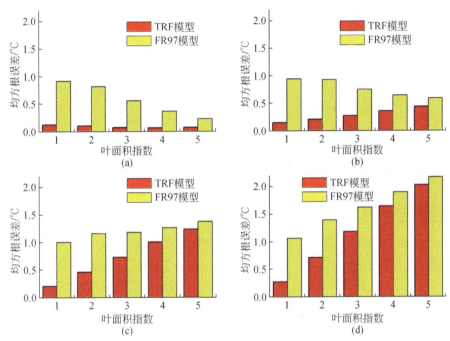

图 6.12　FR97 模型和 TFR 模型在不同叶面积指数和温度下与 4SAIL 模型的均方根偏差（RMSD）比较

(a)~(d) 依次为 T_v 为 0℃、1℃、3℃和 5℃的情况

3. 反演对比

太阳主平面上的模拟结果（天顶角为 0°~50°，以 10°为间隔，方位角为 0°）被用于进行已知多角度观测下的组分温度反演。基于 TFR 模型的反演结果如图 6.13 所示。随着叶面积指数的增大，由于土壤在视场中的比例减少，反演的土壤温度的均方根误差随之增加。当光照叶片和阴影叶片之间存在温度差异时，反演的叶片平均温度更接近光照叶片的温度。FR97 模型与 4SAIL 模型的组分温度反演结果也用于与 TFR 模型的结果进行对比。为了与 FR97 模型和 TFR 模型反演方法保持一致，4SAIL 模型中采用 Francois 等（1997）

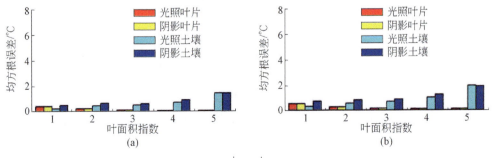

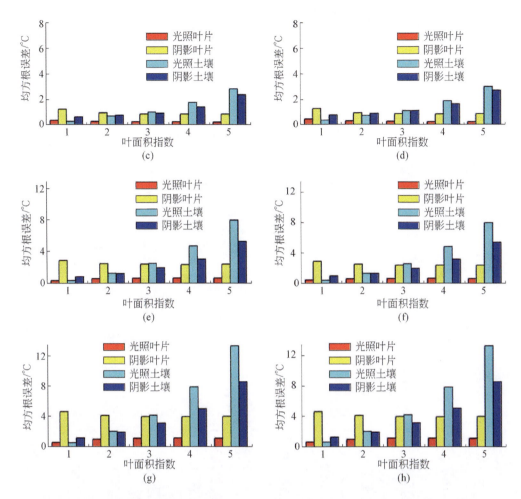

图 6.13 不同叶面积指数、组分温度和噪声水平下的新提出的反演算法误差结果

ΔT_v 为光照和阴影叶片温差，N 为噪声水平；（a）、（c）、（e）、（g）N 为 1，（b）、（d）、（f）、（h）N 为 2；

（a）和（b）、（c）和（d）、（e）和（f）、（g）和（h）ΔT_v 依次为 0℃、1℃、3℃、5℃

提出的方法，先计算组分的有效发射率，再进行组分温度的反演。

基于三种模型的组分温度反演结果对比如图 6.14 所示。光照和阴影叶片的温差以及引入的反演噪声是导致反演误差增大的两个主要因素。当叶片间的温差为 0℃时，TFR 模型的反演结果优于 FR97 模型和 4SAIL 模型。当噪声水平从 1 增加到 2 时，FR97 模型和 TFR 模型的反演结果变化较小，而 4SAIL 模型的反演结果变化较大。当叶片间温差从 0℃增加到 5℃时，相对于 4SAIL 模型，FR97 模型和 TFR 模型的反演均方根误差迅速增大。总体而言，TFR 模型在叶片间温差小于 3℃时表现较好。虽然随着叶片间温差的增大，TFR 模型的反演误差也增大，但地面遥感试验表明，光照和阴影叶片之间的温差通常小于 1℃。因此，本书认为 TFR 模型能够满足大多数组分温度反演任务的需求。

在该部分中，评估了 FR97 模型、TFR 模型和 4SAIL 模型，分别代表了两组分、三组分和四组分的温度反演方法。尽管四组分的热辐射方向性模型更加符合地表的组分温度状况，但敏感性分析结果表明，TFR 模型反演方法相较于 4SAIL 模型反演方法对噪声的抵抗能力更强。在实际反演过程中，噪声影响难以避免，而有效发射率矩阵的条件数可以用来评估不同反演方法对噪声的敏感性。

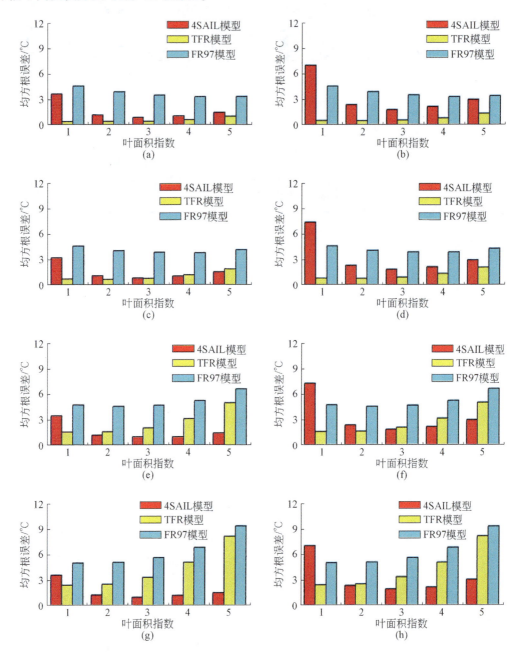

图 6.14　在不同叶面积指数、组分温度和噪声水平下，基于三种模型进行的组分温度反演的 RMSE 结果

ΔT_v 为光照和阴影叶片温差，N 为噪声水平；（a）、（c）、（e）、（g）N 为 1，（b）、（d）、（f）、（h）N 为 2；（a）和（b）、（c）和（d）、（e）和（f）、（g）和（h）ΔT_v 依次为 0℃、1℃、3℃、5℃

图 6.15 显示了三种模型计算的组分有效发射率矩阵的条件数的对数，假设叶片和土壤的发射率分别为 0.97 和 0.95。从图 6.15 中可以看出，4SAIL 模型的条件数对数明显高于 FR97 模型和 TFR 模型，这表明四组分反演方法对噪声更加敏感。特别是在稀疏植被条件下，叶片组分占比小，不同角度的观测相关性高，因此反演结果更容易受到噪声的影响。由于在卫星或飞机观测平台上噪声难以避免，TFR 模型反演方法的稳定性显得尤为重要。此外，TFR 模型反演方法基于解析公式，能够直观表达组分的有效发射率，有助于在大范围内进行组分温度反演。

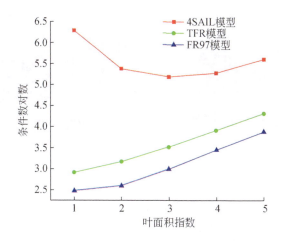

图 6.15　三种热辐射方向性模型计算的组分有效发射率矩阵的条件数对数

6.2.4　反演方法验证

2012 年，在甘肃省的黑河流域开展了 HiWATER。黑河中游区域的人工绿洲是黑河试验过程中三个核心观测区之一，如图 6.16 所示。在该部分，本书基于试验期间获取的机载 WIDAS 红外多角度观测数据及地面测量数据，进行了新反演方法的验证。

1. 机载多角度观测

WIDAS 传感器由中国科学院遥感与数字地球研究所和北京师范大学共同研制。波段范围包括可见光波段（400～500nm、500～590nm、590～670nm、670～850nm），近红外波段（850～1000nm）和热红外波段（7.5～14.0μm）。在 WATER 期间，WIDAS 传感器的热红外相机为 FLIR S60，而在 HiWATER 期间，WIDAS 传感器的热红外相机被替换为 FLIR A655sc。新相机可以提供 640×480 个像元数目的红外影像。相机的精度为 0.03℃，中心波长为 10.43μm。相机的关键参数如表 6.4 所示。为了获得更大的观测天顶角范围，红外热像仪配置了广角镜头，并且前倾 12°。

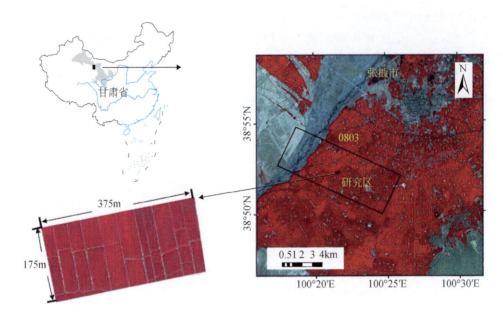

图 6.16　2012 年 8 月 3 日航空观测区在中国大陆位置及所选的研究区

表 6.4　FLIR A655sc 相机的关键参数

参数	单位	值
探测类型	—	非制冷
光谱范围	μm	7.5 ~ 14.0
像元数目	—	640×480
等效噪声	℃	<0.03
频率	Hz	50

　　WIDAS 多角度观测是通过飞机穿过研究区时高频次连续拍摄实现的。如图 6.17 所示，同一目标会在系列影像上连续出现，观测角度随着飞机和目标相对位置的变化而变化。本书对观测数据进行了包括辐射定标、几何校正和大气校正在内的预处理，随后进行观测角度反演。依照观测天顶角将观测数据进行了分类，以 5° 为间隔建立 0° ~ 50° 的多个子数据集。

　　在 2012 年 7 月 26 日、8 月 2 日和 8 月 3 日分别执行了三次基于 WIDAS 传感器的航空观测任务。研究区包括大量的玉米作物，其叶面积指数变化范围为 0.1 ~ 5.0。LAI-2000 测量的试验区的平均叶面积指数为 3.4。玉米冠层下的土壤类型为砂壤土。尽管三次观测任务区域存在差异，但是都交汇于黑河中游的核心试验区。图 6.16 展示了核心观测区及内部面积为 375m×175m 的研究区。基于 0° ~ 50° 的六次观测对组分温度进行反演。由于多角度观测方法的限制，图像边缘区域的观测天顶角会略大于其标定角度。反演过程是基于实际的观测角度，而不是该标注值，因此并不会对反演结果产生影响。航空试验结束后，红外热像仪在遥感国家重点实验室通过 Mikron340 黑体进行了定标。大气校正基于

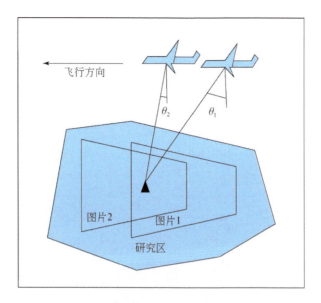

图 6.17　WIDAS 获取多角度观测的示意图

MODTRAN 模型和实测的大气状况实现。经过几何校正，热红外和可见光、近红外波段数据的空间分辨率分别重采样到 5m 和 0.5m。

2. 地面测量数据

土壤和叶片的发射率通过 BOMAN MR304 傅里叶光谱辐射计测量反演得到。反演方法采用光谱平滑迭代算法。随后，与传感器的波谱响应函数加权平均，得到组分的宽波段等效发射率。

试验过程中同步测量了组分亮温。为了消除冠层内多次散射和大气影响，通过式（6.31）和式（6.32）进行校正。T_v^* 和 T_s^* 分别为测得的叶片和土壤的亮温；T_a 为向下大气辐射的等效温度；T_v 和 T_s 分别为树叶和土壤的辐射温度。

$$T_v^* = \left[\varepsilon_v \cdot T_v^{\,4} + (1 - \varepsilon_v) \cdot T_a^{\,4} \right]^{1/4} \tag{6.31}$$

$$T_s^* = \left[\varepsilon_s \cdot T_s^{\,4} + (1 - \varepsilon_s) \cdot \left[(1 - M) \cdot \varepsilon_v T_v^{\,4} + M \cdot T_a^{\,4} \right] \right]^{1/4} \tag{6.32}$$

3. 验证结果

本书基于 8 月 3 日的 WIDAS 红外多角度观测数据对组分温度进行了反演。观测时间段为北京时间 10：36 ～ 14：14，当地时间比北京时间晚约 1h40min。反演所需的参数如表 6.5 所示。叶片的平均叶倾角假设为球型。试验区叶面积指数是基于 WIDAS 同步观测的红光、近红外数据采用 SAILH 模型建立的查找表反演得到（Liu et al.，2013）。

图 6.18 展示了所选研究区（38°52′14.35″N，100°21′35.87″E）的反演结果，时间约为北京时间 12：40。反演的光照土壤的温度大于叶片的温度，但是阴影土壤的温度与叶片的温度类似。

表 6.5　组分温度反演所需参数

参数	单位	值或范围
叶片发射率	—	0.975
土壤发射率	—	0.954
叶面积指数	—	[0.1, 5.0]
叶倾角分布函数	—	球型
相对方位角	°	[0, 180]
太阳天顶角	°	[22.8, 41.7]
观测天顶角	°	[0, 50]
传感器噪声	℃	0.03

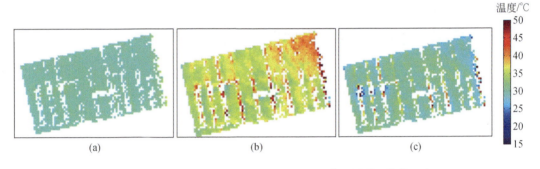

图 6.18　研究区反演得到的叶片、光照土壤和阴影土壤的温度

研究区面积为 375m×175m，空间分辨率为 5m

　　8月3日，整个研究区域共有九个验证点可用。验证点均位于玉米种植区。反演结果与测量结果的对比如图 6.19 所示，统计信息见表 6.6。叶片、光照土壤和阴影土壤的均方根误差分别为 0.72℃、1.55℃ 和 2.73℃，所有组分的均方根误差为 1.86℃。叶片的均方根误差低于土壤的均方根误差，光照土壤的均方根误差低于阴影土壤的均方根误差。反演的光照土壤和叶片的温度与测量结果一致性较好，而反演的阴影土壤比测量结果高 2.17℃。

表 6.6　反演和测量的组分温度精度统计

参数	叶片	光照土壤	阴影土壤
验证点数目/个	9	9	9
均方根误差/℃	0.72	1.55	2.73
偏差/℃	0.54	0.35	2.17
方差/℃	0.49	1.60	1.74
最大差异/℃	1.15	3.45	4.69
最小差异/℃	0.09	0.06	0.01

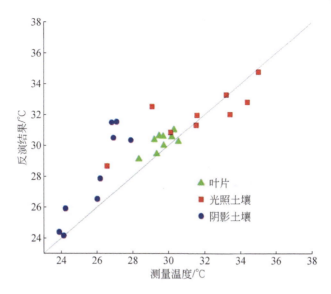

图 6.19　测量和反演的组分温度散点图

6.2.5　反演不足与热点问题

1. 反演不足

基于机载数据的验证结果远不如模拟数据的验证结果好，可能的原因包括以下几点：①验证点靠近自动气象站，其测量温度与实际的土壤和叶片温度存在显著差异；②由于机载影像具有较高的空间分辨率，几何配准误差难以避免；③将光照叶片和阴影叶片的温度差异设定为0℃，可能也对反演结果产生了影响。此外，由于地表温度会随大气状况和光照条件的变化而实时波动，地面测量温度与反演温度在时间上难以完全匹配。同时，测量结果与反演结果在空间尺度上也存在差异，反演结果代表的是整个像元的平均温度，而地面测量结果仅对应像元内的有限观测点。

图 6.18 中的白色像元表示无法反演的区域，这是由于这些像元上的亮度温度的方向性差异相对于同质树冠的亮度温度的方向性差异来说可能很大。因此，组分温度可能无法正常反演。尽管土壤组分的有效发射率计算方法有所改进，但其基于 TFR 模型的应用范围仍然有限。TFR 模型只适用于均匀的植被冠层和土壤背景。各向异性的冠层，如行间种植的植被或其他混合场景，可能无法准确模拟。

2. 热点问题

光照是导致光照区域和阴影区域温度差异的主要原因，而热点效应为分离组分温度提供了重要信息。在本书中，将模拟的热点效应与观测到的热点进行了对比分析（图6.20）。分析对象为垂直于飞行方向的某些像元，其中包括进行实地测量的气象站 EC13。方向各向异性的计算方法是将观测天顶角（VZA）的亮度温度减去垂直视天顶角的亮度温度。多角度数据集被划分为六个分区，VZA 值范围为 0°～50°，步长为 10°。在多角度数据集中，名义 VZA 值为 20°代表实际 VZA 范围约为 20°～30°，其中包括 24.8°的太阳天顶角。遗憾的是，由于机载多角度观测的局限性，与太阳天顶角（SZA）相一致的像元无法获得垂直观测数据。因此，本书中的星下点观测被替换为可用的最小 VZA 值。

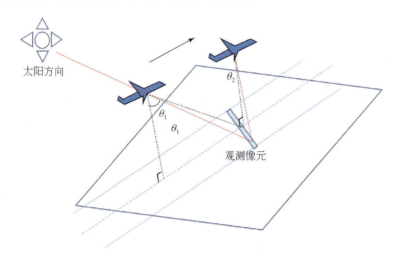

图 6.20　所选像元热点观测的示意图

图 6.21 展示了模拟结果与观测结果之间热点效应的比较。光照土壤、阴影土壤、光照植被和阴影植被的叶片温度分别设定为 33.98℃、26.26℃、30.73℃和 28.52℃，综合平均土壤和叶片温度分别为 29.73℃和 27.96℃。在这些分析中，忽略了所选线路上像元中各组分温度的空间变化。图 6.21 中的结果表明，TFR 模型和观测结果之间存在明显的热点偏差，其中模拟的热点效应小于观测到的热点效应。图 6.21 还展示了使用 4SAIL 模型和基于四个非均温部分得到的改进热点模拟结果。尽管光照叶片和阴影叶片之间的温差不大，但它在方向亮度温度模拟中发挥了重要作用。在 FR97 模型中，热点效应的模拟不充分，这是由于该模型只考虑了两个组分。有效发射率值表示了各组分对总热辐射的贡献。热点效应是由特定冠层中光照部分和阴影部分（土壤和叶片）之间的温度差异引起的。在 TFR 模型中，假设叶片的温度是相同的，因此热点效应仅来自于光照和阴影下土壤的温度差异。这可能导致对光照土壤温度的高估或对阴影土壤温度的低估。当光照和阴影叶片之间的温差较大时，建议使用 4SATL 模型来更准确地模拟热点效应。然而，为了获得稳定和准确的结果，需要采取更有效的反演策略。

6.2.6　小结

地表温度是地表能量收支过程中的关键参数。组分温度反演能够提供比像元平均温度更精确的地表温度信息。本章提出了一种针对机载热红外多角度观测数据的组分温度反演方法。该方法通过引入光照和阴影土壤的可视比例，将二组分的 FR97 模型扩展到三组分模型，并结合贝叶斯优化反演策略，提出了对叶片、光照土壤和阴影土壤的温度反演方

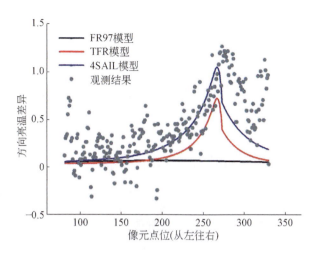

图 6.21 三个方向亮温模型模拟的热点效应和观测的热点效应

法。基于 4SAIL 模型模拟数据集的分析结果表明，叶面积指数和光照与阴影叶片间的温差是组分温度反演的重要影响因素。随着叶面积指数的增加，土壤对冠层顶热辐射的贡献有所减少，土壤温度的反演结果变差。此外，光照和阴影叶片间温差的增加也会使得三组分模型的反演结果变差。地面试验表明，光照叶片和阴影叶片间的温度差异通常小于 3℃，所提出的三组分温度反演方法满足大多数反演需求。与四组分温度反演方法相比，该三组分方法具有更强的抗噪声能力。基于机载 WIDAS 热红外多角度观测的数据进一步验证了该算法的可行性。鉴于 TFR 模型的直观结构和可靠模拟精度，本书推荐将其应用于三组分的反演任务。

6.3 本章小结

相对于地表温度，地表组分温度可以提供更加详细的地表温度信息。当前，开展组分温度反演工作面临着反演信息量少、弱信息提取困难两个难点。本书从"开源"和"节流"两个方面入手，分别在信息量和反演算法上开展工作。首先，本书提出了多种信息源信息融合，将不同的方法进行结合；然后，基于贝叶斯优化理论，构建了组分间的温度变化关系，以提升弱信息提取能力，实现了卫星尺度的组分温度反演。

| 第7章 | 基于深度学习的温度模拟

7.1 基于深度学习的温度模拟方法

7.1.1 深度学习与物理模型研究背景

地表温度被视为农业、水文和气象等多个领域中的关键变量。许多研究已经证明，基于遥感技术获取的地表温度在植被监测和干旱预测等方面具有广泛的适用性。近年来，尽管遥感技术取得了显著进展，并且许多机构已生产出具备不同空间和时间分辨率的地表温度产品。然而，受限于传感器设计及算法，目前仍难以同时满足高时空分辨率、复杂地形校正、热辐射方向性影响消除，以及全天候监测等多重需求。这些局限性在一定程度上阻碍了地表温度产品的进一步广泛应用。鉴于此，近年来，针对地表温度产品的升级和改进研究日益增多。深入理解地表温度受多种因素的影响是开展这些研究的一个重要基础，包括植被冠层结构、太阳辐射以及大气条件等。对这些因素的建模研究不仅有助于实现地面温度测量的尺度转换，与卫星地表温度产品相匹配，还能对产品的精度进行有效评估，从而提升其在实际应用中的可靠性。

当前学界已经提出了许多基于物理的土壤–植被–大气传输（SVAT）模型，这些模型通过耦合辐射传输和能量平衡理论，模拟地表温度的变化过程。例如，一维的 CUPID 模型（Norman，1979）和 SCOPE 模型（var der Tol et al.，2009），以及更为复杂的三维模型，如 DART-EB（离散各向异性辐射传输–能量平衡）模型和 TRGM-EB 模型等。这些物理模型方法在地表温度模拟领域获得了广泛关注，尤其是在与遥感数据结合的应用中。然而，由于物理模型计算成本高，建模过程复杂，一些研究者开始将目光转向计算成本低、建模框架较为简单的经验模型和机器学习方法。近年来，基于机器学习，尤其是深度学习的经验模型，在地表温度反演方面取得了显著进展。例如，学者们通过构建地表温度与可见光、近红外波段反射率及土壤含水量等辅助数据之间的回归关系，提出了如时空自适应反射率融合模型（STARFM）和温度空间的时空自适应数据融合算法（SADFAT）等方法，成功模拟了地表温度。此外，随机森林（RF）回归方法在遥感领域的应用也相当广泛，已被用于地表温度的时间归一化、地形校正以及地表温度的区域降尺度，证明了其在地表温度反演中的可靠性。相比自然地表，城市地表的温度反演面临着更加复杂的降尺度、解混和时间演变问题。Stewart 等（2021）以及 Wicki 和 Parlow（2017）则对城市地表温度的物理和经验方法进行了系统的回顾与分析，展示了不同方法在城市环境中的应用潜力。

目前，物理和经验两种方法已广泛用于改进基于遥感数据的地表温度产品。由于这两类方法在假设、内在框架及实际应用上存在显著差异,彼此的优势和局限也各不相同。然而,鲜有研究系统性地比较这些方法。尽管单个方法在提出或应用时,已有部分评价研究,但在某一特定情境中选择合适的方法仍然是一个复杂的挑战。这主要是因为这些评价通常基于不同的条件和数据集,其结果不具普适性。在理论层面,不同方法的优势与劣势也十分明显。基于物理的模型被认为是模拟地表与大气间辐射与热通量交换的精确手段,然而其复杂的建模过程和较低的计算效率限制了其广泛应用。相比之下,经验方法由于其泛化能力和相对较快的运算速度,在某些情境中表现出显著优势。然而,经验方法的稳定性仍然是一个普遍存在的问题,特别是在地表定量建模或反演研究中,其鲁棒性不足依然是一个重大挑战。目前,尚无一种方法能够在所有情境中表现出足够的鲁棒性和适应性。因此,开展比较研究不仅有助于为特定的应用选择最合适的方法,还可以帮助研究人员更深入地理解每种方法的局限性和适用性。通过这种比较分析,人们能够探索如何通过整合不同方法的优势,弥补其不足,从而开发出更加鲁棒和精确的地表温度反演策略。这种综合方法的提出和应用,将为提升地表温度产品的精度和适用性提供新的方向。

因此,本书的主要目的是比较不同方法在模拟地表亮度温度方面的表现。本书选择了三种方法进行对比分析:基于物理的 SCOPE 模型、基于机器学习的随机森林回归方法,以及基于深度学习的长短期记忆(LSTM)递归神经网络模型。研究使用的数据源为黑河流域的地面测量数据,该地区已进行了一系列综合遥感实验,包括 HiWATER。本书将以地表热辐射数据作为标准,分析三种方法的表现,并从多个角度开展比较研究,包括相同地表类型、不同年份和不同气候条件下的表现。本章节其余的结构安排如下:7.1.2 节介绍了研究区域以及模型方法所需的输入数据;7.1.3 节描述了所使用的三种模型和方法;7.1.4 节展示了基于地面测量数据的对比结果;7.1.5 节讨论了影响三种方法精度的主要因素;7.1.6 节对研究结果进行总结和概括。

7.1.2 数据集与研究区

1. 研究区

本书选择了位于中国西北部甘肃省的黑河流域作为研究区域,该流域气候寒冷干旱 [图 7.1 (a)]。数据源为 HiWATER,其中选取了三个重点实验区进行集中且长期的观测:上游山区的寒带、中游地区的人工绿洲以及下游地区的天然绿洲。各重点实验区的年平均气温分别为 0.5℃、7.0℃ 和 9.9℃。由于气候差异,黑河流域的地表类型表现出显著差异。在中游地区,以玉米为典型植被类型的绿洲农业广泛分布;上游的高程介于 2640 ~ 5000m,山谷灌木、高山草甸和沼泽较为常见。下游地区则处于干旱和半干旱气候条件下,沙漠和荒漠分布广泛,仅有小部分区域生长着胡杨林和柽柳等植被。

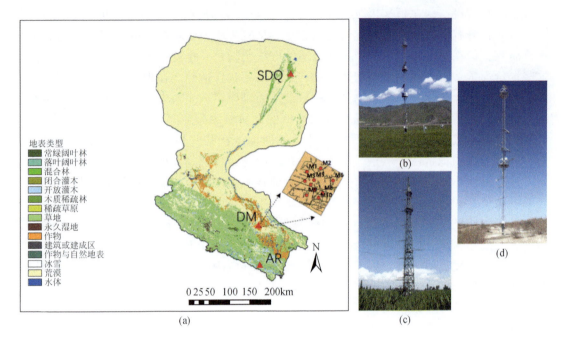

图 7.1 研究区域图

（a）黑河流域位置图，红色三角形和圆形代表三个超级站和中游 10 个气象站，

（b）~（d）为 AR 站、DM 站和 SDQ 站的实测照片

2. 气象站点与数据

在这项研究中，HiWATER 期间收集的气象站数据被用于驱动和验证物理模型与经验模型。HiWATER 的加强观测自 2012 年 5 月在中游地区的人工绿洲展开，设立了许多站点，覆盖了 5km×5km 的关键实验区，以获取异质地表的水文和能量分布数据。2012 年后，除了 DM 超级站之外，其余的加密观测站点被撤除，一些站点迁移至上游和下游的核心实验区，开展长期观测。在整个研究区域内，建立了三个超级站，分别位于上游的 AR 站、中游的 DM 站和下游的 SDQ 站。在普通的自动气象站（AMS），传感器安装在距地面 5m 或 10m 处，自动测量气象参数，包括空气温度、湿度、土壤温度和湿度、风速以及四分量辐射（下行/上行的短波和长波辐射）。超级站还配备了涡度相关（EC）系统，用于多尺度通量测量，并在多个高度（3m、15m、20m）测量其他变量，如空气温度、风速和风向。为了提高观测网络的自动化和精度，研究人员开发了一种智能监测系统。关于这些数据集的详细信息，请参考 Liu 等（2018）的研究。SCOPE 模型与经验方法的比较是基于不同尺度的数据进行的。在 2012 年的密集实验中，选取了 DM 站附近 10 个位于人工绿洲的气象站 [与图 7.1（c）的玉米冠层对应] 进行比较。这些站点的数据被用来研究同一地表类型下的表现差异。而针对不同气候类型和地表类型的比较，则基于上游的 AR 站（高山草甸冠层）、中游的 DM 站（玉米冠层）以及下游的 SDQ 站（胡杨林冠层）[图 7.1（b）~图 7.1（d）]。此外，使用这三个超级站在 2013~2017 年五年的数据来评估方法在不同年份中的表现。表 7.1 详细列出了这些站点的信息，需注意的是，M10 和 DM 是同一

站点。根据 HiWATER 的数据共享政策，这些实验数据可通过国家青藏高原数据中心网站（http://data.tpdc.ac.cn 和 http://data.tpdc.ac.cn/en）获取。

表 7.1　本书使用站点的详细信息

站点编号	纬度（°N）/经度（°E）	高程/m	年份	年积日	地表类型
M1	38.8869/100.3541	1559	2012	150~250	玉米
M2	38.8905/100.3763	1543	2012	150~250	玉米
M3	38.8757/100.3507	1567	2012	150~250	玉米
M4	38.8767/100.3652	1556	2012	150~250	玉米
M5	38.8725/100.3765	1550	2012	150~250	玉米
M6	38.8757/100.3957	1534	2012	150~250	玉米
M7	38.8652/100.3663	1559	2012	150~250	玉米
M8	38.8607/100.3785	1550	2012	150~250	玉米
M9	38.8587/100.3310	1570	2012	150~250	玉米
M10	38.8555/100.3722	1556	2012	150~250	玉米
DM	38.8555/100.3722	1556	2013~2017	150~250	玉米
AR	38.0473/100.4643	3033	2013~2017	150~250	草地/高寒草甸
SDQ	42.0012/101.1374	873	2013~2017	150~250	柽柳

7.1.3　物理和经验方法

1. 基于物理的 SCOPE 方法

SCOPE 模型是一个基于辐射传输、微气象学和植物生理学理论的 SVAT 模型。自 van der Tol 等（2009）提出 SCOPE 模型以来，该模型经历了一系列的升级，如用 FLUSPECT 模型取代 PROSPECT 模型，提供多个荧光和光合作用模型供替代，并提高计算效率。迄今为止，SCOPE 模型已被广泛用于遥感研究的地表正向模拟和反演分析，特别是用于植被冠层的应用。本书中的版本是 SCOPE 1.70。

本书中的 SCOPE 模型针对一维的土壤−植被系统进行了模拟，未考虑树干或树枝的影响。土壤表面被划分为光照区和阴影区。除了区分光照与阴影，植被叶片还依据高度和倾斜角度进一步细分。叶片被分为 60 层，每层对应 13 个天顶角，光照区域中的每个天顶角又细分为 36 个方位角。与地表热辐射相关的主要模块包括辐射传输和能量平衡模块。模型首先计算每个小单元的温度，随后模拟整个冠层范围内的辐射传输过程。SCOPE 模型的辐射传输过程基于 4SAIL 模型，分别在可见光、近红外和热红外波段实现，波段范围分别为 400~2400nm 以及 2.5~50.0μm。净辐射和温度是辐射传输和能量平衡模块之间的桥梁。基于预设的温度，每个单元的净辐射可以在一系列的辐射传输模拟后计算出来，具体如下：

$$R_{n,l}(x,\theta_l,\varphi_l)=\left[\,|f_s|\cdot E_{sun}+E^-(x)+E^+(x)-2\,H_l(x,\theta_l,\varphi_l)\,\right]\cdot(1-\rho_l-\tau_l) \tag{7.1}$$

$$R_{n,s}=\left[\,|f_s|\cdot E_{sun}+E^-(x)-H_s(x,\theta_l,\varphi_l)\,\right]\cdot(1-\rho_s-\tau_s) \tag{7.2}$$

式中，$R_{n,l}$ 和 $R_{n,s}$ 分别为叶片和土壤单位的净辐射；x 为叶片在冠层中的相对深度；θ_l 和 φ_l 分别为叶片的天顶角和方位角；f_s 为叶片在太阳方向的面积投影；E_{sun} 为冠层中的太阳直射辐照度；E^- 和 E^+ 分别为向下和向上的辐照度；H_l 和 H_s 分别为叶片和土壤的黑体辐射；ρ 和 τ 分别为反射率和透射率，下标 s 和 l 分别为土壤和叶片。随后，可根据能量平衡法计算显热和潜热通量以及表面热通量，具体如下：

$$R_n=H+\lambda E+G \tag{7.3}$$

$$H=\rho_a c_p\frac{T_u-T_a}{r_a} \tag{7.4}$$

$$\lambda E=\lambda\,\frac{q_s(T_u)-q_a}{r_a+r_s} \tag{7.5}$$

$$T_s(t+\Delta t)-T_s(t)=\frac{\sqrt{2\omega}}{\Gamma}\cdot\Delta t\cdot G(t)-\omega\cdot\Delta t\left[\,T_s(t)-\bar{T}_s\,\right] \tag{7.6}$$

式中，H 和 λE 分别为显热和潜热通量；R_n 为净辐射；ρ_a 为空气密度；c_p 为空气热容量；λ 为水的蒸发热；T_u 为一个单元的表面温度；T_a 为空气温度；q_s 为一个单元的湿度；q_a 为冠层以上的湿度；r_a 和 r_s 分别为空气动力阻力和表面/体层阻力；G 为表面热通量，只考虑土壤；T_s 为土壤温度；t 为时间节点；Δt 为两次连续模拟的时间间隔；$\bar{T}_s$ 为土壤的年平均温度；ω 为昼夜循环的频率；Γ 为土壤的热惯性。

从预设的或上一轮计算的温度中得出的热通量可能无法满足能量平衡方程 [式 (7.3)]；因此，需要根据能量平衡约束条件，对每个小单元的温度进行优化。在此过程中，空气动力学阻力和表面阻力是确定热通量的关键变量。在 SCOPE 模型中，空气动力阻力根据 Wallace 和 Verhoef（2000）的方法计算。除了 Ball-Berry 模型，SCOPE 模型还支持使用 MD12 模型进行光合作用和荧光的计算，以估算叶片气孔导度。通过辐射传输和能量平衡模块之间的反复迭代，模型逐步优化每个单元的温度，直到达到所有单元的局部热力学平衡状态。需要注意的是，光学辐射传输与地表热信息无关，因此该过程仅需在循环迭代之外执行一次。对于各组分温度的初步设定，该模型使用空气温度作为起始值。在本书中，SCOPE 模型是在 MATLAB 软件 R2016b 中运行的。

2. 随机森林回归方法

随机森林回归方法在遥感领域得到了广泛应用，特别是在分类和回归任务中。随机森林由多棵决策树组成，每棵树基于随机选择的训练样本子集和具有高变异性、低偏差的特征变量进行构建。随机森林的误差估计通常称为袋外误差（OOB 误差）。在模型训练中，约三分之二的样本用于决策树的训练（袋内样本），其余三分之一的样本（袋外样本）则用于交叉验证模型的拟合性能。通过平均所有决策树的结果，得出最终的分类或回归预测。因此，随机森林回归可以被认为是一种非线性统计集合装袋方法。在随机森林回归中，应事先设定几个参数，包括但不限于决策树的数量（n_{tree}）、生长树时要选择和测试的最佳分裂变量数量（f_{max}）、决策树生长的最大深度（d_{max}）、分裂一个内部节点所需的最小样本数（$s_{\min}$）和一个叶子节点所需的最小样本数（$l_{\min}$）。在这项研究中，采用了网格搜索算法来确定最合适的参数。其中，经过测试 n_{tree} 被设置为 200，$f_{\max}$ 被设置为输入变量数的平方根，$d_{\max}$、$s_{\min}$ 和 $l_{\min}$ 分别被设置为 80、2 和 1。本书的随机森林回归方法使用 Python 的 Sklearn 包（版本 1.0.2）实现。

3. 深度学习方法

近年来，深度学习技术取得了显著进展，并广泛应用于各类问题的解决。根据网络结构和输入数据特征的不同，深度学习可以分为多种类型，如递归神经网络（RNN）、卷积神经网络（CNN）和深度神经网络（DNN）等。每种类型都在回归和分类任务中得到了广泛应用。特别是在处理文本、音频和视频等顺序数据方面，RNN 具有强大的功能，尤其适合处理时间序列数据，这是由于它可以捕捉输入序列的依赖关系。然而，RNN 由于其循环连接结构，容易受到前编码和梯度消失问题的影响，这限制了其对长时间依赖信息的学习能力。为解决这一问题，长短时记忆网络被提出，通过重新参数化来有效应对梯度消失问题。长短期记忆递归神经网络模型由多个记忆单元组成，单元状态可以基于先前的单元状态和当前输入信息进行更新。长短期记忆递归神经网络模型通过引入反馈连接和非线性门控单元来控制信息的流动，从而在处理长序列依赖关系时表现出色。一个典型的带有遗忘门的长短期记忆递归神经网络模型可以在数学上表示如下：

$$f_t = \sigma(W_{\text{fh}} \cdot h_{t-1} + W_{\text{fx}} \cdot x_t + b_f),$$
$$i_t = \sigma(W_{\text{ih}} \cdot h_{t-1} + W_{\text{ix}} \cdot x_t + b_i),$$
$$\tilde{c}_t = \tanh(W_{\tilde{c}\text{h}} \cdot h_{t-1} + W_{\tilde{c}\text{x}} \cdot x_t + b_{\tilde{c}}),$$
$$c_t = f_t \cdot c_{t-1} + i_t \cdot \tilde{c}_t,$$
$$o_t = \sigma(W_{\text{oh}} \cdot h_{t-1} + W_{\text{ox}} \cdot x_t + b_o),$$
$$h_t = o_t \cdot \tanh(c_t) \tag{7.7}$$

式中，x_t、h_t 和 c_t 分别为输入、循环信息和时间 t 的细胞状态，$\tilde{c}_t$ 为中间变量；f_t、i_t 和 o_t 分别为遗忘门、输入门和输出门；下标 $t-1$ 为前一个时间步。W_{fh}、W_{fx}、W_{ih}、W_{ix}、$W_{\tilde{c}\text{h}}$、$W_{\tilde{c}\text{x}}$、W_{oh} 和 W_{ox} 为权重，b_f、b_i、$b_{\tilde{c}}$ 和 b_o 为偏差，$\tanh$ 和 σ 分别为双曲正切激活函数和 Sigoid 激活函数。图 7.2 显示了带有遗忘门的长短期记忆递归神经网络模型结构。

自从长短期记忆递归神经网络模型提出以来，RNN 领域的大多数突破性成果都是基于长短期记忆递归神经网络模型实现的，包括手写识别、语音检测、视频描述等诸多应用。尽管自长短期记忆递归神经网络模型架构问世以来，研究人员提出了许多变体，但至今没有一个变体在性能上显著超越标准长短期记忆递归神经网络模型。因此，本书采用了 PyTorch 包 1.9.1 版本中的标准长短期记忆递归神经网络模型。为了更好地适应本书的问题需求，长短期记忆递归神经网络模型架构被设置为两层，每层包含 128 个单元。处理的数据是气象观测数据，时间分辨率为半小时，每天包含 48 个数据点，序列长度相应设定为 48。在训练过程中，为了确保模型的充分学习，同时避免过度拟合，学习率设定为 0.001，批次大小设定为 64。通过这些超参数设置，模型能够在较为复杂的数据条件下有效训练并给出可靠的预测结果。

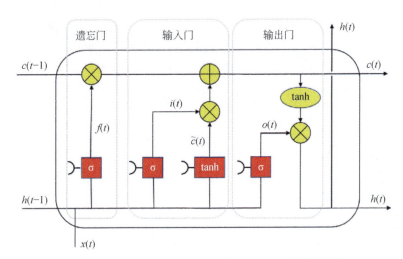

图7.2　带有遗忘门的长短期记忆递归神经网络模型结构

4. 输入和输出

在 SCOPE 模型的模拟过程中，首先提供与内部组分的物理特性和冠层结构相关的场景输入，随后由这些输入驱动一系列物理过程，包括辐射传输、能量收支、叶片光合作用和荧光等。在 SCOPE 模型中，冠层结构的关键参数包括叶面积指数（LAI）、冠层高度和叶倾角分布函数（LADF）。2012 年植被生长季节期间，研究人员使用 LAI 2200 仪器在各个站点周围定期测量了玉米冠层的叶面积指数值和冠层高度。在 2013～2017 年的模拟评估中，由于缺乏现场测量数据，超级站的 LAI 值从中分辨率成像光谱仪（MODIS）反演的叶面积指数产品 MCD15A3H 中获取。该 LAI 产品的时间间隔为 4d，以站为中心的 1.5km×1.5km 区域对应的 3 像素×3 像素的 LAI 平均值被用作模型输入。所有植被冠层的叶角分布假定为球型，LADFa 和 LADFb 参数分别设定为–0.35 和–0.15。组分的物理特性用于确定光谱信息和光合作用能力。SCOPE 模型使用 FLUSPECT 模块计算所有植被叶片在可见光和近红外波段的反射率和透射率，输入参数包括叶绿素、干物质、水和衰老物质浓度以及叶片厚度等（表 7.2）。土壤的 VNIR 反射率数据则来自 ASTER 光谱库。在红外波段（>2.5μm），根据 ABB BOMEM MR304 傅里叶变换红外光谱仪的测量结果，叶片和土壤的发射率分别设定为 0.975 和 0.955，透射率假设为 0。对于光合作用和荧光计算，本书采用了 SCOPE 模型中的 Ball-Berry 光合作用模型，叶片气孔阻力的计算基于 C3 和 C4 植被类型，生化参数采用了 SCOPE 模型的推荐值（表 7.2）。土壤表面阻抗则依据土壤含水量计算。模型的气象输入包括空气温度、风速、空气湿度以及向下的短波和长波辐射，这些数据直接来自 HiWATER 期间的气象站观测。

根据以往的研究，辅助数据如植被指数、地表反照率、地面高程和叶面积指数等在地表温度的归一化和模拟中得到了广泛应用。尽管随机森林回归方法和长短期记忆递归神经网络模型都是经验模型，但地表温度与输入影响因素之间的关系仍需遵循与辐射传输和能量平衡相关的物理规律。因此，在本书中，随机森林回归方法和长短期记忆递归神经网络模型同样采用了 SCOPE 模型的主要输入因子。这些输入因子包括叶面积指数（LAI）、土壤水分（SM）、气温（T_a）、风速（WS）、空气湿度（RH）、下行短波辐射（DS）和长波辐射（DL）。具体内容如下：

$$T_{RF/LSTM} = f(LAI, SM, T_a, WS, RH, DS, DL) \tag{7.8}$$

使用测量的冠层顶部亮度温度T_b对 SCOPE 模型、随机森林回归方法和长短期记忆递归神经网络模型的性能进行了评估。研究使用了从一年中的第 150 ~ 第 250 天，共计 101d 的测量数据，时间间隔为 30min。测量的冠层顶部亮度温度T_b是通过测量的向下和向上的长波辐射来计算的，具体方法如下：

$$T_b = \left[\frac{F^{\uparrow} - (1 - \varepsilon_b) \cdot F^{\downarrow}}{\sigma} \right]^{1/4} \tag{7.9}$$

式中，$F^{\uparrow}$ 和 $F^{\downarrow}$ 分别为向上和向下的长波辐射；ε_b 为表面宽波段发射率；σ 为 Stefan-Bolzman 常数 $[5.67 \times 10^{-8} W/(m^2 \cdot K^4)]$。经验方法的输出与它的训练数据是一致的，因此事先用测得的冠层顶亮度温度来训练经验方法。为了评估经验方法在不同情况下的适用性，训练和测试数据可以来自不同的站点或在不同的年份。为了更直观和清楚地比较方法，经验方法和物理方法都用相同的指标进行评估，包括 RMSE、R^2 和 Bias。

表 7.2　SCOPE 模型输入参数

项目		玉米	草地	柽柳
冠层结构信息	叶面积指数	LAI-2200/MCD15A3H	MCD15A3H	MCD15A3H
	冠层高度/m	0 ~ 2.20	0.15	1.50
	叶倾角分布 a	−0.35	−0.35	−0.35
	叶倾角分布 b	−0.15	−0.15	−0.15
组分光谱信息	叶片 VNIR 光谱	FLUSPECT 模型		
	植被结构参数（Ns）	1.518	1.700	1.800
	叶绿素 a 和 b 含量（C_{ab}）	58	45	100
	干物质含量（C_m）	0.0036	0.0030	0.0070
	等效水厚度（C_w）	0.0131	0.0150	0.0038
	土壤 VNIR 光谱	ASTER 光谱库		
	叶片宽波段发射率	0.975	0.975	0.975
	土壤宽波段发射率	0.955	0.955	0.955
组分生化信息	植被类型	C4	C3	C3
	植被光合作用强度（V_{cmax}）	35	80	80
	Ball Berry 斜率（m）	4	9	9
	呼吸速率占最大光合作用强度的比例（Rdparam）	0.025	0.015	0.015
	低温下降斜率（slti）	0.2	0.2	0.2
	高温下降斜率（shti）	0.3	0.3	0.3
	光合作用降低到 $Q10$ 预测值一半时的低温（T_{hl}）	288	281	278

续表

项目		玉米	草地	柽柳
组分生化信息	光合作用降低到 $Q10$ 预测值一半时的高温（T_{hh}）	313	308	313
	呼吸速率降低到 $Q10$ 预测值一半时的温度（T_{rdm}）	328	328	328
	土壤表面阻抗（rss）	使用土壤含水量（Duffour et al.，2015）		
	地表气象信息	气象站数据		
	空气温度（T_a）			
	空气湿度（RH）			
	风速（WS）			
	下行短波辐射（DS）			
	下行长波辐射（DL）			

7.1.4　模型验证结果

1. 相同植被类型不同站点的验证

本书从不同的角度对三种方法进行了比较。所使用的评价指标包括均方根误差（RMSE）、决定系数（R^2）和偏差（Bias）。对于物理方法，只要有输入数据，就可以对地表温度进行模拟。本书在不同类型、不同年份和不同气候类型的情况下使用实测的亮度温度来验证模拟结果。对于经验方法，由于缺乏来自测量的训练数据或合适的训练模型，随机森林回归方法和长短期记忆递归神经网络模型使用一个站点的数据进行训练，并应用于实际应用中的不同站点，导致了更多的结果。经验方法的评价与物理方法相同，但为了清晰展示其迁移能力，本书使用热力图进行了表示。该过程如图 7.3 所示，其中训练数据用黄色表示。本书使用的计算机配置为第 11 代英特尔（R）酷睿（TM）i7-11700@2.50GHz 的 CPU 和 NVIDIA GeForce RTX 3070 GPU。

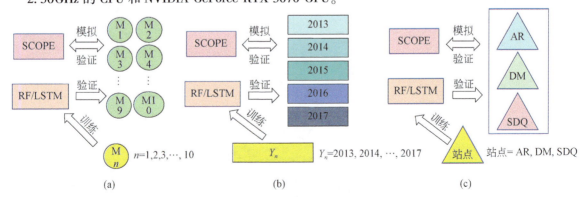

图 7.3　经验和物理方法模拟的概念图

（a）~（c）分别为相同地表类型、不同年份、不同气候类型之间

图 7.4（a）~ 图 7.4（j）展示了 M1 ~ M10 站点的测量值与 SCOPE 模型模拟的冠层顶亮度温度之间的散点图。对于模拟和测量之间的差异大于 10K 的结果，本书将其视为不良数据并予以删除。所有 10 个站点的均方根误差均低于 2.50K，表明 SCOPE 模型的性能稳定且在可接受范围内。决定系数也证明了 SCOPE 模型模拟结果与实际测量结果之间的良好一致性，所有值均大于 0.85。一些数据的显著差异可解释为 SCOPE 模型模拟结果中存在系统性的高估，所有站点均表现出正偏差，特别是在 M4 站，偏差和均方根误差分别为 1.60K 和 2.50K。总体而言，SCOPE 模型模拟结果的均方根误差、决定系数和偏差分别为 2.01K、0.91 和 0.79K。图 7.4（k）显示了每个站点模拟值与测量值之间的差异。这些差异的中位数和四分位数进一步描述了 SCOPE 模型模拟结果的高估情况，尽管许多离群值低于最小范围。

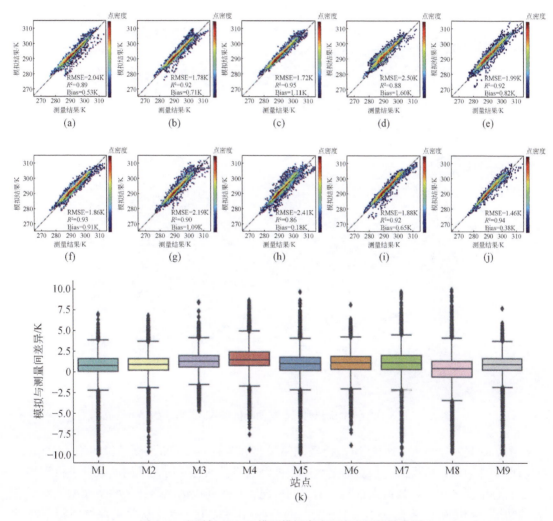

图 7.4　观测与 SCOPE 模型模拟亮度温度之间的散点图

（a）~（j）对应图 7.1M1 ~ M10 10 个站点，（k）为 SCOPE 模型模拟与测量亮度温度的箱型图

图 7.5 展示了在 M1 ~ M10 站使用随机森林回归方法预测的结果的均方根误差。由于

缺乏测量的训练数据，在实际应用中，随机森林回归方法可以利用一个站点的数据进行训练，并应用于不同的站点。因此，除了在良好训练情况下的评估外，还可以使用交叉站的数据对随机森林回归方法进行训练和测试。当训练和测试数据来自同一站点时，随机森林回归方法显示出优异的性能，均方根误差低于0.46K，偏差低于0.01K。当训练和测试数据来自不同站点时，大多数情况下的均方根误差增加到约1.68K，表明随机森林回归方法的性能仍然很好。此外，用其他站点训练的模型验证M4时，均方根误差达到最大值，总体上在2.40K以上，说明即使在最坏的情况下，单个站点训练的模型实际上也是可用的。此外，当模型由所有站点的数据训练并由每个站点的数据测试时，随机森林回归方法的性能相当可观，其均方根误差不高于0.52K，这表明充分的训练数据是提高预测结果的重要途径。在这种情况下，所有预测结果的总体均方根误差为0.30K，偏差低于0.01K。

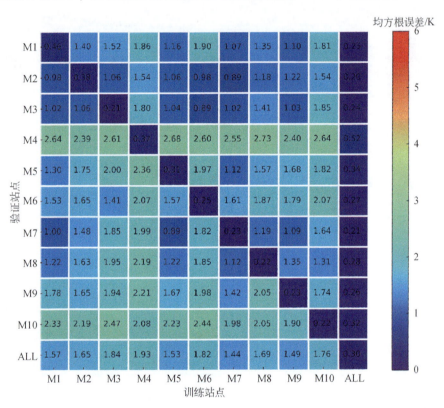

图7.5　用不同站点测试和训练数据的随机森林回归方法的误差结果

　　图7.6显示了长短期记忆递归神经网络模型在M1～M10站预测结果的均方根误差。与随机森林回归方法类似，长短期记忆递归神经网络模型也使用交叉站的数据进行训练和测试。对于训练和测试数据来自同一站点的情况，长短期记忆递归神经网络模型显示了良好的结果，均方根误差在0.71～1.99K，偏差在-0.33～0.18K。与随机森林回归方法不同，当训练和测试数据来自不同站点时，长短期记忆递归神经网络模型的性能保持适度稳定，均方根误差约为1.78K，偏差约为0.92K。此外，与随机森林回归方法类似，长短期记忆递归神经网络模型仅在与M4相关的情况下表现出最差的结果，无论被用作训练还是

测试数据集。当模型由所有站点的数据训练并由每个站点的数据测试时，长短期记忆递归神经网络模型的性能逐渐提升，均方根误差约为1.22K，这支持了较大数据对长短期记忆递归神经网络模型性能影响比随机森林回归方法小的说法。总体而言，对于同一植被类型内的数据集，随机森林回归方法的性能略优于长短期记忆递归神经网络模型，而长短期记忆递归神经网络模型则表现出更好的稳定性和一致性。根据均方根误差结果，两种经验方法的表现均优于物理SCOPE模型。

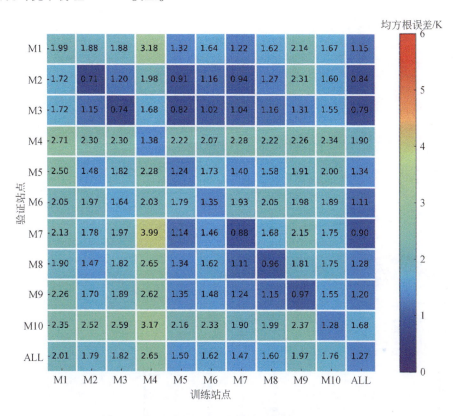

图7.6　用不同站点测试和训练的LSTM的误差结果

2. 不同植被类型不同年份的对比

图7.7展示了2013～2017年三个超级站的SCOPE模型模拟和实测冠层顶亮度温度的散点图。图7.7（a）～图7.7（e）显示了DM站的模拟结果，其间均方根误差低于2.0K，决定系数不低于0.90，表明SCOPE模型的性能令人满意，与图7.4中的评价结果一致。DM站所有模拟结果的总体均方根误差、决定系数和偏差分别为1.61K、0.95和-0.09K。这些评价结果稳定，没有明显的年度变化，说明SCOPE模型的性能在不同年份都较为稳定。图7.7（f）～图7.7（j）展示了AR站的模拟结果。AR站所有模拟结果的总体均方根误差、决定系数和偏差分别为2.11K、0.95和-0.18K。SCOPE模型在AR站的表现略逊于DM站，这主要由于一些点的差异较大（>5.0K），评估结果相对较差。如图7.7（k）～图7.7（o）所示，SCOPE模型在SDQ站的表现最差，所有模拟结果的总体均方根误差、

决定系数和偏差分别为 2.32K、0.95 和 0.07K。评估结果没有明显的年际变化，SCOPE 模型在 AR 站和 SDQ 站的表现仍显示出一定的稳定性。图 7.7（p）展示了 SCOPE 模型模拟与测量亮度温度之间的差异。相比于 DM 站和 SDQ 站，AR 站出现了更多的离群值，而 SDQ 站虽然离群值较少，但箱型图中的四分位数范围较大。SDQ 站预测结果的均方根误差较大，这可能是由于对一些低于 290K 的数据高估以及对一些高于 310K 的数据低估。

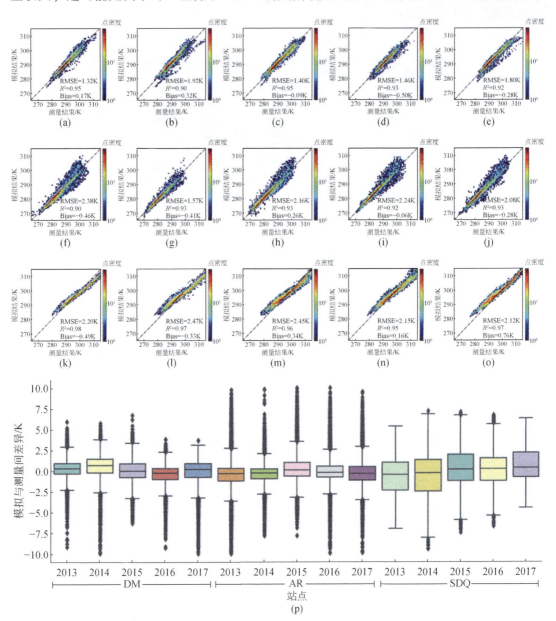

图 7.7　2013～2017 年三个超级站 SCOPE 模拟与实测的亮度温度的散点图

（a）～（e）对应 DM 站点，（f）～（j）对应 AR 站点，（k）～（o）对应 SDQ 站点，（p）为模拟亮温与 SCOPE 模型模拟的箱型图在图7.5中，通过训练和测试同一地表类型的站点的数据来评估随机森林回归方法。在实际应用中，随机森林回归方法可能是用某一年份的数据进行训练，但应用于另一年份，或者用某一地表类型的数据进行训练，但应用于另一地表类型。因此，随机森林回归方法在空间和时间维度上的适用性是一个重要因素。在这项研究中，利用不同年份和不同地表类型的站点数据对随机森林回归方法进行了评估。图7.8显示了随机森林回归方法使用2013～2017年同一站点的训练和测试数据预测结果的均方根误差。与图7.5的评价结

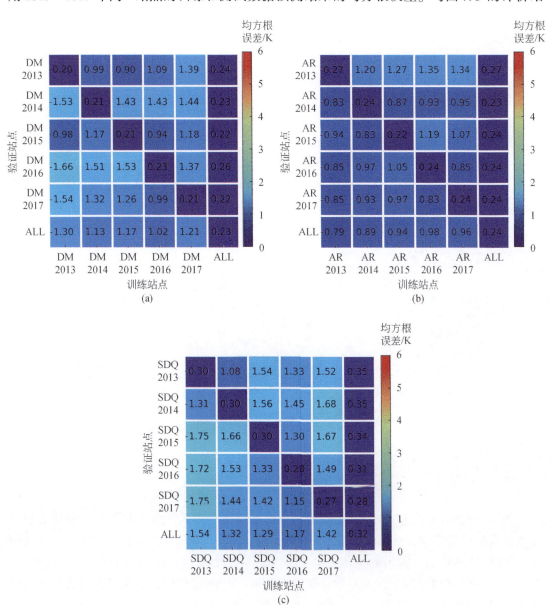

图7.8　用同一个站点不同年份训练和测试的随机森林回归RMSE结果

（a）～（c）分别为DM站、AR站和SDQ站

果类似，当训练和测试数据来自同一年份的同一站点时，均方根误差值不高于0.30K，偏差在-0.01~0.01K，表明随机森林回归方法的性能非常好。当测试数据来自同一站点的不同年份时，随机森林回归方法的性能有所下降，DM站、AR站和SDQ站预测结果的平均均方根误差分别为1.28K、1.00K和1.48K，相应的决定系数值为0.96、0.98和0.97。这些评价结果表明，随机森林回归方法在时间尺度上的适用性是可以接受的。

图7.9展示了2013~2017年一个站点全部数据训练的随机森林回归方法预测结果的均方根误差、决定系数和偏差，以验证另一站点的数据。当使用另一地表类型站点的数据对训练好的随机森林回归模型进行检验时，发现其他站点的预测结果的均方根误差都急剧增加。由SDQ站训练的随机森林回归模型在预测2013~2017年的DM站时表现出较好的性能，总体均方根误差为2.13K，偏差为0.22K；相反，由AR站训练的模型在测试SDQ站时的表现为所有六种情况中最差的，均方根误差约为6.17K，决定系数仅为0.52，偏差低至-4.60K，说明预测结果普遍低于实际值。此外，由DM站训练的模型对SDQ的预测（以下简称DM对SDQ）表现不如由SDQ站训练的模型对DM的预测（以下简称SDQ对DM），AR站训练的模型对SDQ的预测表现也不如由SDQ站训练的模型对AR的预测（以下简称SDQ对AR），说明在不同气象数据间没有很强的相似性和依赖性。总体而言，这些结果表明随机森林回归方法在不同气候类型的空间和时间尺度上具有相对普遍的适用性。

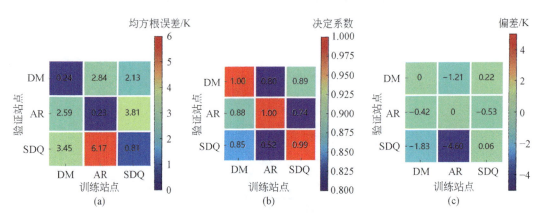

图7.9　用所有年份不同站点训练的模型应用于其他站点

(a)~(c)分别为RMSE、R^2和Bias

图7.10显示了长短期记忆递归神经网络模型使用2013~2017年同一站点的训练和测试数据预测结果的均方根误差、决定系数和偏差。同时，在处理测试数据来自同一站点的另一年时，LSTM的性能几乎没有变化，DM站、AR站和SDQ站的均方根误差分别约为1.13K、0.96K和1.82K，决定系数分别约为0.97、0.98和0.95，显示出比随机森林回归方法更稳定的性能。特别是，SDQ站在2013年仅拥有56d的可用气象数据（其他站每年有101d的数据），而2013年和2015年SDQ站的气象数据缺乏土壤水分数据，数据由邻近的HHL站填补。这两个因素导致2013年SDQ站预测其他年份的性能相对较差，2017年的均方根误差达到了1.82K，偏差为1.08K。此外，使用2014年或2015年训练的模型预

测 2017 年 SDQ 站的数据时，均方根误差分别达到 5.08K 和 3.42K，表明在某些情况下，训练和测试数据之间的年份差距可能导致性能显著下降。尽管存在一些异常值，长短期记忆递归神经网络模型在时间尺度上的迁移性和稳定性仍然是可以接受的。

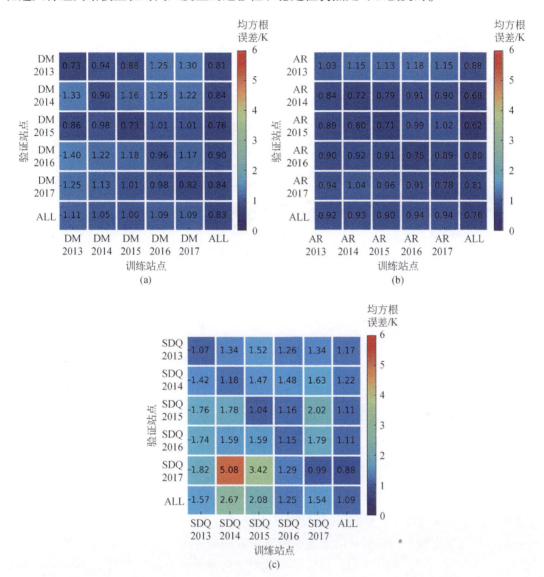

图 7.10　用相同站点不同年份的长短期记忆递归神经网络模型进行训练和测试的均方根误差

(a)～(c) 对应 DM 站、AR 站和 SDQ 站

　　最后，图 7.11 展示了长短期记忆递归神经网络模型在不同站点预测结果的均方根误差，以一个站点的五年数据集作为训练数据集，并测试 2013～2017 年的其他站点。如前所述，SDQ 站在 2013 年缺乏足够的气象数据，并且 2013 年和 2015 年缺失了土壤水分变量，因此 SDQ 站的模型仅在 2014 年、2016 年和 2017 年进行了训练（随机森林回归方法也遵循这一原则）。与随机森林回归方法不同，长短期记忆递归神经网络模型在使用交叉

站数据进行训练和测试时表现一般比较稳定，均方根误差均在 0.81K 以上。在所有情况下，AR 站到 DM 站的结果、SDQ 站到 DM 站的结果、DM 站到 AR 站的结果和 SDQ 站到 AR 站的结果表现相对较好，均方根误差分别约为 2.16K、2.17K、2.27K 和 2.98K，偏差分别约为–0.86K、0.17K、–0.19K 和 0.12K。同时，在处理测试 SDQ 站的案例时，长短期记忆递归神经网络模型显示出类似的趋势，但性能优于随机森林回归方法，表明长短期记忆递归神经网络模型更敏感，能够更有效地提取输入的特征。总体而言，尽管存在数据限制，长短期记忆递归神经网络模型在不同气候类型的空间和时间尺度上仍表现出较强的迁移能力和预测精度。

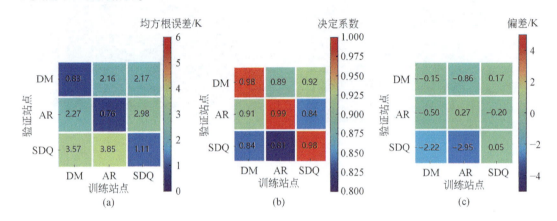

图 7.11　用不同站点全部年份训练的长短期记忆递归神经网络模型的误差表现

(a)~(c) 分别为均方根误差 RMSE、决定系数 R^2 和偏差 Bias

7.1.5　模型表现与对比

1. Vcmax 对 SCOPE 模型模拟影响

根据上述评价结果，可以确定 SCOPE 模型的准确性是可以接受的，其对不同地表类型和年份的性能表现稳定。然而，与随机森林回归方法相比，SCOPE 模型需要事先设定一些变量，这可能在缺乏先验信息的情况下限制了模型的应用。在 Duffour 等（2015）的研究中，SCOPE 模型模拟的亮度温度评价结果较好，均方根误差低于 1.5K。本书中的均方根误差较大，原因在于 C3 和 C4 植物的最大植被光合作用强度（Vcmax）分别使用了 $35\mu mol/(m^2 \cdot s)$ 和 $80\mu mol/(m^2 \cdot s)$ 的默认值。然而，在 Duffour 等（2015）的研究中，Vcmax 是通过测量和蒸发通量逐日校准的，校准后的 Vcmax 甚至在连续两天内都显示出很大的变化。迄今为止，在实际应用中，每天估计或校准 Vcmax 仍然是一项困难的任务，这就是为什么在本书中直接使用了推荐的固定 Vcmax。为了分析 Vcmax 对 SCOPE 模型模拟结果的影响，本书进行了额外评估，使用了不同的 Vcmax。表 7.3 显示了基于 2017 年测量的三个超级站的评价结果。从趋势上看，偏差随着 Vcmax 的增加而减少。这可能是由于随着叶片光合作用能力的增加，叶片气孔阻力减少，额外的热量更容易被清除。此外，还对使用校准的 Vcmax 的模拟结果进行了评估（Duffour et al.，2015）。校准过程是逐日进行的，能够使一天的测量和模拟的亮度温度之间的均方根误差最小的 Vcmax 被认为是校准结果。因此，所有101d模拟的均方根误差将是最小的，对应于 AR 站、DM 站和 SDQ 站的数值分别为1.86K、1.59K 和2.02K。然而，由于 Vcmax 的不同，评估结果显示均方根误差和决定系数有轻微变化。

表7.3　SCOPE 模拟结果使用不同 Vcmax 值的统计信息

项目		DM 站			AR 站			SDQ 站		
Vcmax	μmol/(m² · s)	20	35	50	50	80	110	50	80	110
RMSE	K	2.03	1.83	1.85	2.16	2.25	2.06	2.07	2.12	2.24
Bias	K	0.22	−0.29	−0.35	0.52	−0.32	0.06	1.05	0.75	0.53
R^2	—	0.91	0.92	0.92	0.94	0.92	0.93	0.97	0.97	0.97

2. 输入数据的权重

图7.12 展示了在模拟冠层顶亮度温度的随机森林回归方法中各输入的贡献重要性。如图7.12（a）所示，空气温度是玉米冠层内10个站点随机森林回归预测结果的第一驱动力，下行短波辐射占据了贡献重要性的第二位置。叶面积指数、下行长波辐射和空气湿度在预测结果中的作用较弱，风速和土壤含水量的贡献较小。气温和下行短波辐射的重要贡献可以解释为它们的变化频率与地表温度一致。风速、下行长波辐射和土壤含水量主要用于解释地表温度的时间变化波动，而不是昼夜温差圈的热增温/冷增温效应。风速的快速变化频率可以使地表温度在1min 内发生变化，而随机森林回归法预测结果的时间步长为10min。下行长波辐射和土壤含水量的巨大变化主要是分别对应厚云和降水–降水/灌溉。这些因素在整个期间不会产生持久的影响，如果它们发生，地表温度将显示出明显的变化。叶面积指数的变化明显比地表温度的变化慢。图7.12（b）展示了2013～2017年

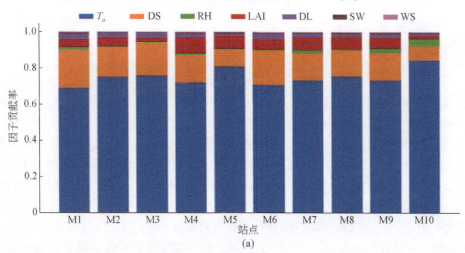

(a)

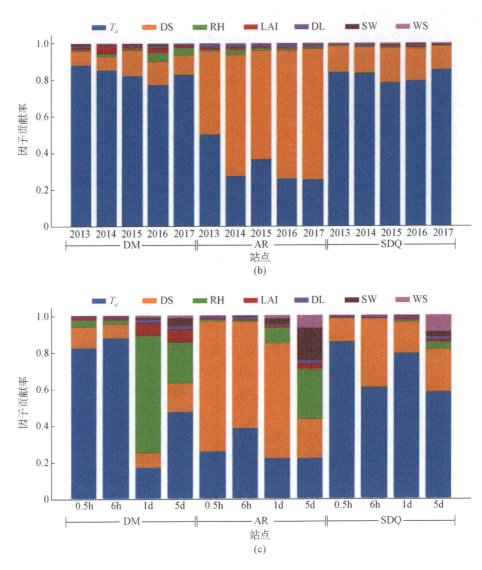

图 7.12　输入变量因子贡献率

（a）相同地表类型、（b）不同地表类型、（c）不同时间间隔；T_a、DS、RH、LAI、DL、SW、WS 分别代表
空气温度、下行短波辐射、空气湿度、叶面积指数、下行长波辐射、土壤水分、风速

三个超级站的输入对预测结果的贡献重要性。与图 7.12（a）相比，DM 站和 SDQ 站的输入贡献重要性相似，而 AR 站则出现较大差异。下行短波辐射的贡献值明显增加，成为 AR 站的第一驱动变量。一个可能的解释是，在高程地区，空气温度保持在一个较低的范围。除 DM 站的气温和下行短波辐射两个变量外，其他输入的贡献率之和略大于 AR 站和 SDQ 站。另一个可能的解释是，在 DM 站有更多的人为干预，如耕作、灌溉和收获。AR 站的下行长波辐射贡献值较大，可能是由于山区的多云天气。这些差异可能是随机森林回归方法和长短期记忆递归神经网络模型在训练和测试数据来自不同地表类型的站点时表现较差的原因。图 7.12（c）表示不同时间间隔的输入的贡献重要性。随着模拟时间间隔的

增加，空气温度、下行短波辐射和空气湿度的贡献重要性之和降低了。叶面积指数、风速和土壤含水量则更为重要。这可以解释为这些样本的数量减少了，其在温度上显示出较大的变化，但具有相似的叶面积指数、风速和土壤含水量。

3. 模型对比与发展

尽管可以从不同时间和空间尺度的遥感数据中获得地表温度产品，但在应用中仍难以满足对地表温度高时空分辨率的要求。目前，在研究或改进来自遥感数据的地表温度时，已经使用了许多模拟地表温度的物理和经验方法。不同的方法有其优点和缺点，还没有一种方法可以适用于所有情况。本书选择了三种方法，包括一种物理方法和两种已用于遥感数据的经验方法，并论证了它们在相同输入下模拟地表温度的差异，以期为读者提供有用的信息，以选择合适的方法。如果他们已经选择了一种方法，本书也希望这样的比较结果能够从其他方法的角度提高对所选方法的理解。考虑到物理方法和经验方法的特点，有可能将它们结合在一起，以实现稳定和快速模拟。在这种情况下，这项比较研究可以为未来的组合提供一些参考，如在实际应用前使用SCOPE模型模拟的数据训练随机森林回归方法/长短期记忆递归神经网络模型。尽管如此，本书的局限性包括：

经验模型在被训练后的可转移性是评估中的一个重要因素。因此，从不同的角度进行比较，即在同一表面类型内，不同年份之间和不同气候类型之间是必要的。为了满足这一需求，本书只选择了有限的测量值，特别是与不同地表类型的比较是不够的。因此，需要在更多地表类型的测量基础上进一步开展工作。

各方法之间的差异集中在模拟陆地表面温度上，因此比较是通过点尺度的前向模拟进行的。当这些方法在实际应用中与遥感数据一起使用时，由于遥感产品的不确定性和其他数据的引入，可能会存在一些差异，这也值得在未来进一步分析。

本书选择了SCOPE模型和RF/随机森林回归方法作为物理方法和经验方法。即使是相似的模型在面对相同问题时也会表现出差异，特别是对于机器学习模型。长短期记忆递归神经网络模型的结构本身就很复杂，因此后续有许多学者进行了一系列的简化，如门控递归单元（GRU）和最小门单元（MGU）。尽管一些研究表明这些变体在标准长短期记忆递归神经网络模型结构上并未有显著改进，但不同的结构在不同的具体问题上可能表现不同，本书没有涉及这一问题。

7.2　本章小结

地表温度是许多领域中的一个关键参数。模拟地表温度的两种主要方法是基于物理的方法和经验的方法，每种方法都有其独特的优点和局限性。本书比较了基于物理的SCOPE模型与两种经验方法——随机森林回归方法和长短期记忆递归神经网络模型，在同一地表类型、不同年份以及不同气候类型下的表现。无论是在相同表面类型还是不同年份的情况下，SCOPE模型的表现都较为稳定，其均方根误差约为2.0K，但由于需要大量输入参数和高计算成本，其实际应用受到限制。当训练和测试数据来自相同的表面类型时，随机森林回归方法和长短期记忆递归神经网络模型的表现优异，随机森林回归方法的均方根误差约为1.50K，长短期记忆递归神经网络模型的均方根误差约为1.70K。在处理来自同一站点但不同年份的训练和测试数据时，这两种方法的表现也很好，随机森林回归方法和长短期记忆递归神经网络模型的均方根误差分别为1.25K和1.30K。这些结果表明，经验方法在空间或时间尺度的迁移上具有很高的精度，优于物理方法。然而，面对不同地表类型和不同年份时，经验方法的表现显著下降。即使在有足够训练数据的情况下，随机森林回归方法的均方根误差仍上升至约3.50K，离群值超过6.17K，而长短期记忆递归神经网络模型表现更为稳定，均方根误差约为2.80K，离群值较少。尽管经验方法的总体精度不如物理方法，但其计算速度快、输入参数少以及对模型内部结构的要求较低，使其在不同地表类型和年份的应用中仍具实用性。本书结果表明，如果目标站点有相同地表类型或同一站点但不同年份的数据支持，经验方法能够充分发挥其优势，提供较高的精度和稳定性。但在缺乏支持数据或数据间存在较大差异时，建议采用物理方法。未来的研究可以探索将物理方法与经验方法相结合的策略，以充分发挥两者的优势，这种结合方法在实际应用中具有很大的潜力。

参 考 文 献

卞尊健, 漆建波, 吴胜标, 等 . 2021. 光学遥感三维计算机模拟模型的研究进展与应用 . 遥感学报, 25 (2), 559-576.

刘长松 . 2019. 城市安全, 气候风险与气候适应型城市建设 . 重庆理工大学学报 (社会科学), 33: 21-28.

刘强, 2002. 地表组分温度反演方法及遥感像元的尺度结构 . 北京: 中国科学院研究生院 (遥感应用研究所) .

刘强, 肖青, 刘志刚, 等 . 2010. 黑河综合遥感联合试验中机载 WiDAS 数据的预处理方法 . 遥感技术与应用, 25 (2): 797-804.

史军, 穆海振 . 2016. 大城市应对气候变化的可持续发展研究: 以上海为例 . 长江流域资源与环境, 25 (1): 8.

Baldridge A M, Hook S J, Grove C I, et al. 2009. The ASTER spectral library version 2. 0. Remote Sensing of Environment, 113 (4): 711-715.

Bayat B, van der Tol C, Yang P Q, et al. 2019. Extending the SCOPE model to combine optical reflectance and soil moisture observations for remote sensing of ecosystem functioning under water stress conditions. Remote Sensing of Environment, 221: 286-301.

Belgiu M, Drăgut L. 2016. Random forest in remote sensing: a review of applications and future directions. ISPRS Journal of Photogrammetry and Remote Sensing, 114: 24-31.

Bian Z J, Cao B, Li H, et al. 2018a. An analytical four-component directional brightness temperature model for crop and forest canopies. Remote Sensing of Environment, 209: 731-746.

Bian Z J, Cao B, Li H, et al. 2018b. The effect of trunks on directional brightness temperatures of a leafless forest using a geometrical optical model. IGARSS 2018-2018 IEEE International Geoscience and Remote Sensing Symposium, Valencia, Spain: IEEE, 3947-3950.

Bian Z J, Cao B, Li H, et al. 2021a. The effects of tree trunks on the directional emissivity and brightness temperatures of a leaf-off forest using a geometric optical model. IEEE Transactions on Geoscience and Remote Sensing, 59 (6): 5370-5386.

Bian Z J, Du Y M, Li H, et al. 2017. Modeling the temporal variability of thermal emissions from row-planted scenes using a radiosity and energy budget method. IEEE Transactions on Geoscience and Remote Sensing, 55 (10): 6010-6026.

Bian Z J, Qi J B, Gastellu-Etchegorry J P, et al. 2022a. A GPU-based solution for ray tracing 3-d radiative transfer model for optical and thermal images. IEEE Geoscience and Remote Sensing Letters, 19: 2507005.

Bian Z J, Roujean J L, Cao B, et al. 2021b. Modeling the directional anisotropy of fine-scale TIR emissions over tree and crop canopies based on UAV measurements. Remote Sensing of Environment, 252: 112150.

Bian Z J, Roujean J L, Lagouarde J P, et al. 2020. A semi-empirical approach for modeling the vegetation thermal infrared directional anisotropy of canopies based on using vegetation indices. ISPRS Journal of Photogrammetry and Remote Sensing, 160: 136-148.

Bian Z J, Wu S B, Roujean J L, et al. 2022b. A TIR forest reflectance and transmittance (FRT) model for directional temperatures with structural and thermal stratification. Remote Sensing of Environment, 268: 112749.

Bian Z J, Xiao Q, Cao B, et al. 2016. Retrieval of leaf, sunlit soil, and shaded soil component temperatures using airborne thermal infrared multiangle observations. IEEE Transactions on Geoscience and Remote Sensing, 54 (8): 4660-4671.

Cao B, Liu Q H, Du Y M, et al. 2019. A review of earth surface thermal radiation directionality observing and modeling: historical development, current status and perspectives. Remote Sensing of Environment, 232: 111304.

Cao B, Guo M Z, Fan W J, et al. 2018. A new directional canopy emissivity model based on spectral invariants. IEEE Transactions on Geoscience and Remote Sensing, 56 (12): 6911-6926.

Chen J M, Leblanc S G. 1997. A four-scale bidirectional reflectance model based on canopy architecture. IEEE Transactions on Geoscience and Remote Sensing, 35 (5): 1316-1337.

Chen J M, Liu J, Leblanc S G, et al. 2003. Multi-angular optical remote sensing for assessing vegetation structure and carbon absorption. Remote Sensing of Environment, 84 (4): 516-525.

Chen L F, Li Z L, Liu Q H, et al. 2004. Definition of component effective emissivity for heterogeneous and non-isothermal surfaces and its approximate calculation. International Journal of Remote Sensing, 25 (1): 231-244.

Chen R, Yin G F, Zhao W, et al. 2023. Topographic correction of optical remote sensing images in mountainous areas: a systematic review. IEEE Geoscience and Remote Sensing Magazine, 11 (4): 125-145.

Chen S S, Ren H Z, Ye X, et al. 2021. Geometry and adjacency effects in urban land surface temperature retrieval from high-spatial-resolution thermal infrared images. Remote Sensing of Environment, 262: 112518.

Colaizzi P D, Evett S R, Howell T A, et al. 2012. Radiation model for row crops: I. Geometric view factors and parameter optimization. Agronomy Journal, 104 (2): 225-240.

Coll C, Galve J M, Niclòs R, et al. 2019. Angular variations of brightness surface temperatures derived from dual-view measurements of the Advanced Along-Track Scanning Radiometer using a new single band atmospheric correction method. Remote Sensing of Environment, 223: 274-290.

Du Y M, Liu Q H, Chen L F, et al. 2007. Modeling directional brightness temperature of the winter wheat canopy at the ear stage. IEEE Transactions on Geoscience and Remote Sensing, 45 (11): 3721-3739.

Duan S B, Li Z L, Wu H, et al. 2013. Modeling of day-to-day temporal progression of clear-sky land surface temperature. IEEE Geoscience and Remote Sensing Letters, 10 (5): 1050-1054.

Duan S B, Li Z L, Gao C X, et al. 2020. Influence of adjacency effect on high-spatial-resolution thermal infrared imagery: implication for radiative transfer simulation and land surface temperature retrieval. Remote Sensing of Environment, 245: 111852.

Duan S B, Li Z L, Leng P. 2017. A framework for the retrieval of all-weather land surface temperature at a high spatial resolution from polar- orbiting thermal infrared and passive microwave data. Remote Sensing of Environment, 195: 107-117.

Duan S B, Li Z L, Tang B H, et al. 2014. Direct estimation of land-surface diurnal temperature cycle model parameters from MSG-SEVIRI brightness temperatures under clear sky conditions. Remote Sensing of Environment, 150: 34-43.

Duffour C, Lagouarde J P, Olioso A, et al. 2016a. Driving factors of the directional variability of thermal infrared signal in temperate regions. Remote Sensing of Environment, 177: 248-264.

Duffour C, Lagouarde J P, Roujean J L. 2016b. A two parameter model to simulate thermal infrared directional effects for remote sensing applications. Remote Sensing of Environment, 186: 250-261.

Duffour C, Olioso A, Demarty J, et al. 2015. An evaluation of SCOPE: a tool to simulate the directional anisotropy of satellite-measured surface temperatures. Remote Sensing of Environment, 158: 362-375.

Ermida S L, DaCamara C C, Trigo I F, et al. 2017. Modelling directional effects on remotely sensed land surface temperature. Remote Sensing of Environment, 190: 56-69.

Ermida S L, Trigo I F, DaCamara C C, et al. 2018a. A methodology to simulate LST directional effects based on parametric models and landscape properties. Remote Sensing, 10 (7): 1114.

Ermida S L, Trigo I F, DaCamara C C, et al. 2018b. Assessing the potential of parametric models to correct directional effects on local to global remotely sensed LST. Remote Sensing of Environment, 209: 410-422.

Francois C, Ottle C, Prevot L, 1997. Analytical parameterization of canopy directional emissivity and directional radiance in the thermal infrared. Application on the retrieval of soil and foliage temperatures using two directional measurements. International Journal of Remote Sensing, 18 (12): 2587-2621.

François C. 2002. The potential of directional radiometric temperatures for monitoring soil and leaf temperature and soil moisture status. Remote Sensing of Environment, 80 (1): 122-133.

Friedl M A, McIver D K, Hodges J C F, et al. 2002. Global land cover mapping from MODIS: algorithms and early results. Remote Sensing of Environment, 83 (1/2): 287-302.

Gao B C. 1996. NDWI: a normalized difference water index for remote sensing of vegetation liquid water from space. Remote Sensing of Environment, 58 (3): 257-266.

García-Santos V, Cuxart J, Jiménez M A, et al. 2019. Study of temperature heterogeneities at sub-kilometric scales and influence on surface-atmosphere energy interactions. IEEE Transactions on Geoscience and Remote Sensing, 57 (2): 640-654.

Gastellu-Etchegorry J P, Demarez V, Pinel V, et al. 1996. Modeling radiative transfer in heterogeneous 3-D vegetation canopies. Remote Sensing of Environment, 58 (2): 131-156.

Gastellu-Etchegorry J P, Lauret N, Yin T G, et al. 2017. DART: Recent advances in remote sensing data modeling with atmosphere, polarization, and chlorophyll fluorescence. IEEE Journal of Selected Topics in Applied Earth Observations and Remote Sensing, 10 (6): 2640-2649.

Gillespie A, Rokugawa S, Matsunaga T, et al. 1998. A temperature and emissivity separation algorithm for Advanced Spaceborne Thermal Emission and Reflection Radiometer (ASTER) images. IEEE Transactions on Geoscience and Remote Sensing, 36 (4): 1113-1126.

Goodenough A A, Brown S D. 2017. DIRSIG5: next-generation remote sensing data and image simulation framework. IEEE Journal of Selected Topics in Applied Earth Observations and Remote Sensing, 10 (11): 4818-4833.

Hao C, Zhang J H, Yao F M. 2015. Combination of multi-sensor remote sensing data for drought monitoring over Southwest China. International Journal of Applied Earth Observation and Geoinformation, 35: 270-283.

He J L, Zhao W, Li A N, et al. 2019. The impact of the terrain effect on land surface temperature variation based on Landsat-8 observations in mountainous areas. International Journal of Remote Sensing, 40 (5/6): 1808-1827.

He L M, Chen J M, Pisek J, et al. 2012. Global clumping index map derived from the MODIS BRDF product. Remote Sensing of Environment, 119: 118-130.

Hirano A, Welch R, Lang H. 2003. Mapping from ASTER stereo image data: DEM validation and accuracy assessment. ISPRS Journal of Photogrammetry and Remote Sensing, 57 (5/6): 356-370.

Hochreiter S, Schmidhuber J. 1997. Long short-term memory. Neural Computation, 9 (8): 1735-1780.

Hoffmann H, Nieto H, Jensen R, et al. 2016. Estimating evaporation with thermal UAV data and two source energy balance models. Hydrology and Earth System Sciences Discussions, 12 (8): 7469-7502.

Hu T, Mallick K, Hulley G C, et al. 2022. Continental- scale evaluation of three ECOSTRESS land surface temperature products over Europe and Africa: Temperature- based validation and cross- satellite comparison. Remote Sensing of Environment, 282: 113296.

Hu T, Renzullo L J, Dijk A I J M V, et al. 2020. Monitoring agricultural drought in Australia using MTSAT-2 land surface temperature retrievals. Remote Sensing of Environment, 236: 111419.

Hu X B, Ren H Z, Tansey K, et al. 2019. Agricultural drought monitoring using European Space Agency Sentinel 3A land surface temperature and normalized difference vegetation index imageries. Agricultural and Forest Meteorology, 279: 107707.

Huang H G, Liu Q, Liu Q H, et al. 2012. Validating theoretical simulations of thermal emission hot spot effects on maize canopies. International Journal of Remote Sensing, 33 (3): 746-761.

Huang H G, Xie W J, Sun H. 2015. Simulating 3D urban surface temperature distribution using ENVI- MET model: Case study on a forest park. International Geoscience and Remote Sensing Symposium, 1642-1645.

Hufkens K, Friedl M, Sonnentag O, et al. 2012. Linking near-surface and satellite remote sensing measurements of deciduous broadleaf forest phenology. Remote Sensing of Environment, 117: 307-321.

Hulley G C, Hook S J. 2011. Generating Consistent land surface temperature and emissivity products between ASTER and MODIS data for earth science research. IEEE Transactions on Geoscience and Remote Sensing, 49 (4): 1304-1315.

Hulley G C, Malakar N K, Islam T, et al. 2018. NASA's MODIS and VIIRS land surface temperature and emissivity products: A long- term and consistent earth system data record. IEEE Journal of Selected Topics in Applied Earth Observations and Remote Sensing, 11 (2): 522-535.

Jackson R D, Reginato R J, Pinter P J Jr, et al. 1979. Plant canopy information extraction from composite scene reflectance of row crops. Applied Optics, 18 (22): 3775-3782.

Jacquemoud S, Baret F. 1990. PROSPECT: a model of leaf optical properties spectra. Remote Sensing of Environment, 34 (2): 75-91.

Jia L, Li Z l, Menenti M, et al. 2003. A practical algorithm to infer soil and foliage component temperatures from bi- angular ATSR-2 data. International Journal of Remote Sensing, 24 (23): 4739-4760.

Jiao Z H, Yan G J, Wang T X, et al. 2019. Modeling of land surface thermal anisotropy based on directional and equivalent brightness temperatures over complex terrain. IEEE Journal of Selected Topics in Applied Earth Observations and Remote Sensing, 12 (2): 410-423.

Jiménez-Muuñoz J C, Sobrino J A, Skokovi D, et al. 2014. Land surface temperature retrieval methods from Landsat-8 thermal infrared sensor data IEEE Geoscience and Remote Sensing Letters, 11 (10): 1840-1843.

Jones H G, Serraj R, Loveys B R, et al. 2009. Thermal infrared imaging of crop canopies for the remote diagnosis and quantification of plant responses to water stress in the field. Functional Plant Biology, 36: 978-989.

Jupp D L B, Strahler A H. 1991. A hotspot model for leaf canopies. Remote Sensing of Environment, 38 (3): 193-210.

Kimes D S, Idso S B, Pinter P J Jr, et al. 1980. View angle effects in the radiometric measurement of plant canopy temperatures. Remote Sensing of Environment, 10 (4): 273-284.

Kimes D S. 1983. Remote sensing of row crop structure and component temperatures using directional radiometric temperatures and inversion techniques. Remote Sensing of Environment, 13 (1): 33-55.

Kogan F N. 1995a. Application of vegetation index and brightness temperature for drought detection. Advances in Space Research, 15: 91-100.

Kogan F N. 1995b. Droughts of the Late 1980s in the United States as Derived from NOAA Polar-Orbiting Satellite Data. Bulletin of the American Meteorological Society, 76: 655-668.

Kuusk A, Kuusk J, Lang M. 2014. Modeling directional forest reflectance with the hybrid type forest reflectance model FRT. Remote Sensing of Environment, 149: 196-204.

Kuusk A, Nilson T. 2000. A directional multispectral forest reflectance model. Remote Sensing of Environment, 72 (2): 244-252.

Kuusk A. 1985. The hot spot effect of a uniform vegetative cover. Soviet Journal of Remote Sensing, 3: 645-658.

Lagouarde J P, Ballans H, Moreau P, et al. 2000. Experimental study of brightness surface temperature angular variations of maritime pine (Pinus pinaster) stands. Remote Sensing of Environment, 72 (1): 17-34.

Lagouarde J P, Dayau S, Moreau P, et al. 2014. Directional anisotropy of brightness surface temperature over vineyards: case study over the medoc region (SW France). IEEE Geoscience and Remote Sensing Letters, 11: 574-578.

Lagouarde J P, Hénon A, Irvine M, et al. 2012. Experimental characterization and modelling of the nighttime directional anisotropy of thermal infrared measurements over an urban area: Case study of Toulouse (France). Remote Sensing of Environment, 117: 19-33.

Lagouarde J P, Hénon A, Kurz B, et al. 2010. Modelling daytime thermal infrared directional anisotropy over Toulouse city centre. Remote Sensing of Environment, 114 (1): 87-105.

Lagouarde J P, Irvine M. 2008. Directional anisotropy in thermal infrared measurements over Toulouse city centre during the CAPITOUL measurement campaigns: first results. Meteorology and Atmospheric Physics, 102 (3): 173-185.

Lagouarde J P, Moreau P, Irvine M, et al. 2004. Airborne experimental measurements of the angular variations in surface temperature over urban areas: case study of Marseille (France). Remote Sensing of Environment, 93 (4): 443-462.

Lee W L, Liou K, Wang C C. 2013. Impact of 3-D topography on surface radiation budget over the Tibetan Plateau. Theoretical and Applied Climatology, 113: 95-103.

Li A N, Wang A S, Liang S L, et al. 2006. Eco-environmental vulnerability evaluation in mountainous region using remote sensing and GIS: a case study in the upper reaches of Minjiang River, China. Ecological Modelling, 192 (112): 175-187.

Li H, Li R B, Yang Y K, et al. 2021. Temperature-based and radiance-based validation of the collection 6 MYD11 and MYD21 land surface temperature products over barren surfaces in northwestern China. IEEE Transactions on Geoscience and Remote Sensing, 59 (2): 1794-1807.

Li H, Sun D, Yu Y, et al. 2014. Evaluation of the VIIRS and MODIS LST products in an arid area of Northwest China. Remote Sensing of Environment, 142: 111-121.

Li H, Yang Y, Li R, et al. 2019a. Comparison of the MuSyQ and MODIS Collection 6 Land Surface Temperature Products Over Barren Surfaces in the Heihe River Basin, China. IEEE Transactions on Geoscience and Remote Sensing, 57 (10): 8081-8094.

Li M S, Zhou J X, Peng Z X, et al. 2019b. Component radiative temperatures over sparsely vegetated surfaces and their potential for upscaling land surface temperature. Agricultural and Forest Meteorology, 2761277: 107600.

Li R, Li H, Hu T, et al. 2023. Land surface temperature retrieval from sentinel-3A SLSTR data: comparison among split-window, dual-window, three-channel, and dual-angle algorithms. IEEE Transactions on Geoscience and Remote Sensing, 61: 1-14.

Li X W, Strahler A H. 1986. Geometric-optical bidirectional reflectance modeling of a conifer forest canopy. IEEE Transactions on Geoscience and Remote Sensing, GE-24 (6): 906-919.

Li X W, Strahler A H, Friedl M A. 1999. A conceptual model for effective directional emissivity from nonisothermal surfaces. IEEE Transactions on Geoscience and Remote Sensing, 37 (5): 2508-2517.

Li X, Cheng G P, Liu S M, et al. 2013. Heihe watershed allied telemetry experimental research (HiWATER): Scientific objectives and experimental design. Bulletin of the American Meteorological Society, 94 (8): 1145-1160.

Li X, Strahler A H. 1992. Geometric-optical bidirectional reflectance modeling of the discrete crown vegetation canopy: effect of crown shape and mutual shadowing. IEEE Transactions on Geoscience and Remote Sensing, 30 (5): 276-292.

Li Y T, Li Z L, Wu H, et al. 2023. Biophysical impacts of earth greening can substantially mitigate regional land surface temperature warming. Nature Communications, 14 (1): 121.

Li Z L, Tang B H, Wu H, et al. 2013. Satellite-derived land surface temperature: current status and perspectives. Remote Sensing of Environment, 131: 14-37.

Li Z L, Wu H, Duan S B, et al. 2023. Satellite remote sensing of global land surface temperature: definition, methods, products, and applications. Reviews of Geophysics, 61 (1): e2022RG000777.

Li Z L, Stoll M P, Zhang R H, et al. 2001. On the separate retrieval of soil and vegetation temperatures from ATSR data, Science in China Series D: Earth Sciences D: Earth Sciences, 44 (2): 97-111.

Liou K N, Lee W L, Hall A. 2007. Radiative transfer in mountains: Application to the Tibetan Plateau. Geophysical Research Letters, 34 (23): L23809.

Liu Q, Xiao Q, Liu Z G, et al. 2010. Image processing method of airborne WiDAS sensor in WATER Campaign. Remote Sensing Technology and Application, 25: 797-804.

Liu Q, Yan C Y, Xiao Q, et al. 2012. Separating vegetation and soil temperature using airborne multiangular remote sensing image data. International Journal of Applied Earth Observation and Geoinformation, 17: 66-75.

Liu Q. 2002. Study on component temperature inversion algorithm and the scale structure for remote sensing pixel. Beijing, China: Institute of Remote Sensing Applications.

Liu S M, Li X, Xu Z W, et al. 2018. The Heihe integrated observatory network: a basin-scale land surface processes observatory in China. Vadose Zone Journal, 17 (1): 1-21.

Liu X Y, Tang B H, Li Z L, et al. 2020. An improved method for separating soil and vegetation component temperatures based on diurnal temperature cycle model and spatial correlation. Remote Sensing of Environment, 248: 111979.

Llewellyn-Jones D, Edwards M, Mutlow C, et al. 2001. AATSR: Global-change and surface-temperature measurements from Envisat. ESA bulletin, 105: 25.

Mira M, Valor E, Caselles V, et al. 2010. Soil moisture effect on thermal infrared (8-13-μm) emissivity. IEEE Transactions on Geoscience and Remote Sensing, 48 (5): 2251-2260.

Mitraka Z, Stagakis S, Lantzanakis G, et al. 2019. High spatial and temporal resolution Land Surface Temperature for surface energy fluxes estimation. 2019 Joint Urban Remote Sensing Event (JURSE) Vannes, France: IEEE, 1-4.

Musy M, Malys L, Morille B, et al. 2015. The use of SOLENE-microclimat model to assess adaptation strategies at the district scale. Urban Climate, 14: 213-223.

Mutiibwa D, Strachan S, Albright T. 2015. Land surface temperature and surface air temperature in complex terrain. IEEE Journal of Selected Topic in Applied Earth Observations and Remote Sensing, 8 (10):

4762-4774.

Nieto H, Kustas W P, Torres-Rúa A, et al. 2019. Evaluation of TSEB turbulent fluxes using different methods for the retrieval of soil and canopy component temperatures from UAV thermal and multispectral imagery. Irrigation Science, 37 (3): 389-406.

Ni-Meister W, Yang W Z, Kiang N Y. 2010. A clumped-foliage canopy radiative transfer model for a global dynamic terrestrial ecosystem model. I: Theory. Agricultural and Forest Meteorology, 150 (7/8): 881-894.

Ni-Meister W, Strahler A H, Woodcock C E, et al. 2008. Modeling the hemispherical scanning, below-canopy lidar and vegetation structure characteristics with a geometric-optical and radiative-transfer model. Canadian Journal of Remote Sensing, 34 (sup2): S385-S397.

Norman J M, Kustas W P, Humes K S. 1995. Source approach for estimating soil and vegetation energy fluxes in observations of directional radiometric surface temperature. Agric For Meteorol. , 77, 263-293.

Norman J M. 1979. Modeling the complete crop canopy//Barfield B J, Gerber J F. Modification of the Aerial Environment of Plants. Michigan: American Society of Agricultural Engineer.

Park S, Ryu D, Fuentes S, et al. 2017. Adaptive estimation of crop water stress in nectarine and peach orchards using high-resolution imagery from an unmanned aerial vehicle (UAV). Remote Sensing, 9 (8): 828.

Pieri P. 2010. Modelling radiative balance in a row-crop canopy: cross-row distribution of net radiation at the soil surface and energy available to clusters in a vineyard. Ecological Modelling, 221 (5): 802-811.

Pinheiro A C T, Privette J L, Mahoney R, et al. 2004. Directional effects in a daily AVHRR land surface temperature dataset over Africa. IEEE Transactions on Geoscience and Remote Sensing, 42 (9): 1941-1954.

Pokrovsky O, Roujean J L. 2003b. Land surface albedo retrieval via kernel-based BRDF modeling: II. An Optimal Design Scheme for the Angular Sampling. Remote Sensing of Environment, 84: 120-142.

Pokrovsky O, Roujean J L. 2003a. Land surface albedo retrieval via kernel-based BRDF modeling: I. Statistical Inversion Method and Model Comparison. Remote Sensing of Environment, 84 (1): 100-119.

Quan J L, Zhan W F, Ma T, et al. 2018. An integrated model for generating hourly Landsat-like land surface temperatures over heterogeneous landscapes. Remote Sensing of Environment, 206: 403-423.

Rautiainen M, Stenberg P. 2005. Application of photon recollision probability in coniferous canopy reflectance simulations. Remote Sensing of Environment: 96: 98-107.

Ren H Z, Yan G J, Liu R Y, et al. 2013. Impact of sensor footprint on measurement of directional brightness temperature of row crop canopies. Remote Sensing of Environment, 134: 135-151.

Ren H Z, Liu R Y, Yan G J, et al. 2014. Angular normalization of land surface temperature and emissivity using multiangular middle and thermal infrared data. IEEE. Transaction on Geoscience and Remote Sensing, 52 (8): 4913-4931.

Ren H Z, Liu R Y, Yan G J, et al. 2015. Performance evaluation of four directional emissivity analytical models with thermal SAIL model and airborne images. Optics Express, 23 (7): 346-360.

Rhee J, Im J, Carbone G J. 2010. Monitoring agricultural drought for arid and humid regions using multi-sensor remote sensing data. Remote Sensing of Environment, 114 (12): 2875-2887.

Ross J. 1981. The Radiation Regime and Architecture of Plant Stands. Berlin: Springer Dordrecht.

Roujean J L, Leroy M, Deschamps P Y. 1992. A bidirectional reflectance model of the Earth's surface for the correction of remote sensing data. Journal of Geophysical Research Atmospheres, 97: 20455-20468.

Roujean J L. 2000. A parametric hot spot model for optical remote sensing applications. Remote Sensing of Environment, 71 (2): 197-206.

Roy D P, Wulder M A, Loveland T R, et al. 2014. Landsat-8: Science and product vision for terrestrial global change research. Remote Sensing of Environment, 145: 154-172.

Sandholt I, Rasmussen K, Andersen J. 2002. A simple interpretation of the surface temperature/vegetation index space for assessment of surface moisture status. Remote Sensing of Environment, 79 (2/3): 213-224.

Schaaf C B, Gao F, Strahler A H, et al. 2002. First operational BRDF, albedo nadir reflectance products from MODIS. Remote Sensing of Environment, 83: 135-148.

Snyder W C, Wan Z, Zhang Y, et al. 1998. Classification-based emissivity for land surface temperature measurement from space. International Journal of Remote Sensing, 19: 2753-2774.

Sobrino J, Caselles V. 1990. Thermal infrared radiance model for interpreting the directional radiometric temperature of a vegetative surface. Remote Sensing of Environment, 33 (3): 193-199.

Sobrino J, Jimenez-Munoz J, Verhoef W. 2005. Canopy directional emissivity: Comparison between models. Remote Sensing of Environment, 99 (3): 304-314.

Stewart I, Krayenhoff E, Voogt J, et al. 2021. Time evolution of the surface urban heat island. Earth's Future, 9: 2021EF002178.

St-Onge B A, Cavayas F. 1997. Automated forest structure mapping from high resolution imagery based on directional semivariogram estimates. Remote Sensing of Environment, 61 (1): 82-95.

Su L, Li X, Friedl M, et al. 2002. A kernel-driven model of effective directional emissivity for non-isothermal surfaces. Progress in Natural Science, 12: 603-607.

Sun Y W, Gao C, Li J L, et al. 2019. Quantifying the effects of urban form on land surface temperature in subtropical high-density urban areas using machine learning. Remote Sensing, 11 (8): 959.

Tang R, Li Z L, Tang B. 2010. An application of the Ts-VI triangle method with enhanced edges determination for evapotranspiration estimation from MODIS data in arid and semi-arid regions: implementation and validation. Remote Sensing of Environment, 114: 540-551.

Tarantola A. 2005. Inverse Problem Theory and Methods for Model Parameter Estimation. Philadelphia, P A, USA: SIAM.

Timmermans J, Verhoef W, van der Tol C, et al. 2009. Retrieval of canopy component temperatures through Bayesian inversion of directional thermal measurements. Hydrology and Earth System Sciences, 13 (7): 1249-1260.

Trigo I F, Monteiro I T, Olesen F, et al. 2008. An assessment of remotely sensed land surface temperature. Journal of Geophysical Research: Atmospheres, 113 (D17): D17108.

van der Tol C, Verhoef W, Timmermans J, et al. 2009. An integrated model of soil-canopy spectral radiances, photosynthesis, fluorescence, temperature and energy balance. Biogeosciences, 6 (12): 3109-3129.

Verhoef W, Jia L, Xiao Q, et al. 2007. Unified optical-thermal four-stream radiative transfer theory for homogeneous vegetation canopies. IEEE Transactions on Geoscience and Remote Sensing, 45 (6): 1808-1822.

Verhoef W, van der Tol C, Middleton E M. 2018. Hyperspectral radiative transfer modeling to explore the combined retrieval of biophysical parameters and canopy fluorescence from FLEX-Sentinel-3 tandem mission multi-sensor data. Remote Sensing of Environment, 204: 942-963.

Verhoef W. 1984. Light scattering by leaf layers with application to canopy reflectance modeling: The SAIL model. Remote Sensing of Environment, 16 (2): 125-141.

Verhoeven G. 2011. Taking computer vision aloft-archaeological three-dimensional reconstructions from aerial photographs with photoscan. Archaeological prospection, 18 (1): 67-73.

Vinnikov K Y, Yu Y Y, Goldberg M D, et al. 2012. Angular anisotropy of satellite observations of land surface temperature. Geophysical Research Letters, 39 (23): L23802.

Wallace J, Verhoef A. 2000. Modelling interactions in mixed-plant communities: Light, water and carbon dioxide. Leaf Dev. Canopy Growth, 204: 250.

Wan Z M, Dozier J. 1996. A generalized split-window algorithm for retrieving land-surface temperature from space. IEEE Transactions on Geoscience and Remote Sensing, 34 (4): 892-905.

Wan Z, Li Z L. 1997. A physics-based algorithm for retrieving land-surface emissivity and temperature from EOS/MODIS data. IEEE Transactions on Geoscience and Remote Sensing, 35: 980-996.

Wang C Y, Qi S H, Niu Z, et al. 2004. Evaluating soil moisture status in China using the temperature-vegetation dryness index (TVDI). Canadian Journal of Remote Sensing, 30 (5): 671-679.

Wang D D, Chen Y H, Zhan W F. 2018. A geometric model to simulate thermal anisotropy over a sparse urban surface (GUTA-sparse). Remote Sensing of Environment, 209: 263-274.

Wang D D, Chen Y H, Hu L Q, et al. 2022. Urban thermal anisotropy: a comparison among observational and modeling approaches at different time scales. IEEE Transactions on Geoscience and Remote Sensing, 60: 5002251.

Wang P X, Li X W, Gong J, et al. 2001. Vegetation temperature condition index and its application for drought monitoring. International Geoscience and Remote Sensing Symposium (IGARSS), 1: 141-143.

Wanner W, Li X, Strahler A H. 1995. On the derivation of kernels for kernel-driven models of bidirectional reflectance. Journal of Geophysical Research: Atmospheres, 100 (D10): 21077-21089.

Webster C, Westoby M, Rutter N, et al. 2018. Three-dimensional thermal characterization of forest canopies using UAV photogrammetry. Remote Sensing of Environment, 209: 835-847.

West H, Quinn N, Horswell M. 2019. Remote sensing for drought monitoring & impact assessment: progress, past challenges and future opportunities. Remote Sensing of Environment, 232: 111291.

Wicki A, Parlow E. 2017. Multiple regression analysis for unmixing of surface temperature data in an urban environment. Remote Sensing, 9: 684.

Widlowski J L, Côté J F, Béland M. 2014. Abstract tree crowns in 3D radiative transfer models: impact on simulated open-canopy reflectances. Remote Sensing of Environment, 142: 155-175.

Wilks D S. 2011. Principal component (EOF) analysis. International Geophysics, 100: 519-562.

Wu S, Lin X, Bian Z, et al. 2024. Satellite observations reveal a decreasing albedo trend of global cities over the past 35 years. Remote Sensing of Environment, 303: 114003.

Wu S, Wen J, You D, et al. 2018. Characterization of remote sensing albedo over sloped surfaces based on DART simulations and in situ observations. Journal of Geophysical Research: Atmospheres, 123: 8599-8622.

Wu S, Wen J, Gastellu-Etchegorry J P, et al. 2019. The definition of remotely sensed reflectance quantities suitable for rugged terrain. Remote Sensing of Environment, 225: 403-415.

Xu X R, Chen L F, Zhuang J L. 2001. Component temperature of mixed pixel evolution inversion based on multi-angle thermal infrared remote sensing. Science in China Series D: Earth Sciences, 44 (1): 81-88.

Xu Z, Liu S, Li X, et al. 2013. Intercomparison of surface energy flux measurement systems used during the Hi-WATER-MUSOEXE. Journal of Geophysical Research: Atmospheres, 118 (13): 140-113, 157.

Yamamoto Y, Ichii K, Ryu Y, et al. 2022. Uncertainty quantification in land surface temperature retrieved from Himawari-8/AHI data by operational algorithms. ISPRS Journal of Photogrammetry and Remote Sensing, 191: 171-187.

Yan B Y, Xu X R, Fan W J. 2012. A unified canopy bidirectional reflectance (BRDF) model for row crops. Science in China Series D: Earth Sciences, 55 (5): 824-836.

Yan G, Jiao Z H, Wang T, et al. 2020. Modeling surface longwave radiation over high-relief terrain. Remote

Sensing of Environment, 237: 111556.

Yan G, Wang T, Jiao Z, et al. 2016. Topographic radiation modeling and spatial scaling of clear-sky land surface longwave radiation over rugged terrain. Remote Sensing of Environment, 172: 15-27.

Yang J, Jia L. 2014. Retrieval of soil and vegetation component temperatures based on dual-angular AATSR remote sensing data. Remote Sensing Technology and Applications, 29: 247-257.

Yang J, Wong M S, Ho H C, et al. 2020. A semi-empirical method for estimating complete surface temperature from radiometric surface temperature, a study in Hong Kong city. Remote Sensing of Environment, 237: 111540.

Yang J, Ren J, Sun D, et al. 2021. Understanding land surface temperature impact factors based on local climate zones. Sustainable Cities and Society, 69: 102818.

Yu T, Gu X, Tian G, et al. 2004. Modeling directional brightness temperature over a maize canopy in row structure. IEEE Transactions on Geoscience and Remote Sensing, 42: 2290-2304.

Yu Y, Si X, Hu C, et al. 2019. A review of recurrent neural networks: LSTM cells and network architectures. Neural Comput. 31: 1235-1270.

Zhan W F, Chen Y H, Zhou J, et al. 2011. An algorithm for separating soil and vegetation temperatures with sensors featuring a single thermal channel. IEEE Transactions on Geoscience and Remote Sensing, 49 (5): 1796-1809.

Zhan W F, Chen Y H, Zhou J, et al. 2013. Disaggregation of remotely sensed land surface temperature: literature survey, taxonomy, issues, and caveats. Remote Sens. Environ., 131: 119-139.

Zhan W F, Chen Y, Zhou J, et al. 2011. An algorithm for separating soil and vegetation temperatures with sensors featuring a single thermal channel. IEEE Transactions on Geoscience and Remote Sensing, 49 (5): 1796-1809.

Zhao W, Duan S B, Li A, et al. 2019. A practical method for reducing terrain effect on land surface temperature using random forest regression. Remote Sensing of Environment, 221: 635-649.

Zhao W, Li A N, Bian J H, et al. 2014. A synergetic algorithm for mid-morning land surface soil and vegetation temperatures estimation using MSG-SEVIRI products and TERRA-MODIS products. Remote Sensing, 6 (3): 2213-2238.

Zheng X, Gao M, Li Z L, et al. 2020. Impact of 3-D structures and their radiation on thermal infrared measurements in urban areas. IEEE Transactions on Geoscience and Remote Sensing, 58: 8412-8426.

Zheng X, Li Z L, Zhang X, et al. 2019. Quantification of the adjacency effect on measurements in the thermal infrared region. IEEE Transactions on Geoscience and Remote Sensing, 57: 9674-9687.

Zhu W, Jia S, Lv A. 2017. A time domain solution of the Modified Temperature Vegetation Dryness Index (MTVDI) for continuous soil moisture monitoring. Remote Sensing of Environment, 200: 1-17.

Zhu Z, Zhou Y, Seto K C, et al. 2019. Understanding an urbanizing planet: Strategic directions for remote sensing. Remote Sensing of Environment, 228: 164-182.